精品实例教程丛书

中文版 AutoCAD 2016 室内设计实例教程

常 亮 李红萍 主 编

清华大学出版社

北 京

<h2 style="text-align:center">内 容 简 介</h2>

本书系统全面地讲解了 AutoCAD 2016 的基本功能及其在室内装潢设计领域的具体应用。

本书共分为 18 章，第 1～3 章为基础入门，介绍室内装潢设计基础和 AutoCAD 2016 的工作界面、文件管理、命令调用等入门知识和基本操作；第 4～10 章为绘图基础，介绍二维室内图形的绘制和编辑，以及精确绘图工具、图层、文字与表格、尺寸标注、块与设计中心等功能；第 11～14 章为家装设计，按照家庭装潢设计的流程，依次讲解室内家具、平面布置图、地面铺装图、顶棚和空间立面施工图的绘制方法；第 15 章和第 16 章为公装设计，以办公空间和西餐厅两个案例，分别介绍办公空间和商业空间的设计方法；第 17 章和第 18 章为设计图及施工图打印，介绍室内设计施工电气图、冷热水管走向图的绘制及施工图打印输出的方法。

本书具有很强的针对性和实用性，结构严谨、案例丰富，既可以作为大中专院校相关专业以及 CAD 培训机构的教材，也可以作为从事室内装潢设计人员的自学指南。

图书在版编目(CIP)数据

中文版 AutoCAD 2016 室内设计实例教程/常亮，李红萍主编. --北京：清华大学出版社，（2023.1重印）
(精品实例教程丛书)

ISBN 978-7-302-41468-1

Ⅰ. ①中… Ⅱ. ①常… ②李… Ⅲ. ①室内装饰设计—计算机辅助设计—AutoCAD 软件—教材
Ⅳ. ①TU238-39

中国版本图书馆 CIP 数据核字(2015)第 212284 号

责任编辑：秦　甲
封面设计：杨玉兰
责任校对：马素伟
责任印制：丛怀宇

出版发行：清华大学出版社
　　　　　网　　址：http://www.tup.com.cn, http://www.wqbook.com
　　　　　地　　址：北京清华大学学研大厦 A 座　　　邮　　编：100084
　　　　　社 总 机：010-83470000　　　　　　　　邮　　购：010-62786544
　　　　　投稿与读者服务：010-62776969, c-service@tup.tsinghua.edu.cn
　　　　　质量反馈：010-62772015, zhiliang@tup.tsinghua.edu.cn
　　　　　课件下载：http://www.tup.com.cn, 010-83470236
印 装 者：北京九州迅驰传媒文化有限公司
经　　销：全国新华书店
开　　本：185mm×260mm　　印　　张：30　　　字　　数：727 千字
版　　次：2016 年 1 月第 1 版　　　　　　　　印　　次：2023 年 1 月第 8 次印刷
定　　价：59.00 元

产品编号：065802-01

前　言

关于 AutoCAD 2016

AutoCAD 是 Autodesk 公司开发的计算机辅助绘图和设计软件，被广泛应用于机械、建筑、电子、航天、石油化工、土木工程、冶金、气象、纺织、轻工业等领域。在中国，AutoCAD 已成为工程设计领域应用最广泛的计算机辅助设计软件之一。

AutoCAD 2016 是 Autodesk 公司开发的 AutoCAD 最新版本。与以前的版本相比较，AutoCAD 2016 具有更完善的绘图界面和设计环境，它在性能和功能方面与低版本相比都有较大的增强，同时可以与低版本完全兼容。

本书内容

本书通过 150 个知识小案例，系统讲解了 AutoCAD 2016 的基本操作和室内设计的技术精髓。全书内容如下。

- 第 1 章：主要介绍室内装潢设计和制图的基础知识，包括室内装潢设计概述、室内装潢制图的规范、室内施工图的形成和室内装潢施工流程等内容，使读者对室内设计和制图有一个全面的了解和认识。

- 第 2 章：主要介绍 AutoCAD 2016 的入门知识，包括 AutoCAD 2016 的启动与退出、工作界面、文件管理和绘图环境设置等内容。

- 第 3 章：主要介绍 AutoCAD 2016 的基本操作，包括坐标系的使用、AutoCAD 命令的使用、视图的操作等。

- 第 4 章：主要介绍基本室内二维图形的绘制方法，包括点、直线、构造线、圆、椭圆、多边形、矩形等。

- 第 5 章：主要介绍复杂室内二维图形的绘制，包括多段线、样条曲线、多线、图案填充等内容。

- 第 6 章：介绍室内二维图形编辑的方法，包括对象的选择、图形修整、移动和拉伸、倒角和圆角、夹点编辑、图形复制等内容。

- 第 7 章：主要介绍高效和精确绘图工具的用法，包括正交、栅格、极轴追踪、对象捕捉、块、设计中心等功能。

- 第 8 章：介绍图层和图层特性的设置，以及对象特性的修改等内容。

- 第 9 章：介绍文字与表格的创建和编辑功能。

- 第 10 章：介绍为室内图形添加尺寸标注的方法，包括尺寸标注样式的设置、各类尺寸标注的用途及操作、尺寸标注的编辑、多重引线标注等内容。

- 第 11 章：介绍室内常用家具的绘制方法，包括沙发、办公桌、床等日常家具，洗衣机、冰箱、电视、饮水机等常用电器，洗碗槽、燃气灶、洗脸盆等厨具和洁具，地板砖、盆景、装饰画等其他配景图。

- 第 12 章：以一套三室二厅的户型为例，介绍住宅室内平面布置图和地面布置图的基本知识和绘制流程、方法。

- 第 13 章：介绍住宅顶棚布置图的基本知识和绘制方法。
- 第 14 章：介绍住宅立面图的基本知识和绘制方法。
- 第 15 章：介绍办公空间设计的基本知识，以及相关平面布置图、顶棚图和立面图的绘制方法。
- 第 16 章：以某西餐厅为例，介绍商业空间的基本知识，以及相关平面布置图、地面布置图、顶棚图和立面图的绘制方法。
- 第 17 章：介绍室内电气图和冷热水管走向图等设备图的基本知识和绘制方法。
- 第 18 章：介绍室内施工图的打印方法和技巧。

本书特色

- 零点起步、轻松入门。本书内容讲解循序渐进、通俗易懂，每个重要的知识点都有实例讲解，读者可以边学边练，通过实际操作理解各种功能的应用。
- 实战演练、逐步精通。安排了行业中大量经典的实例，每个章节都有实例示范来提升读者的实战经验。用实例串起多个知识点，可以提高读者的应用水平。
- 多媒体教学、身临其境。附赠配套资源内容丰富、超值，不仅有实例的素材文件和结果文件，还有由专业领域的工程师录制的全程同步语音视频教学。工程师"手把手"带领读者完成行业实例，让读者的学习之旅轻松而愉快。
- 以一抵四、物超所值。本书不仅是掌握相关知识和应用技巧的书，也是把所学的知识应用到实际中的书，更是一本在学习和工作中随时能查阅的书，且免费赠送配套资源进行辅助练习。

本书作者

本书由常亮、李红萍主编，参加图书编写和资料整理的还有：陈运炳、申玉秀、李红艺、李红术、陈云香、陈文香、陈军云、彭斌全、陈志民、林小群、刘清平、钟睦、刘里锋、朱海涛、廖博、喻文明、易盛、陈晶、张绍华、黄柯、何凯、黄华、陈文轶、杨少波、杨芳、刘有良等。

由于编者水平有限，书中疏漏之处在所难免。在感谢读者选择本书的同时，也希望读者能够把对本书的意见和建议告诉我们。

作者联系邮箱：lushanbook@qq.com

编　　者

目 录

第 1 章 室内装潢设计与 AutoCAD
　　　　制图 1

1.1 室内装潢设计概述 2
1.2 室内装潢制图的内容与特点 2
1.3 室内装潢设计制图的要求和规范 3
　　1.3.1 图纸的编排 3
　　1.3.2 图纸的幅面 5
　　1.3.3 标高 7
1.4 室内装潢施工图的形成和画法 8
　　1.4.1 平面图 8
　　1.4.2 立面图 9
　　1.4.3 顶棚平面图 10
　　1.4.4 地面平面图 10
　　1.4.5 剖面图 11
　　1.4.6 详图 12
1.5 室内装潢的施工流程 12
　　1.5.1 现场丈量 12
　　1.5.2 拆除墙体 13
　　1.5.3 新砌砖墙 13
　　1.5.4 水电施工 14
　　1.5.5 卫生间防水处理 15
　　1.5.6 墙地面处理 15
　　1.5.7 木工制作 16
　　1.5.8 清理现场 16

第 2 章 AutoCAD 2016 快速入门 17

2.1 认识 AutoCAD 2016 18
　　2.1.1 启动与退出 AutoCAD 2016 18
　　2.1.2 AutoCAD 2016 的工作空间 18
　　2.1.3 切换工作空间 19
　　2.1.4 AutoCAD 2016 的工作界面 ... 20

2.2 AutoCAD 的图形文件管理 27
　　2.2.1 新建图形文件 27
　　2.2.2 保存图形文件 27
　　2.2.3 打开图形文件 28
　　2.2.4 输出图形文件 29
　　2.2.5 关闭图形文件 30
2.3 AutoCAD 2016 的绘图环境 30
　　2.3.1 设置图形界限 30
　　2.3.2 设置绘图单位 31
　　2.3.3 设置十字光标大小 31
　　2.3.4 设置绘图区颜色 32
　　2.3.5 设置鼠标右键功能 32
2.4 思考与练习 33

第 3 章 AutoCAD 的基本操作 35

3.1 坐标系 36
　　3.1.1 认识坐标系 36
　　3.1.2 坐标的表示方法 36
3.2 AutoCAD 命令的使用 37
　　3.2.1 执行命令 38
　　3.2.2 退出正在执行的命令 39
　　3.2.3 重复执行命令 39
　　3.2.4 实例——绘制圆 39
3.3 AutoCAD 的视图操作 40
　　3.3.1 缩放视图 40
　　3.3.2 平移视图 42
　　3.3.3 重画与重生成 44
　　3.3.4 实例——查看餐厅平面图 45
3.4 思考与练习 46

第 4 章 绘制基本室内图形 49

4.1 绘制点对象 50

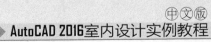
4.1.1 设置点样式 50
4.1.2 绘制点 50
4.1.3 绘制等分点 51
4.1.4 实例——绘制楼梯剖面图 52
4.2 绘制直线对象 54
4.2.1 直线 54
4.2.2 构造线 55
4.2.3 实例——绘制标高 55
4.3 绘制圆类对象 56
4.3.1 圆 56
4.3.2 实例——绘制射灯 57
4.3.3 圆弧 57
4.3.4 实例——绘制椅子 59
4.3.5 圆环 60
4.3.6 椭圆与椭圆弧 61
4.3.7 实例——绘制洗脸盆 62
4.4 绘制多边形对象 63
4.4.1 矩形 63
4.4.2 实例——绘制电脑桌 64
4.4.3 多边形 64
4.4.4 实例——绘制地面拼花 65
4.5 思考与练习 67

第5章 绘制复杂室内图形 69
5.1 多段线 70
5.1.1 绘制多段线 70
5.1.2 编辑多段线 71
5.1.3 实例——绘制足球场 71
5.2 样条曲线 73
5.2.1 绘制样条曲线 73
5.2.2 编辑样条曲线 73
5.3 多线 74
5.3.1 多线样式 74
5.3.2 绘制多线 76
5.3.3 编辑多线 76
5.3.4 实例——绘制平开窗 78

5.4 图案填充 78
5.4.1 创建图案填充 78
5.4.2 编辑图案填充 79
5.4.3 实例——绘制家居地材图 81
5.5 思考与练习 83

第6章 编辑建筑图形 85
6.1 选择图形 86
6.1.1 点选 86
6.1.2 窗口选择 86
6.1.3 窗交选择 87
6.1.4 圈围与圈交 87
6.1.5 栏选 88
6.1.6 快速选择 88
6.2 修整图形 89
6.2.1 删除图形 89
6.2.2 修剪图形 90
6.2.3 延伸图形 91
6.2.4 打断图形 92
6.2.5 合并图形 93
6.2.6 倒角图形 94
6.2.7 圆角图形 95
6.2.8 分解图形 96
6.2.9 实例——绘制沙发 97
6.3 复制图形 103
6.3.1 复制 103
6.3.2 镜像 104
6.3.3 偏移 105
6.3.4 阵列 106
6.3.5 实例——绘制楼梯平面图 108
6.4 移动及变形图形 110
6.4.1 移动图形对象 110
6.4.2 旋转图形对象 111
6.4.3 缩放图形对象 112
6.4.4 拉伸图形对象 112
6.4.5 实例——绘制卧室平面图 113

6.5 思考与练习 116

第7章 高效绘制图形 119

7.1 利用辅助功能绘图 120
    7.1.1 捕捉与栅格 120
    7.1.2 正交绘图 121
    7.1.3 对象捕捉绘图 121
    7.1.4 极轴绘制 122
    7.1.5 对象捕捉追踪绘图 123
7.2 创建及插入图块 124
    7.2.1 创建内部块 124
    7.2.2 创建外部块 125
    7.2.3 实例——创建门图块 125
    7.2.4 插入图块 126
    7.2.5 实例——插入门图块 128
    7.2.6 动态块 129
    7.2.7 实例——创建门动态块 ... 131
7.3 使用图块属性 134
    7.3.1 定义图块属性 134
    7.3.2 图块属性编辑 135
    7.3.3 实例——创建标高属性块 136
7.4 使用设计中心管理图形 137
    7.4.1 启动设计中心 137
    7.4.2 使用设计中心插入图块 ... 138
    7.4.3 使用设计中心复制 139
7.5 思考与练习 140

第8章 使用图层管理图形 143

8.1 创建图层 144
    8.1.1 创建图层 144
    8.1.2 设置图层属性 145
    8.1.3 实例——创建并设置建筑
        图层 145
8.2 图层管理 147
    8.2.1 设置当前图层 147
    8.2.2 转换图形所在图层 147

8.2.3 控制图层状态 148
8.2.4 删除多余图层 149
8.2.5 图层匹配 150
8.3 对象特性 151
    8.3.1 设置对象特性 151
    8.3.2 编辑对象特性 153
8.4 思考与练习 153

第9章 文字和表格的使用 155

9.1 输入及编辑文字 156
    9.1.1 文字样式 156
    9.1.2 创建单行文字 157
    9.1.3 创建多行文字 158
    9.1.4 输入特殊符号 159
    9.1.5 编辑文字内容 161
    9.1.6 实例——创建室内装修
        说明文字 163
9.2 使用表格绘制图形 165
    9.2.1 创建表格样式 165
    9.2.2 绘制表格 166
    9.2.3 编辑表格 167
    9.2.4 实例——绘制室内图纸
        目录 169
    9.2.5 实例——绘制建筑制图
        标题栏 171
9.3 思考与练习 172

第10章 室内尺寸标注 175

10.1 标注样式 176
    10.1.1 室内标注的规定 176
    10.1.2 创建标注样式 177
    10.1.3 修改标注样式 178
    10.1.4 替代标注样式 179
    10.1.5 实例——创建室内尺寸
        标注样式 180
10.2 标注图形尺寸 182

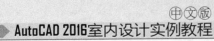
10.2.1 智能标注 182

10.2.2 线性标注 183

10.2.3 对齐标注 184

10.2.4 角度标注 185

10.2.5 半径/直径标注 186

10.2.6 连续标注 187

10.2.7 基线标注 188

10.2.8 多重引线标注 189

10.2.9 实例——标注客厅立面图.... 190

10.3 编辑标注及编辑标注文字 191

10.3.1 编辑标注 191

10.3.2 编辑标注文字 192

10.4 思考与练习 193

第 11 章 室内常用家具绘制 197

11.1 室内家具平面配景图的绘制 198

11.1.1 绘制组合沙发和茶几 198

11.1.2 绘制组合餐桌和椅子 202

11.1.3 绘制组合床与床头柜 206

11.1.4 绘制组合办公桌 208

11.2 室内电器配景图的绘制 211

11.2.1 绘制平面洗衣机 211

11.2.2 绘制立面冰箱 212

11.2.3 绘制立面电视 214

11.2.4 绘制立面饮水机 216

11.3 室内洁具与厨具配景图的绘制 219

11.3.1 绘制平面洗碗槽 219

11.3.2 绘制平面燃气灶 221

11.3.3 绘制平面洗脸盆 223

11.4 室内其他装潢配景图的绘制 224

11.4.1 绘制地板砖 224

11.4.2 绘制盆景 226

11.4.3 绘制室内装饰画 227

11.5 上机操作 230

第 12 章 住宅室内平面图绘制 233

12.1 住宅室内平面设计概述 234

12.1.1 室内平面图的形成与表达 ... 234

12.1.2 室内平面图的识读 235

12.1.3 室内平面图的图示内容 235

12.1.4 室内平面图的画法 235

12.2 住宅室内空间设计 236

12.2.1 客厅的设计 236

12.2.2 餐厅的设计 236

12.2.3 厨房的设计 236

12.2.4 卫生间的设计 237

12.2.5 卧室的设计 237

12.3 绘制户型平面图 238

12.3.1 绘制轴网 238

12.3.2 绘制墙体 238

12.3.3 绘制门窗 241

12.3.4 绘制阳台 243

12.3.5 绘制附属设施 244

12.4 住宅室内平面布置图设计 247

12.4.1 绘制拆改平面图 247

12.4.2 布置客厅和阳台 249

12.4.3 布置餐厅和厨房 251

12.4.4 布置书房 252

12.4.5 布置主卫 253

12.4.6 布置主卧 254

12.4.7 绘制尺寸标注和文字标注 ... 256

12.5 绘制地面布置图 258

12.6 上机操作 264

第 13 章 住宅顶棚布置图绘制 267

13.1 住宅顶棚平面图概述 268

13.1.1 室内顶棚图的形成与表达 ... 268

13.1.2 室内顶棚图的识读 268

13.1.3 室内顶棚图的图示内容 269

13.1.4 室内顶棚图的画法 269

13.2 绘制各空间顶棚图 270

13.2.1 绘制客餐厅顶棚 270

13.2.2 绘制卧室顶棚 271

13.3 布置灯具和标注 274

    13.3.1 布置顶棚灯具 274

    13.3.2 标注标高和文字 276

    13.3.3 标注图名 278

13.4 上机操作 280

第 14 章 住宅立面图绘制 281

14.1 室内装潢设计立面图概述 282

    14.1.1 室内立面图的形成与表达

          方式 282

    14.1.2 室内立面图的识读 283

    14.1.3 室内立面图的图示内容 283

    14.1.4 室内立面图的画法 283

14.2 客厅 A 立面图的绘制 284

14.3 绘制主卧 B 立面图 290

14.4 绘制厨房 D 立面图 298

14.5 绘制公卫 B 立面图 303

14.6 上机操作 307

第 15 章 办公空间室内设计 309

15.1 办公空间设计概述 310

    15.1.1 办公室设计的定义以及

          目标 310

    15.1.2 办公室设计流程 310

    15.1.3 办公室环境的设计要点 312

15.2 绘制办公建筑平面图 313

    15.2.1 绘制墙体 313

    15.2.2 绘制矩形标准柱 316

    15.2.3 绘制门窗 318

    15.2.4 绘制其他附属设施 320

15.3 绘制办公平面布置图 325

    15.3.1 办公空间布局分析 326

    15.3.2 接待区平面布置 327

    15.3.3 普通办公区和办公室平面

          布置 330

    15.3.4 绘制大会议室和接待室

          平面图 333

    15.3.5 绘制总经理室平面图 336

    15.3.6 绘制卫生间平面图 337

15.4 绘制办公空间地面布置图 342

15.5 绘制办公空间顶棚图 349

    15.5.1 绘制公共区域顶棚图 349

    15.5.2 绘制独立区域顶棚图 352

15.6 办公空间立面设计 356

    15.6.1 绘制大厅背景墙立面图 356

    15.6.2 绘制过道墙立面图 361

    15.6.3 开敞办公区墙体立面图 365

    15.6.4 大会议室立面图 371

    15.6.5 绘制总经理室立面图 376

15.7 上机操作 379

第 16 章 餐厅室内设计 383

16.1 餐厅室内装修的设计要点 384

    16.1.1 餐厅装修设计总体环境

          布局 384

    16.1.2 餐饮设施的常用尺寸 384

    16.1.3 餐厅各区域设计的基本

          要求 385

    16.1.4 西餐厅的照明与灯具 386

16.2 西餐厅原始平面图的绘制 387

    16.2.1 绘制墙体及标准柱 387

    16.2.2 绘制门窗 391

    16.2.3 绘制附属设施 393

16.3 餐厅平面布置图的绘制 395

    16.3.1 绘制沿窗就餐区平面图 395

    16.3.2 绘制包厢平面图 399

    16.3.3 绘制卫生间平面图 400

16.4 餐厅地面布置图的绘制 403

16.5 餐厅顶棚布置图的绘制 410

    16.5.1 绘制散客区顶面图 410

    16.5.2 绘制过道顶面图 414

16.6　餐厅大厅立面图的绘制 419

16.7　上机操作 428

第 17 章　绘制电气图和冷热水管
走向图 431

17.1　电气设计基础 432

　　17.1.1　强电和弱电系统 432

　　17.1.2　常用电气名词解析 432

　　17.1.3　电线与套管 433

17.2　绘制电气图例 433

　　17.2.1　绘制单联单控开关图例 434

　　17.2.2　绘制双联单控开关图例 434

　　17.2.3　绘制三联单控开关图例 435

　　17.2.4　绘制双极开关图例 436

17.3　绘制灯具图例 437

　　17.3.1　绘制吊灯图例 437

　　17.3.2　绘制吸顶灯图例 438

　　17.3.3　绘制射灯图例 439

17.4　绘制插座类图例 441

　　17.4.1　绘制电源插座图例 441

　　17.4.2　绘制三相插座图例 442

　　17.4.3　绘制防水插座图例 442

　　17.4.4　绘制单相二三孔插座图例 ... 443

　　17.4.5　绘制信息插座图例 444

　　17.4.6　绘制电话插座图例 445

17.5　绘制插座平面图 446

　　17.5.1　布置插座 446

　　17.5.2　绘制图例及设计说明 448

17.6　绘制照明平面图 449

17.7　绘制冷热水管走向图 452

　　17.7.1　绘制水管走向平面图 452

　　17.7.2　绘制图例表 455

17.8　上机操作 456

第 18 章　施工图的打印方法与技巧 459

18.1　模型空间打印 460

　　18.1.1　调用图签 460

　　18.1.2　页面设置 460

　　18.1.3　打印 461

18.2　布局空间打印 462

　　18.2.1　进入布局空间 463

　　18.2.2　页面设置 463

　　18.2.3　创建视口 464

　　18.2.4　加入图签 465

　　18.2.5　打印 466

18.3　上机操作 466

第1章

室内装潢设计与 AutoCAD 制图

> **本章导读**

  现代室内设计是一门实用艺术，也是一门综合性学科。在深入学习应用 AutoCAD 绘制室内施工图之前，本章首先介绍室内装潢设计的基本知识和室内绘图相关规范，为后面章节的深入学习奠定坚实的基础。

> **学习目标**

➢ 了解室内装潢制图的内容与特点。

➢ 了解室内装潢设计制图的要求和规范。

➢ 了解室内装潢施工图的形成和画法。

➢ 了解室内装潢的施工流程。

1.1 室内装潢设计概述

室内装潢设计是指建筑物内部的环境布置设计,是以一定的建筑空间为基础,运用技术和艺术因素制造的一种人工环境。它是一种以追求室内环境多种功能的完美结合,充分满足人们生活、工作中的物质需求和精神需求为目标的设计活动。室内装潢设计是强调科学与艺术相结合,强调整体性、系统性特征的设计,是人类社会的居住文化发展到一定文明高度的产物。

毛坯房常作为室内装潢设计的主体,但是已进行过装潢设计的建筑物内部也可再执行装潢设计,这称为旧房改造。

从开发商手中购买的房子一般为毛坯房,其室内一角如图 1-1 所示。进行室内装潢设计后,建筑物内部将呈现出一种特定风格的人文居住环境,如图 1-2 所示。

图 1-1   毛坯房   图 1-2   装潢设计的结果

1.2 室内装潢制图的内容与特点

在使用 AutoCAD 绘制室内装潢施工图时,需要根据设计要求来绘制各种不同的施工图,可分为原始结构图、平面布置图、地面布置图等。

室内装潢施工图是按照装饰设计方案确定的空间尺寸、构造做法、材料选用、施工工艺等,并遵照建筑及装饰设计规范所规定的要求编制的用于指导装饰施工生产的技术文件。

室内装潢施工图的特点如下。

室内装潢施工图是使用正投影法绘制的用于指导房屋施工的图样,制图时应遵守现行最新的国家标准《房屋建筑制图统一标准》(GB/T 50001—2010)。

在绘制室内装潢施工图时,通常选用一定的比例、采用相应的图例符号和尺寸标注、标高等加以表达;有时需要根据实际情况,绘制透视图、轴测图等图样辅助表达设计理念。

装饰设计要经历方案设计和施工图设计两个阶段。方案设计阶段是设计师根据业主的要求、现场情况以及有关规范、设计标准等，以透视效果图、平面布置图、室内立面图、楼地面平面图、尺寸、文字说明等形式，将设计方案表达出来；经过修改补充，得到合理方案后，报业主或有关部门审批。经批准后，即可进入施工图设计阶段。

　　室内装潢设计施工图由于设计深度的不同、构造做法的细化以及为满足使用功能和视觉效果而选用的材料多样性等特点，需要绘制表达方式不同的施工图。

　　图 1-3 所示为平面布置图的绘制结果，图 1-4 所示为立面图的绘制结果。

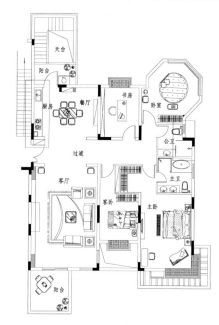

图 1-3　平面布置图　　　　　　　　　图 1-4　立面图

1.3　室内装潢设计制图的要求和规范

　　我国对室内装潢设计制图指定并出台了相关的规范，以使室内设计制图有规可依。现行的主要制图标准有《房屋建筑制图统一标准》(GB/T 50001—2010)、《总图制图标准》(GB/T 50103—2010)、《建筑制图标准》(GB/T 50104—2010)、《建筑结构制图标准》(GB/T 50105—2010)、《房屋建筑室内装饰装修制图标准》(JGJ/T 244—2011)、《建筑给水排水制图标准》(GB/T 50106—2010)、《暖通空调制图标准》(GB/T 50114—2010)。

　　下面将简单介绍室内装潢制图中常用的制图要求和规范。

1.3.1　图纸的编排

　　房屋建筑室内装饰装修图纸按设计过程可分为方案设计图、扩初设计图和施工图。

　　房屋建筑室内装饰装修图纸应按照专业顺序编排，依次为图纸目录、房屋建筑室内装饰装修图、给水排水图、暖通空调图、电气图等。

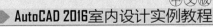
根据室内装饰装修设计的特点，要求在扩初设计阶段有设计总说明，图纸的编排顺序为图纸目录、设计总说明、房屋建筑室内装饰装修图、给水排水图、暖通空调图、电气图等。施工图阶段没有"设计总说明"。

房屋建筑室内装饰装修图纸编排宜按设计说明、总平面图、顶棚总平面图、顶棚装饰灯具布置图、设备设施布置图、顶棚综合布点图、墙体定位图、地面铺装图、陈设与家具平面布置图、部品部件平面布置图、各空间平面布置图、各空间顶棚平面图、立面图、部品部件立面图、剖面图、详图、节点图、装饰装修材料表、配套标准图的顺序排列。

规模较大的房屋建筑室内装饰装修设计需绘制上述所列项目，而规模较小的住房室内装饰装修设计通常可以酌情减少部分配套图纸。

图1-5所示为绘制完成的图纸目录。

xxxx xxxx板房装饰图纸目录

序 号	图 号	图 纸 名 称	序 号	图 号	图 纸 名 称	序 号	图 号	图 纸 名 称
P.001		图纸封面	P.034	1L-08	过道D 立面图	P.068	-1L-02	休息室B 立面图
P.002		图纸目录（一）	P.035	1L-09	餐厅A 立面图	P.069	-1L-03	休息室C 立面图
P.003		总材料编号目录	P.036	1L-10	餐厅B 立面图	P.070	-1L-04	休息室D 立面图
P.004		施工图设计说明（一）	P.037	1L-11	餐厅C 立面图	P.071	-1L-05	车库A 立面图
P.005		施工图设计说明（二）	P.038	1L-12	餐厅D 立面图	P.072	-1L-06	车库B 立面图
P.006		施工图设计说明（三）	P.039	1L-13	书房A 立面图	P.073	-1L-07	车库C 立面图
P.007		施工图设计说明（四）	P.040	1L-14	书房B 立面图	P.074	-1L-08	车库D 立面图
施工图部分			P.041	1L-15	书房C 立面图	P.075	-1L-09	藏酒区A 立面图
P.008	1P-01	二层原建筑平面图	P.042	1L-16	书房D 立面图	P.076	-1L-10	藏酒区B 立面图
P.009	1P-02	二层墙体布线图	P.043	1L-17	卧室A 立面图	P.077	-1L-11	藏酒区C 立面图
P.010	1P-03	二层平面布置图	P.044	1L-18	卧室B 立面图	P.078	-1L-12	藏酒区D 立面图
P.011	1P-04	二层地材布置图	P.045	1L-20	卧室C 立面图	P.079	-1L-13	卫生间A 立面图
P.012	1P-05	二层天花布置图	P.046	1L-20	卧室D 立面图	P.080	-1L-14	卫生间B 立面图
P.013	1P-06	二层天花尺寸图	P.047	1L-21	公卫A 立面图	P.081	-1L-15	卫生间C 立面图
P.014	1P-07	二层开关布置图	P.048	1L-22	公卫B 立面图	P.082	-1L-16	卫生间D 立面图
P.015	1P-08	二层插座布置图	P.049	1L-23	公卫C 立面图	P.083	D-01	客厅、餐厅天花剖面图
P.016	1P-09	二层冷热上水管布置图	P.050	1L-24	公卫D 立面图	P.084	D-02	藏酒区天花剖面图
P.017	1P-10	二层立面索引图	P.051	1L-25	主卫A 立面图	P.085	D-03	衣柜大样图
P.018	-1P-01	地下层原建筑平面图	P.052	1L-26	主卫B 立面图	P.086	D-04	立面背景大样图
P.019	-1P-02	地下层平面布置图	P.053	1L-27	主卫C 立面图	P.087	D-05	踢护大样图
P.020	-1P-03	地下层地材布置图	P.054	1L-28	主卫D 立面图	P.088	N-01	衣柜内结构图
P.021	-1P-04	地下层天花布置图	P.055	1L-29	主卧A 立面图			
P.022	-1P-05	地下层天花尺寸图	P.056	1L-30	主卧B 立面图			
P.023	-1P-06	地下层开关布置图	P.057	1L-31	主卧C 立面图			
P.024	-1P-07	地下层插座布置图	P.058	1L-32	主卧D 立面图			
P.025	-1P-08	地下层冷热上水管布置图	P.059	1L-33	客房A 立面图			
P.026	-1P-09	地下层立面索引图	P.060	1L-34	客房B 立面图			
P.027	1L-01	客厅A 立面图	P.061	1L-35	客房C 立面图			
P.028	1L-02	客厅B 立面图	P.062	1L-36	客房D 立面图			
P.029	1L-03	客厅C 立面图	P.063	1L-37	更衣间A 立面图			
P.030	1L-04	客厅D 立面图	P.064	1L-38	更衣间B 立面图			
P.031	1L-05	过道A 立面图	P.065	1L-39	更衣间C 立面图			
P.032	1L-06	过道B 立面图	P.066	1L-40	更衣间D 立面图			
P.033	1L-07	过道C 立面图	P.067	-1L-01	休息室A 立面图			

INTRODUTION

1. All design are property Century Sakura ShenZhen Design cannot be used without their written promission

2. All measurements must be checked at the site by the contractor, do not scale drawing

PRINCIPAL:	TONY
DESIGNER:	Carey
DRAWN BY:	Carey
CHECK BY:	TONY
COLLATE:	
APPROVE:	
PROJECT:	
DRAWING TITLE	图纸目录
PROJECT NO.	
PER. IN CHARGE	
CHANGE RECORD	
SCALE:	1:30
PAGE NO.	P.002
DWG NO.	
DATE:	2007-12

图1-5　图纸目录

图1-6所示为绘制完成的施工图设计说明。

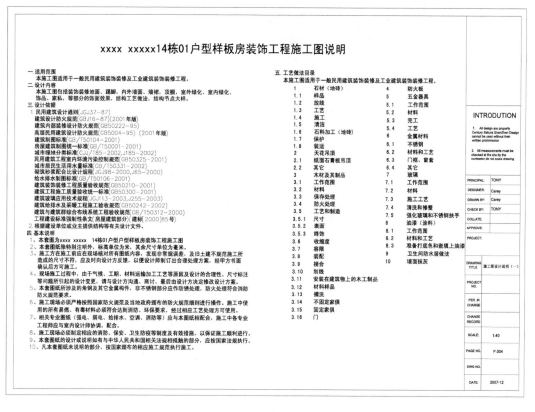

图 1-6 施工图设计说明

1.3.2 图纸的幅面

图纸的大小又称图纸幅面。

图纸幅面即图框尺寸，应符合表 1-1 中的规定。

表 1-1 幅面和图框尺寸　　　　　　　　　　单位：mm

尺寸代号 ＼ 幅面代号	A0	A1	A2	A3	A4
$b×l$	841×1189	594×841	420×594	297×420	210×297
c	10			5	
a	25				

注：b——幅面短边尺寸；l——幅面长边尺寸；c——图框线与幅面线间的宽度；a——图框线与装订边间的宽度。

图 1-7～图 1-10 所示的幅面及图框尺寸与《技术制图　图纸幅面和格式》(GB/T 14689—2008)的规定一致，但图框标题栏根据室内装饰装修设计的需要稍有调整。

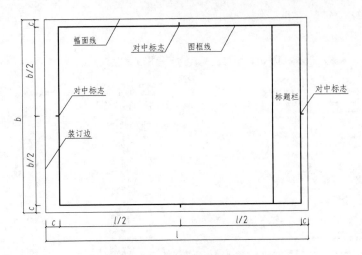

图 1-7 A0～A3 横式幅面(一)

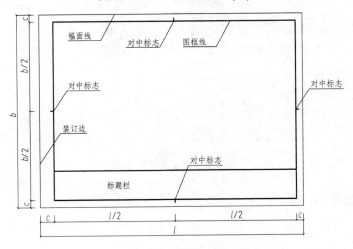

图 1-8 A0～A3 横式幅面(二)

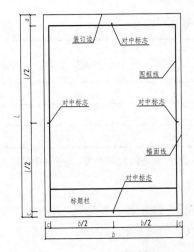

图 1-9 A0～A4 立式幅面(一)

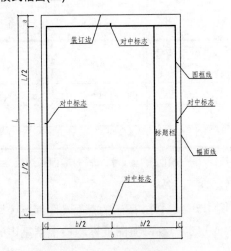

图 1-10 A0～A4 立式幅面(二)

需要微缩复制的图纸，其中一个边上应附有一段准确米制尺度，四个边上均附有对中标志。米制尺度的总长应为 100mm，分格应为 10mm。对中标志应画在图纸各边长的中点处，线宽应为 0.35mm，深入框内 5mm。

图纸的短边不应加长，A0～A3 幅面长边尺寸可加长，如图 1-11 所示，但是应符合表 1-2 中的规定。

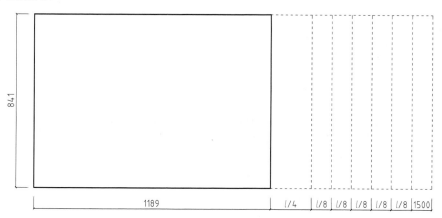

图 1-11　图纸长边加长示意(A0 图纸为例)

表 1-2　图纸长边加长尺寸　　　　　　　　　　　单位：mm

幅面代号	长边尺寸	长边加长后的尺寸			
A0	1189	1486(A0+l/4)	1635(A0+3l/8)	1783(A0+l/2)	1932(A0+5l/8)
		2080(A0+3l/4)	2230(A0+7l/8)	2378(A0+l)	
A1	841	1051(A1+l/4)	1261(A1+l/2)	1471(A1+3l/2)	1682(A1+l)
		1892(A1+5l/4)	2102(A1+3l/4)		
A2	594	743(A2+l/4)	891(A2+l/2)	1041(A2+3l/4)	1189(A2+l)
		1338(A2+5l/4)	1486(A2+3l/2)	1635(A2+7l/4)	1783(A2+2l)
		1932(A2+9l/4)	2080(A2+5l/2)		
A3	420	630(A3+l/2)	841(A3+l)	1051(A3+3l/2)	1261(A3+2l)
		1471(A3+5l/2)	1682(A3+3l)	1892(A3+7l/2)	

如有特殊情况，图纸可采用 $b×l$ 为 841mm×891mm 与 1189mm×1261mm 的幅面。

图纸以短边作为垂直边称为横式，以短边作为水平边称为立式。A0～A3 图纸宜横式使用，必要时也可立式使用。

在一个工程设计中，每个专业所使用的图纸，不应多于两种幅面，不含目录及表格所采用的 A4 幅面。

图纸可以采用横式，也可采用立式，如图 1-7～图 1-10 所示。

为能快速、清晰地阅读图纸，图样在图面上排列应整齐统一。

1.3.3　标高

房屋建筑室内装饰装修设计中，设计空间需要标注标高。标高符号可使用等腰直角三角形，如图 1-12 所示；也可使用涂黑的三角形或 90° 对顶角的圆来表示，如图 1-13、图 1-14 所示；标注顶棚标高时也可采用 CH 符号表示，如图 1-15 所示。

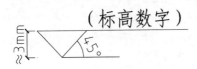

图 1-12　等腰直角三角形

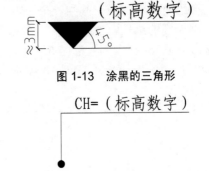

图 1-13　涂黑的三角形

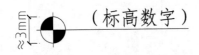

图 1-14　涂黑对顶角的圆

图 1-15　采用 CH 符号表示

在同一套图纸中应采用同一种标高符号；对于±0.000 标高的设定，由于房屋建筑室内装饰装修设计涉及的空间类型较为复杂，所以在标准中对±0.000 的设定位置不作具体的要求，制图中可以根据实际情况设定，但应在相关的设计文件中说明本设计中±0.000 的设定位置。

标高符号的尖端应指至被注高度的位置。尖端宜向下，也可向上。标高数字应注写在标高符号的上侧或下侧，如图 1-16 所示。

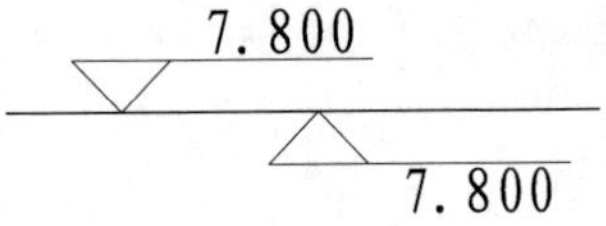

图 1-16　标高指向

当标高符号为下指向时，标高数字注写在左侧或右侧横线的上方；当标高符号为上指向时，标高数字注写在左侧或右侧横线的下方。

标高数字应以 m 为单位，注写到小数点以后的第三位。在总平面图中，可注写到小数点以后的第二位。

零点标高应注写成±0.000，正数标高不注“+”，负数标高应注“–”，例如 5.000、–0.500。

1.4　室内装潢施工图的形成和画法

室内装潢施工图由平面图、剖面图、立面图、详图组成，各个图样的形成和画法不尽相同。本节将介绍各类型施工图的形成和画法。

1.4.1　平面图

建筑平面图反映了建筑平面布局、装饰空间及功能区域的划分、家具设备的布置、绿化及陈设的布局等内容。平面图又可细分为原始结构图、平面布置图、地面平面图、顶棚平面图等，这里主要指平面布置图。

平面布置图是这样形成的：假想使用一个水平剖切平面，沿建筑物每层的门窗洞口位置进行水平剖切，再移去剖切平面以上的部分，对以下部分作水平正投影图。

平面布置图的画法如下。

(1) 首先应绘制轴网。

(2) 根据定位轴线绘制墙体。

(3) 绘制门窗洞口及门窗图形。

(4) 绘制装饰造型的平面样式。

(5) 调入各空间图块。

(6) 绘制文字标注。

(7) 绘制尺寸标注。

(8) 绘制图名标注，存档或打印出图。

图 1-17 所示为绘制完成的平面布置图。

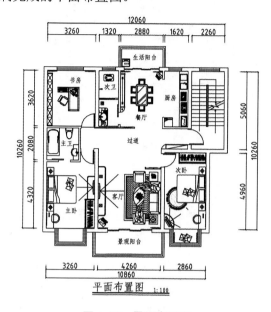

图 1-17　平面布置图

1.4.2　立面图

立面图是这样形成的：将房屋的室内墙面按内视投影符号的指向，向直立投影面作正投影图。

立面图主要用于反映室内空间垂直方向的装饰设计形式、尺寸与做法、材料与色彩的选用等内容，是室内装潢设计施工图的主要图样之一，是确定墙面做法的主要依据。

立面图的画法如下。

(1) 先在平面图中定义立面图的表达区域。

(2) 参考平面图上墙体的尺寸，绘制立面图的外轮廓。

(3) 绘制立面构造，如吊顶位、墙面装饰轮廓线。

(4) 在绘制完成的墙面装饰轮廓线内填充图案，以与未做造型的墙面相区分。

(5) 调入立面图块。

(6) 绘制立面尺寸标注。

(7) 绘制立面材料标注。

(8) 绘制图名标注，存档或打印出图。

图 1-18 所示为绘制完成的立面图。

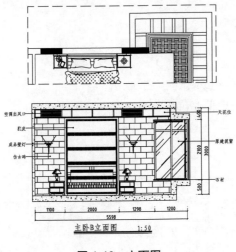

图 1-18　立面图

1.4.3　顶棚平面图

顶棚平面图是这样形成的：假想以一个水平剖切平面沿顶棚下方门窗洞口位置进行剖切，移去下面部分后对上面的墙体、顶棚作镜像投影图。

顶棚平面图是反映顶棚平面形状、灯具位置、材料选用、尺寸标高及构造做法等内容的水平镜像投影图，是室内装潢装饰施工图的主要图样之一。

顶棚平面图的画法如下。

(1) 复制一份平面布置图，将其中的家具等图形删除(或关闭家具图层)。

(2) 划分各功能空间顶棚造型区域。

(3) 绘制各空间的顶棚造型。

(4) 填充顶棚造型图案。

(5) 绘制顶棚装饰材料说明。

(6) 标注各空间标高。

(7) 绘制图名标注，存档或打印输出。

图 1-19 所示为绘制完成的顶棚平面图。

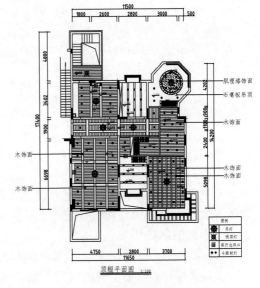

图 1-19　顶棚平面图

1.4.4　地面平面图

地面平面图的形成方法与平面布置图相同，所不同的是，地面布置图不画家具及绿化等布置，只绘制地面的装饰风格，标注地面材质、尺寸和颜色、地面标高等。

地面平面图的画法如下。

(1) 复制一份平面布置图，将其中的家具等图形删除(也可直接在平面布置图上绘制其地面布置)。

(2) 绘制门槛线。

(3) 填充各功能空间地面图案。

(4) 绘制地面填充材料说明。

(5) 绘制图名标注，存档或打印输出。

图 1-20 所示为绘制完成的地面平面图。

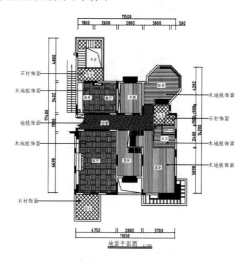

图 1-20　地面平面图

1.4.5　剖面图

剖面图是这样形成的：假想用一个或一个以上的垂直于外墙轴线的铅垂剖切平面将房屋剖开，移去靠近观察者的那部分，对剩余部分所做的正投影图，称为剖面图。

剖面图的画法如下。

(1) 先在平面图或立面图中需要绘制剖面图的位置绘制剖切符号。

(2) 绘制被剖切物体的外轮廓。

(3) 绘制被剖切物体的内部构造。

(4) 为各构造部件绘制填充图案，以相互区别。

(5) 绘制剖面图尺寸标注。

(6) 绘制剖面图材料标注。

(7) 绘制图名标注，存档或打印输出。

图 1-21 所示为绘制完成的天花剖面图。

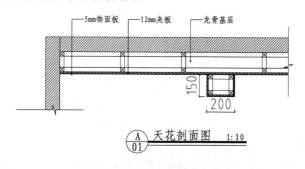

图 1-21　天花剖面图

1.4.6 详图

为满足装饰施工、制作的需要，使用较大的比例绘制装饰造型、构造做法等的详细图样，称为装饰详图，简称详图。

详图的画法如下。

(1) 在需绘制详图的构造部位添加详图符号。

(2) 根据施工工艺绘制指定构造部位的详细做法。

(3) 填充图案或调入图块。

(4) 绘制尺寸标注。

(5) 绘制材料或做法标注。

(6) 绘制图名标注，存档或打印输出。

图 1-22 所示为绘制完成的装饰详图。

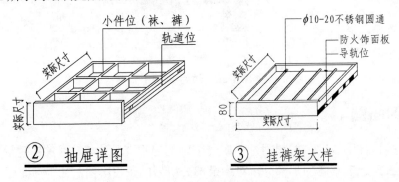

图 1-22　装饰详图

1.5　室内装潢的施工流程

在室内装饰装潢施工图纸确定后，就可以在施工图的指导下进行施工制作。室内装饰施工分多个工种，有木工、电工、油漆工、瓦工等。每个工种按步骤上场，施工过程井然有序，才能保证施工的质量和进度。本节将大致介绍在室内装饰施工过程中各工种的施工步骤。

1.5.1 现场丈量

在绘制装饰施工图之前，要先到待装饰装潢的房屋现场丈量尺寸，然后根据现场丈量的尺寸绘制房屋原始结构尺寸图。设计师一般会在原始结构图上做出初步的居室装饰设计方案。待与业主沟通后，再对设计方案进行修改，然后再根据确定的设计方案绘制施工图纸。

去现场丈量需要准备一些工具，比如卷尺、纸、笔、相机等，这可以根据个人的使用习惯来定。图 1-23 所示为常见的卷尺。

在丈量尺寸时，宜一人量尺寸、一人记录，这样既可保证丈量的准确性，又提高了丈量的速度。

图 1-24 所示为丈量房间开间尺寸的情形。

在丈量得出数据后，在本子上记录尺寸，如图 1-25 所示。

图 1-23　卷尺

图 1-24　丈量尺寸

图 1-25　记录数据

1.5.2　拆除墙体

房屋中的原建筑墙体有时不符合设计或使用要求，需要进行拆除。

拆除墙体的注意事项如下。

(1) 抗震构件(如构造柱、圈梁等)最好根据原建筑施工图来确定，或请物业管理部门鉴别。

(2) 承重墙、梁、柱、楼板等作为房屋主要骨架的受力构件不得随意拆除。

(3) 不能拆门窗两侧的墙体。

(4) 阳台下面的墙体不要拆除，它对挑阳台往往起到抵抗倾覆的作用。

(5) 砖混结构墙面开洞直径不宜大于 1m。

(6) 应注意冷热水管的走向，拆除水管接头处应用堵头密封。

(7) 应把墙内开关、插座、有线电视头、电话线路等有关线盒拆除、放好，拆墙时应该是不带电工作。

图 1-26 所示为施工人员拆除墙体，图 1-27 所示为墙体被部分拆除后的结果。

图 1-26　拆除墙体

图 1-27　拆除部分墙体后的结果

1.5.3　新砌砖墙

在拆除墙体后，需要重新砌墙以分隔空间。新砌墙体时为防止今后新砌墙体与原始墙体交界处开裂，应在新砌墙体与原始墙交界处植入拉结筋，以 8mm 或 10mm 钢筋为佳，长度采用 30cm 为宜。植入原始墙体的一端应当有 10cm 以上，长出部分埋入新砌墙体内，布设密度间距 40cm。

图 1-28 所示为施工人员在砌墙，图 1-29 所示为新砌好的墙。

图 1-28　砌墙

图 1-29　新砌好的墙

1.5.4　水电施工

1. 给排水制作工艺

给排水制作工艺如下。

(1) 冷热水管埋入的深度，以管壁至墙表皮间距 1cm 为宜，遵守左冷右热的安装原则。

(2) 出水口必须严格按照国家标准龙头间距尺寸布置，内外丝需分清。

(3) 水管内没有堵塞，连接冷热水管试压泵加压 0.8MPa 以上无爆、冒、滴、漏的现象。未经过加压测试不可封墙。

(4) 瓷砖铺贴后，冷热水内丝弯头不可突出砖面。

(5) 水压测试过后，打开总阀并逐个打开堵头，查看接头是否堵塞。

图 1-30 所示为卫生间水路的安装结果，图 1-31 所示为水压测试现场。

图 1-30　水路安装

图 1-31　水压测试

2. 电气施工制作工艺

电气施工制作工艺如下。

(1) 柜机空调走 4mm² 单独回路，厨卫各单独走 4mm² 回路一条，照明走一条 2.5mm² 回路，普通插座走 1～2 条 2.5mm² 回路，不使用 1.5mm² 电线。

(2) 强弱电分开间距为 30cm 以上，弱电管与暖气片(管)、热水管、煤气管之间的间距要大于 30cm。

(3) 同一房间电源、电话、电视等插座要在同一水平标高上(除特殊情况外)，严格遵循左零右火、地线在上的原则，接地线最好使用国标规定的黄绿线。

(4) 进盒线管带锁头保护，线盒敷设要平整，不用弯头，拐弯处要做热弯或簧弯处理；接管处要用 PVC 胶水焊接。遵循先埋管后穿线的安装原则，顶部不能埋管的地方要做黄蜡管保护，严禁裸埋电线，吊顶电线需要固定。

(5) 弱电不可有接头，电视线要用分频器，网线严禁接头。

　　(6) 明设管必须做电管保护，三组线同进一个线盒时要另外敷设一个过线盒。吊顶有灯位的地方要预留线盒。

　　(7) 电路工程完工后，要用电灯泡对所有插座、灯线测试一下是否通电，并抽拉电线检查是否为活线，严禁未经检验进入下一工序。

　　图 1-32 所示为电线的安装结果，要遵循横平竖直的安装原则。

图 1-32　电线安装

1.5.5　卫生间防水处理

　　卫生间需要制作防水处理，是为防止卫生间漏水到楼下，同时不让水渗透到建筑物当中。

　　防水处理的做法如下。

　　(1) 浇钢筋混凝土楼板。

　　(2) 1∶3 水泥砂浆找坡层，最薄处有 20mm 厚，坡向地漏，一次抹平。

　　(3) 丙烯酸聚合物水泥基防水浆料。

　　(4) 30mm 厚干硬性水泥砂浆结合层。

　　卫生间防水又分地面防水和墙面防水。图 1-33 和图 1-34 所示分别为涂刷防水涂料后卫生间地面和墙面的结果。

图 1-33　地面防水

图 1-34　墙面防水

1.5.6　墙地面处理

　　墙地面处理又叫作墙地面装饰，即根据设计风格，使用一定的装饰材料装饰墙面和地面。

　　墙面的装饰材料主要有壁纸、乳胶漆、木饰面等，其中最经济实惠的是乳胶漆饰面。图 1-35 所示为壁纸饰面的结果，图 1-36 所示为乳胶漆饰面的结果。

图 1-35　壁纸饰面

图 1-36　乳胶漆饰面

地面的装饰材料主要有地砖、木地板等，其中地砖最为经济实惠，也是居室装修中常用的地面装饰材料。图1-37所示为地砖饰面的效果，图1-38所示为木地板饰面的效果。

图1-37　地砖饰面

图1-38　木地板饰面

1.5.7　木工制作

居室的门套、窗套、各种柜子的制作可以归入木工工种，可以在现场实地丈量居室尺寸后进行制作。现场制作家具的好处是充分考虑实地尺寸，且业主可以自行选购家具的材料；缺点是现场制作家具的成本较高。

图1-39所示为现场制作衣柜的结果，图1-40所示为现场制作门套的结果。

图1-39　衣柜制作

图1-40　门套制作

1.5.8　清理现场

安装灯具、五金配件后，将室内的多余物品进行清理，即可完成室内装饰装修工程的制作。

图1-41和图1-42所示为居室装饰装修的效果。

图1-41　客厅装饰效果

图1-42　卧室装饰效果

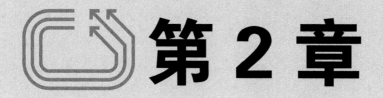

第 2 章

AutoCAD 2016 快速入门

本章导读

与之前的版本相比，AutoCAD 2016 在软件界面和操作方式上发生了较大的变化。因此，本章首先对 AutoCAD 2016 的工作界面和绘图环境进行讲解，使读者能够快速熟悉 AutoCAD 2016 的操作环境。

学习目标

➢ 了解和掌握 AutoCAD 2016 的启动和退出方法。

➢ 了解和熟悉 AutoCAD 2016 的工作空间和工作界面。

➢ 掌握 AutoCAD 2016 的图形文件管理的方法。

➢ 掌握 AutoCAD 2016 绘图环境的设置方法。

2.1　认识 AutoCAD 2016

AutoCAD 在建筑、装饰、消防、机械、电子、航空航天等行业都得到了广泛的运用。在使用 AutoCAD 软件绘制室内装潢设计施工图之前，首先应该对该软件有一个初步的认识，为以后学习软件绘图奠定基础。

2.1.1　启动与退出 AutoCAD 2016

要使用 AutoCAD 2016 进行绘图，首先必须启动该软件。在完成绘制之后，应保存文件并退出该软件，以节省系统资源。

开启 AutoCAD 2016 软件有以下几种方式。

- 使用桌面图标：安装 AutoCAD 2016 软件后，在桌面会显示该软件的快捷方式图标，双击该图标即可开启 AutoCAD 2016 软件。
- 使用"开始"菜单：单击桌面左下角的"开始"按钮，在"开始"菜单中找到已安装的 AutoCAD 2016，选择打开即可。

双击 AutoCAD 2016 图标后，桌面会显示如图 2-1 所示的启动画面，表示系统正在开启 AutoCAD 软件。

图 2-1　启动界面

2.1.2　AutoCAD 2016 的工作空间

根据不同的绘图要求，AutoCAD 提供了 3 种工作空间：草图与注释、三维基础和三维建模。首次启动 AutoCAD 2016 时，系统默认的工作空间为草图与注释空间。

1. 草图与注释工作空间

草图与注释工作空间其界面主要由应用程序按钮、功能区选项卡、快速访问工具栏、绘图区、命令行窗口和状态栏等元素组成，如图 2-2 所示。

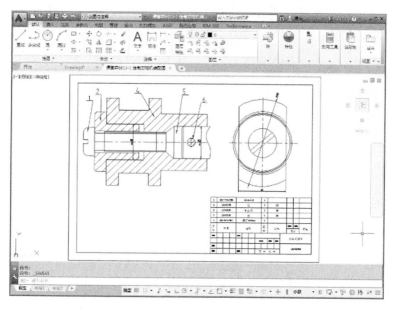

图 2-2　草图与注释工作空间

2．三维基础工作空间

三维基础工作空间侧重于基本三维模型的创建，如图 2-3 所示。其功能区提供了各种常用三维建模、布尔运算以及三维编辑工具按钮。

3．三维建模工作空间

三维建模工作空间主要用于复杂三维模型的创建、修改和渲染，其功能区提供了"实体""曲面""网格""渲染"等选项卡，如图 2-4 所示。由于包含更全面的修改和编辑命令，因而功能区工具按钮的排列更为密集。

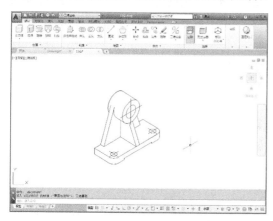

图 2-3　三维基础工作空间

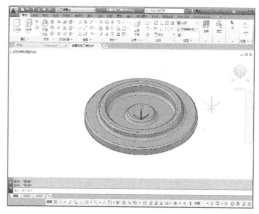

图 2-4　三维建模工作空间

2.1.3　切换工作空间

用户可以根据工作需要随时切换工作空间，切换工作空间的方法有以下几种。

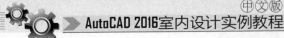

- 使用菜单栏：选择"工具"|"工作空间"菜单命令，在子菜单中选择相应的工作空间，如图 2-5 所示。
- 使用状态栏：直接单击状态栏上的"切换工作空间"按钮，在弹出的子菜单中选择相应的空间类型，如图 2-6 所示。

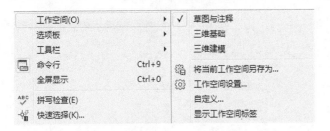

图 2-5　使用菜单栏切换工作空间　　　　图 2-6　使用状态栏切换工作空间

- 快速访问工具栏：单击"快速访问"工具栏中的"草图与注释"按钮，在弹出的下拉列表中选择所需工作空间，如图 2-7 所示。

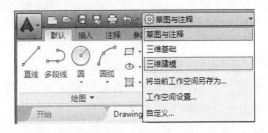

图 2-7　使用快速访问工具栏切换工作空间

2.1.4　AutoCAD 2016 的工作界面

AutoCAD 2016 的操作界面是 AutoCAD 显示、编辑图形的区域。一个完整的 AutoCAD 2016 操作界面如图 2-8 所示，包括标题栏、菜单栏、工具栏、快速访问工具栏、交互信息工具栏、功能区、绘图区、十字光标、坐标系、命令行窗口、状态栏、布局标签、滚动条、状态托盘等。

提示

图 2-8 所示为草图与注释工作空间，某些部分在 AutoCAD 默认状态下不显示，需要用户自行调用。

1．标题栏

标题栏位于 AutoCAD 窗口的顶部中央位置，它显示了用户当前打开的图形文件的信息。如果打开的是计算机中保存的图形文件，则显示其完整路径；如果是新建但未保存的文件，则只显示其名称。系统根据文件的创建顺序，默认名称为 Drawing1、Drawing2 等。

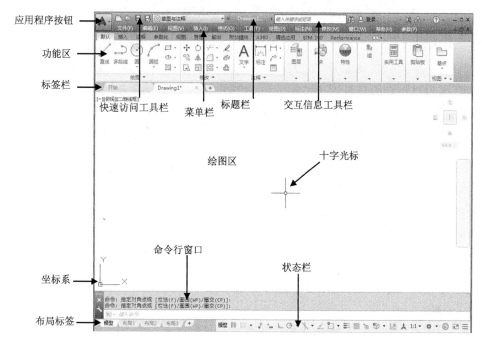

图 2-8 AutoCAD 2016 的工作界面

2．应用程序按钮

应用程序按钮位于窗口的左上角，单击此按钮，展开选项面板(如图 2-9 所示)。面板中包含了文档的新建、打开和保存等命令。单击"选项"按钮，系统将弹出"选项"对话框(如图 2-10 所示)，AutoCAD 的大部分系统选项均在此对话框中设置。

图 2-9 应用程序按钮的展开面板　　　　图 2-10 "选项"对话框

3．快速访问工具栏

快速访问工具栏位于应用程序按钮的右侧，它包含了文档操作常用的快捷按钮，依次为"新建""打开""保存""另存为""打印""重做""放弃"等，如图 2-11 所示。

图 2-11 快速访问工具栏

用户可以自定义快速访问工具栏，添加或删除所需的工具按钮。

4．菜单栏

菜单栏位于标题栏的下方，与其他 Windows 程序一样，AutoCAD 的菜单栏也是下拉形式的，某些菜单命令还包含子菜单。AutoCAD 2016 的默认菜单栏有以下菜单项。

- 文件：用于管理图形文件，例如新建、打开、保存、另存为、输出、打印和发布等。
- 编辑：用于对文件图形进行常规编辑，例如剪切、复制、粘贴、清除、链接、查找等。
- 视图：用于管理 AutoCAD 的操作界面，例如缩放、平移、动态观察、相机、视口、三维视图、消隐和渲染等。
- 插入：用于在当前 AutoCAD 绘图状态下，插入所需的图块或其他格式的文件，例如 PDF 参考底图、字段等。
- 格式：用于设置与绘图环境有关的参数，例如图层、颜色、线型、线宽、文字样式、标注样式、表格样式、点样式、厚度和图形界限等。
- 工具：用于设置一些绘图的辅助工具，例如选项板、工具栏、命令行、查询和向导等。
- 绘图：提供绘制二维图形和三维模型的所有命令，例如直线、圆、矩形、正多边形、圆环、边界和面域等。
- 标注：提供对图形进行尺寸标注时所需的命令，例如线性标注、半径标注、直径标注、角度标注等。
- 修改：提供修改图形时所需的命令，例如删除、复制、镜像、偏移、阵列、修剪、倒角和圆角等。
- 参数：提供对图形约束时所需的命令，例如几何约束、动态约束、标注约束和删除约束等。
- 窗口：用于在多文档状态下设置各个文档的屏幕，例如层叠、水平平铺和垂直平铺等。
- 帮助：提供使用 AutoCAD 所需的帮助信息。

AutoCAD 2016 在任何工作空间默认不显示菜单栏。但用户可以在工作空间下调用菜单栏：单击工作空间名称后的展开箭头，展开的菜单如图 2-12 所示，选择"显示菜单栏"命令，即可将菜单栏显示。

图 2-12　自定义快速访问工具栏显示菜单

5. 功能区

功能区是一种智能的人机交互界面，用于显示与绘图任务相关的按钮和控件，在草图与注释空间和三维建模空间中的主要命令都集中在功能区，使用起来比菜单栏更方便。功能区由多个选项卡组成，每个选项卡中又包含多个面板，不同的面板对应不同类别的命令按钮，如图 2-13 所示。

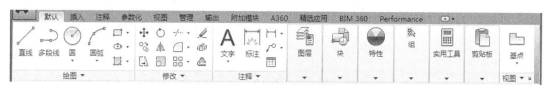

图 2-13　"默认"选项卡

 注意

某些面板标题旁边有展开箭头，单击该箭头可以展开其子面板，显示出更多的按钮。本书中将这种展开面板称为滑出面板。图 2-14 所示为"绘图"面板的滑出面板。

6. 工具栏

工具栏是一组按钮图标工具的集合，每个图标都形象地显示出了该工具的作用。AutoCAD 2016 提供了 50 余种命名的工具栏。在草图与注释工作空间和三维建模工作空间中，由于主要使用功能区的命令按钮，一般不使用工具栏，所以工具栏默认处于隐藏状态，当然也可以使用以下方法调用工具栏。

- 使用菜单栏：选择"工具"|"工具栏"| AutoCAD 菜单命令，在展开的子菜单中勾选要显示的工具栏，如图 2-15 所示。
- 在已经显示的工具栏上单击鼠标右键，在弹出的工具栏选项列表中选中要显示的工具栏。

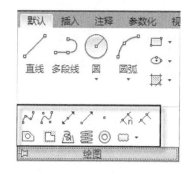

图 2-14　"绘图"面板的滑出面板

图 2-15　通过菜单命令显示工具栏

7. 标签栏

在草图与注释工作空间中，标签栏位于功能区的下方，由文件选项卡标签和加号按钮组成。AutoCAD 2016 的标签栏和一般网页浏览器中的标签栏作用相同,每一个新建或打开的图形文件都会在标签栏上显示一个文件标签。单击某个标签,即可切换至相应的图形文件,单击文件标签右侧的"×"按钮,可以快速地将该标签文件关闭,从而方便多图形文件的管理,如图 2-16 所示。

图 2-16　标签栏

单击文件选项卡右侧的 按钮,可以快速新建图形文件。在标签栏空白处单击鼠标右键,系统会弹出一个快捷菜单,该菜单中各命令的含义如下。

- 新建:选择"新建"命令,可新建空白文件。
- 打开:选择"打开"命令,可打开已有文件。
- 全部保存:保存所有标签栏中显示的文件。
- 全部关闭:关闭标签栏中显示的所有文件,但是不会关闭 AutoCAD 2016 软件。

8. 绘图区

绘图区是用户绘图的操作和显示区域,如图 2-17 所示。绘图区实际上是无限大的,用户可以通过缩放、平移等命令来观察绘图区中的图形的局部和细节。有时为了增大绘图空间,可以根据需要,关闭其他选项卡,如工具栏、选项板等。

绘图区的左上角有三个显示标签,用于显示当前模型的状态。单击各标签可以打开对应的快捷菜单,分别控制视口布局、视图方向和视觉样式,如图 2-18 所示。

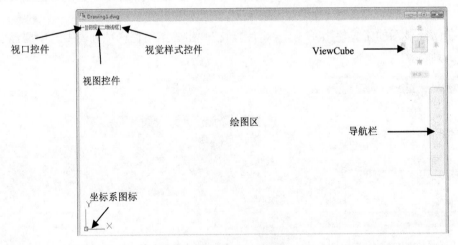

图 2-17　绘图区

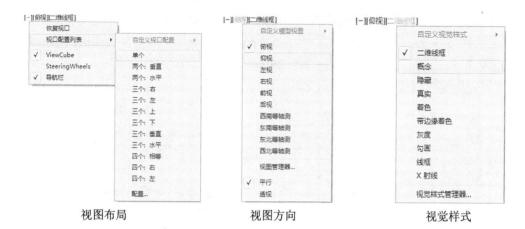

视图布局　　　　　　　视图方向　　　　　　　视觉样式

图 2-18　功能标签菜单

绘图区的右上角为 ViewCube 工具，如图 2-19 所示，该工具是用户在二维模型空间或三维视觉样式中处理图形时显示的导航工具。通过它，用户可以在标准视图和等轴测视图间切换。

绘图区的右侧为导航栏，该导航栏呈透明显示，将鼠标指针移动到导航栏上可以显示出导航按钮，如图 2-20 所示。

图 2-19　ViewCube 工具　　　　　　　　　图 2-20　导航栏

9．命令行与文本窗口

命令行位于绘图窗口的底部，用于输入命令和显示 AutoCAD 提示信息，如图 2-21 所示。

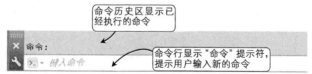

命令历史区显示已经执行的命令

命令行显示"命令"提示符，提示用户输入新的命令

图 2-21　命令行窗口

AutoCAD 文本窗口的作用和命令窗口的作用一样，它记录了打开该文档后的所有命令操作，相当于放大后的命令行窗口，如图 2-22 所示。

文本窗口在默认界面中不会直接显示，需要通过命令调出。调用文本窗口的方法有如下两种。

- 使用菜单栏：选择"视图"|"显示"|"文本窗口"命令。
- 使用快捷键：按 F2 键。

在 AutoCAD 2016 中，系统会在用户输入命令时自动判断与输入字母相关的命令，显示可供选择的命令列表，如图 2-23 所示。用户可以按键盘上的方向键或使用鼠标进行选择，这种智能功能极大地减少了用户使用快捷命令的记忆负担。

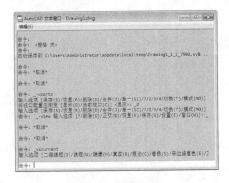

图 2-22 文本窗口

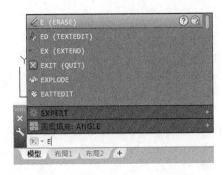

图 2-23 命令行自动完成功能

注意

输入命令之后，必须按键盘上的 Enter(回车)键表示确认，本书的命令行操作统一用"✓"符号表示按 Enter 键。

10．状态栏

状态栏位于窗口的底部，如图 2-24 所示。它显示了 AutoCAD 的辅助绘图工具和当前的绘图状态，主要由 5 个部分组成。

快速查看工具　　　　　坐标值　　　　　绘图辅助工具　　　　　注释工具　工作空间工具

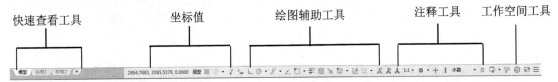

图 2-24 状态栏

- 快速查看工具：用于预览打开的图形，或者预览图形的模型和布局空间。图形将以缩略图形式显示在窗口的底部，单击某一缩略图可切换到该图形或空间。
- 坐标值：该坐标值显示了绘图区中光标的位置。移动光标，坐标值也会随之变化。
- 绘图辅助工具按钮：主要用于控制绘图的性能，其中包括推断约束、捕捉模式、栅格显示、正交模式、极轴追踪、对象捕捉、三维对象捕捉、对象捕捉追踪、允许/禁止动态 UCS、动态输入、显示/隐藏线宽、显示/隐藏透明度、快捷特性和选择循环等工具。
- 注释工具：用于显示缩放注释的若干工具，对于模型空间和布局空间，将显示不同的注释工具。图形状态栏打开后，该注释工具不再显示在状态栏，而是显示在绘图区的底部。
- 工作空间工具：用于切换 AutoCAD 2016 的工作空间，以及对工作空间进行自定义设置等操作。

2.2　AutoCAD 的图形文件管理

文件管理是软件操作的基础，在 AutoCAD 2016 中，图形文件的基本操作包括新建文件、打开文件、保存文件、查找文件和输出文件等。

2.2.1　新建图形文件

启动 AutoCAD 2016 后，系统将自动新建一个名为 Drawing1.dwg 的图形文件，该图形文件默认以 acadiso.dwt 为样板创建。用户也可以根据需要自行新建文件。

新建图形的方法有以下几种。

- 使用菜单栏：选择"文件"|"新建"命令。
- 使用命令行：输入 NEW 命令并按 Enter 键。
- 使用快捷键：按下 Ctrl+N 组合键。
- 使用工具栏：单击快速访问工具栏上的"新建"按钮🗔。

执行上述任何一项操作后，系统将弹出如图 2-25 所示的"选择样板"对话框。在对话框中选择合适的图形样板，单击"打开"按钮，即可新建图形文件。

图 2-25　"选择样板"对话框

2.2.2　保存图形文件

保存文件就是将新绘制或编辑过的文件保存在计算机中，以便再次使用。也可以在绘制图形的过程中随时对图形进行保存，避免意外情况导致文件丢失。

保存 AutoCAD 图形文件的方法有以下几种。

- 使用菜单栏：执行"文件"|"保存"命令。
- 使用应用程序菜单：单击"应用程序"按钮🔺，在下拉菜单中选择"保存"命令，如图 2-26 所示。
- 使用工具栏：单击快速访问工具栏上的"保存"按钮🖫。
- 使用命令行：在命令行输入 QSAVE 命令并按 Enter 键。
- 使用快捷键：按 Ctrl+S 组合键。

执行上述任意一项操作后，系统将弹出如图 2-27 所示的"图形另存为"对话框。在该对话框中设置文件名称和存储位置后，单击"保存"按钮即可完成保存图形的操作。

图 2-26　选择"保存"命令　　　　　图 2-27　"图形另存为"对话框

2.2.3　打开图形文件

绘制完成后的 AutoCAD 图形文件，可以在存储后再执行"打开"命令，重新对其进行编辑。

打开图形文件的方法有以下几种。

- 使用菜单栏：选择"文件"|"打开"命令。
- 使用工具栏：单击"标准"工具栏上的"打开"按钮 📂。
- 使用命令行：输入 OPEN 命令并按 Enter 键。
- 使用快捷键：按 Ctrl+O 组合键。
- 使用快速访问工具栏：单击"打开"按钮 📂。
- 使用应用程序：单击"应用程序"按钮 🅰，在下拉菜单中选择"打开"命令，如图 2-28 所示。

执行上述任意一种操作后，系统将打开如图 2-29 所示的"选择文件"对话框，在其中选择待打开的图形文件，单击"打开"按钮即可打开选定的图形。

图 2-28　选择"打开"命令　　　　　图 2-29　"选择文件"对话框

技巧

　　在计算机中找到要打开的 AutoCAD 图形文件，然后直接双击文件图标，可以跳过"选择文件"对话框，直接打开图形文件。

2.2.4　输出图形文件

　　输出图形文件是将 AutoCAD 图形文件转换为其他格式进行保存，方便在其他软件中使用该文件。输出图形文件的方法有以下几种。

- ▶　使用命令行：输入 EXPORT 命令并按 Enter 键。
- ▶　使用应用程序：单击"应用程序"按钮，在下拉菜单中选择"输出"子菜单并选择一种输出格式，如图 2-30 所示。
- ▶　使用功能区：在"输出"选项卡，单击"输出"面板中的"输出"按钮，选择需要的输出格式，如图 2-31 所示。
- ▶　使用菜单栏：执行"文件"|"输出"命令。

图 2-30　选择"输出"子菜单

图 2-31　"输出"面板

　　执行输出命令后，如选择输出格式为 PDF，将打开如图 2-32 所示的"另存为 PDF"对话框。设置输出文件名，单击"保存"按钮即可完成文件的输出。

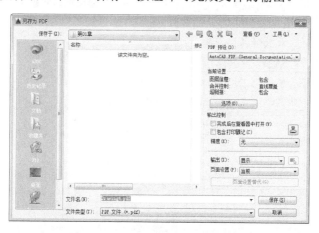

图 2-32　"另存为 PDF"对话框

2.2.5 关闭图形文件

室内图形绘制完成并存储后，可以将其关闭，以释放占用的系统内存空间，提高软件运行速度。关闭图形文件的方法有以下几种。

- 使用菜单栏：选择"文件"|"关闭"命令。
- 使用命令行：输入 QUIT 命令并按 Enter 键。
- 使用标题栏：单击软件界面右上角的"关闭"按钮X。

执行上述任意一种操作后，如果当前图形未进行保存，则系统会弹出如图 2-33 所示的 AutoCAD 信息提示对话框，提示用户存储图形。假如图形文件已存储，则会直接关闭图形文件。

图 2-33　AutoCAD 信息提示对话框

2.3　AutoCAD 2016 的绘图环境

为了保证绘制的图形文件的规范性、准确性和绘图的高效性，在绘图之前应对绘图环境进行设置。

2.3.1 设置图形界限

图形界限就是 AutoCAD 的绘图区域，也称为图限。对初学者而言，在绘制图形时"出界"的现象时有发生，为了避免绘制的图形超出用户工作区域或图纸的边界，需要使用绘图界线来标明边界。

室内装潢施工图纸大多使用 A3 图纸打印输出，在使用 1∶100 绘图比例的情况下，一般将绘图界限设置为 42 000mm×29 700mm。

执行"图形界限"命令有以下两种方法。

- 使用菜单栏：选择"格式"|"图形界限"命令。
- 使用命令行：输入 LIMITS 命令并按 Enter 键。

执行上述任意一种操作后，命令行提示如下。

```
命令：LIMITS↙
重新设置模型空间界限：
指定左下角点或 [开(ON)/关(OFF)] <0.0000,0.0000>:↙
                              //指定坐标原点为图形界限左下角点
指定右上角点 <0, 0>：42000,29700↙    //指定图形界限为右上角点，按Enter键完成设置
```

2.3.2　设置绘图单位

绘制室内装潢施工图一般以 mm 为单位。在绘制图纸之前，应先对绘图单位进行设置。

AutoCAD 2016 在"图形单位"对话框中设置图形单位。打开"图形单位"对话框有如下两种方法。

- 使用菜单栏：选择"格式"|"单位"命令。
- 使用命令行：输入 UNITS 或 UN 命令并按 Enter 键。

执行以上任意一种操作，都可以打开"图形单位"对话框，如图 2-34 所示。在该对话框中，可为图形设置坐标、长度、精度、角度的单位，以及从 AutoCAD 设计中心中插入图块或外部参照时的缩放单位。

该对话框中各选项的功能如下。

- 长度：用于设置长度单位的类型和精度。
- 角度：用于控制角度单位的类型和精度。
- 顺时针：用于设置旋转方向。如选中此复选框，则表示按顺时针旋转的角度为正方向，未选中则表示按逆时针旋转的角度为正方向。
- 插入时的缩放单位：用于选中插入图块时的单位，也是当前绘图环境的尺寸单位。
- 方向：用于设置角度方向。单击该按钮，将打开"方向控制"对话框，如图 2-35 所示，可以控制角度的起点和测量方向。默认的起点角度为 0°，方向为正东。如果选择"其他"单选按钮，则可以单击"拾取角度"按钮，切换到图形窗口，通过拾取两个点来确定基准角度 0° 的方向。

图 2-34　"图形单位"对话框　　　　图 2-35　"方向控制"对话框

2.3.3　设置十字光标大小

AutoCAD 绘图区中的十字光标不仅可以选取图形，还可以起到辅助线的作用，能远距离测量两个图形是否在同一条线上。

执行"工具"|"选项"命令，在弹出的"选项"对话框中切换到"显示"选项卡，

如图 2-36 所示。在其中的"十字光标大小"选项组中拖动滑块或直接输入 1～100 的整数，即可设置十字光标的大小。

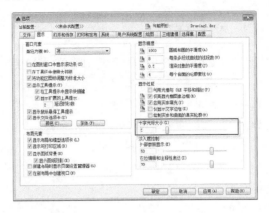

图 2-36 "显示"选项卡

2.3.4 设置绘图区颜色

绘图区的颜色可以根据用户的使用习惯来设置，比较常用的是黑色的界面，因为其显示图形较为清晰，且不刺眼，因而受到广大绘图人员的喜爱。

设置绘图区颜色的方法如下。

01 执行"工具"|"选项"命令，在弹出的"选项"对话框中切换到"显示"选项卡。在"窗口元素"选项组中单击"颜色"按钮，如图 2-37 所示。

02 系统弹出"图形窗口颜色"对话框，单击右上角的"颜色"下拉列表框，在弹出的下拉列表中即可选择绘图区背景的颜色，如图 2-38 所示。最后单击"应用并关闭"按钮，即可完成颜色的修改。

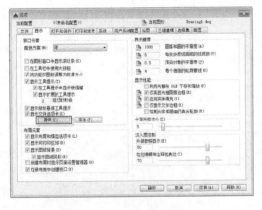

图 2-37 "窗口元素"选项组

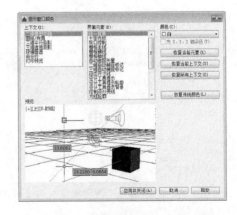

图 2-38 "图形窗口颜色"对话框

2.3.5 设置鼠标右键功能

AutoCAD 中的鼠标右键菜单提供了一些常用的命令操作，使用右键菜单执行某些命令，可以提高绘图速度。此外，右键菜单上的命令不是固定的，用户可以对其进行自定义设置，以符合自己的绘图习惯。

设置鼠标右键功能的方法如下。

01 执行"工具"|"选项"命令，在弹出的"选项"对话框中选择"用户系统配置"选项卡，如图 2-39 所示。

02 在"Windows 标准操作"选项组中单击"自定义右键单击"按钮，系统弹出如图 2-40 所示的"自定义右键单击"对话框。

03 该对话框提供了"默认模式""编辑模式""命令模式"鼠标右键功能的选项设置，设置选项后，单击"应用并关闭"按钮即可。

图 2-39　"用户系统配置"选项卡

图 2-40　"自定义右键单击"对话框

2.4　思考与练习

选择题

1. AutoCAD 2016 一共有(　　)个工作空间。

  A. 1　 B. 2　 C. 3　 D. 4

2. AutoCAD 2016 "新建图形文件"的快捷键是(　　)。

  A. Ctrl+A　 B. Ctrl+N　 C. Ctrl+V　 D. Ctrl+C

3. AutoCAD 2016 "保存图形文件"的工具按钮是(　　)。

  A. ▯　 B. ▱　 C. ▤　 D. ▥

4. 使用 AutoCAD 2016 绘制室内装饰施工图一般使用(　　)为单位。

  A. mm　 B. cm　 C. m　 D. km

5. 在(　　)对话框中设置 AutoCAD 十字光标的大小。

  A. 选项　 B. 选择文件　 C. 选择样板　 D. 草图设置

操作题

1. 在网上下载 AutoCAD 2016 软件，并正确安装。

2. 新建一个名称为"绘图模板.dwg"的文件。

3. 设置"绘图模板.dwg"文件的绘图单位为 mm。

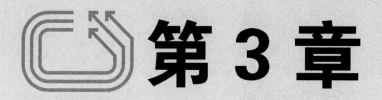 

第 3 章

AutoCAD 的基本操作

⊃ 本章导读

　　在熟悉了 AutoCAD 2016 的操作界面之后，本章将学习 AutoCAD 2016 的基本操作，包括命令的调用和视图的基本操作。熟练并灵活地掌握这些基本操作，可以提高绘图的效率。

⊃ 学习目标

➢ 熟悉和掌握 AutoCAD 命令的各种执行方式，包括菜单方式、工具按钮方式、命令行方式。

➢ 了解 WCS 和 UCS 两种坐标系的区别，掌握 AutoCAD 中坐标的输入方式。

➢ 掌握 AutoCAD 视图的基本操作，包括平移、缩放、视图命名等。

3.1 坐 标 系

要想正确、高效地绘图，必须先了解 AutoCAD 中坐标系的概念，并掌握坐标输入的方法。

3.1.1 认识坐标系

在 AutoCAD 2016 中，坐标系分为世界坐标系(WCS)和用户坐标系(UCS)两种。

1．世界坐标系

世界坐标系(World Coordinate System，WCS)是 AutoCAD 的基本坐标系。它由三个相互垂直的坐标轴 X、Y 和 Z 组成，在绘制和编辑图形的过程中，它的坐标原点和坐标轴的方向是不变的。

如图 3-1 所示，世界坐标系在默认情况下，X 轴的正方向水平向右，Y 轴的正方向垂直向上，Z 轴的正方向垂直屏幕平面方向，指向用户。坐标原点在绘图区的左下角，在其上有一个方框标记，表明是世界坐标系。

2．用户坐标系

为了更好地辅助绘图，经常需要修改坐标系的原点位置和坐标方向，这时就需要使用可变的用户坐标系(User Coordinate System，USC)。在用户坐标系中，可以任意指定或移动原点和旋转坐标轴。默认情况下，用户坐标系和世界坐标系重合，如图 3-2 所示。

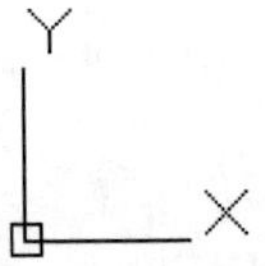

图 3-1 世界坐标系的图标

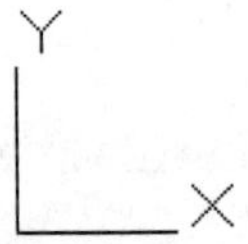

图 3-2 用户坐标系的图标

3.1.2 坐标的表示方法

在指定坐标点时，既可以使用直角坐标，也可以使用极坐标。在 AutoCAD 中，一个点的坐标有绝对直角坐标、绝对极坐标、相对直角坐标和相对极坐标 4 种表示方法。

1．绝对直角坐标

绝对直角坐标是指相对于坐标原点的直角坐标，要使用该方法指定点，应输入用逗号隔开的 X、Y 和 Z 值，表示为(X,Y,Z)。当绘制二维平面图形时，其 Z 值为 0，可省略不必输入，仅输入 X、Y 值即可，如图 3-3 所示。

2．相对直角坐标

相对直角坐标是基于上一个输入点而言的，即以某点相对于另一特定点的相对位置来定义该点的位置。相对特定坐标点(X,Y,Z)增加(nX,nY,nZ)的坐标点的输入格式为(@nX，nY,nZ)。相对坐标的输入格式为(@X,Y)，@字符表示使用相对坐标输入，如图 3-4 所示。

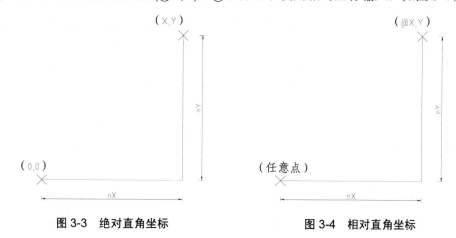

图 3-3　绝对直角坐标　　　　　　　图 3-4　相对直角坐标

3．绝对极坐标

绝对极坐标是指相对于坐标原点的极坐标。例如，坐标(100<30)是指从 X 轴正方向逆时针旋转 30°，距离原点 100 个图形单位的点，如图 3-5 所示。

4．相对极坐标

以某一特定点为参考极点，输入相对于参考极点的距离和角度来定义一个点的位置。相对极坐标的输入格式为(@A<角度)，其中 A 表示指定与特定点的距离。例如，坐标(@50<45)是指相对于前一点距离为 50 个图形单位，角度为 45°的一个点，如图 3-6 所示。

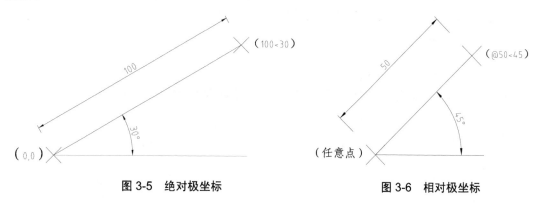

图 3-5　绝对极坐标　　　　　　　图 3-6　相对极坐标

3.2　AutoCAD 命令的使用

要让 AutoCAD 为我们工作，就必须知道如何向软件下达相关的指令，然后软件才能根据用户的指令执行相关的操作。由于 AutoCAD 不同的工作空间拥有不同的界面元素，因此在命令调用方式上略有不同。

3.2.1 执行命令

在 AutoCAD 中，调用命令的方式非常灵活，可以通过功能区、工具栏、命令行等多种方式来实现。在命令执行过程中，用户也可以随时中止、恢复和重复某个命令。

下面以执行"LINE(直线)"命令为例，介绍在 AutoCAD 中执行命令的方法。

- 使用菜单栏：执行"绘图"|"直线"命令，如图 3-7 所示。
- 使用工具栏：单击"绘图"工具栏的"直线"按钮。
- 使用命令行：输入 LINE/L 命令并按 Enter 键。
- 使用功能区：在"默认"选项卡中，单击"绘图"面板中的"直线"按钮，如图 3-8 所示。

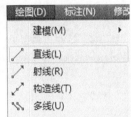

图 3-7　在菜单栏选择"直线"命令

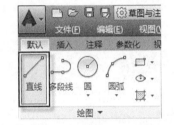

图 3-8　在功能区单击"直线"按钮

1．菜单栏调用

AutoCAD 2016 将常用的命令分门别类地放置在 10 多个菜单中，用户可根据操作类型单击展开菜单，从中选择相应的命令。

通过菜单栏调用命令是最直接也是最全面的方式，对新手来说比其他的命令调用方式更加方便与简单。三个绘图空间在默认情况下没有菜单栏，需要用户自己调出。

2．工具栏调用

与菜单栏一样，工具栏默认不显示于 3 个工作空间。需要通过"工具"|"工具栏"|AutoCAD 菜单命令调出，单击工具栏中的按钮，即可执行相应的命令。

> 技巧
>
> 为了获取更多的绘图空间，可以按 Ctrl+0 组合键隐藏工具栏，再按一次即可重新显示。

3．命令行调用

使用命令行输入命令是 AutoCAD 的一大特色功能，同时也是最快捷的绘图方式，但是需要用户熟记各种绘图命令。一般对 AutoCAD 比较熟悉的用户都用此方式绘制图形，因为这样可以大大提高绘图的速度和效率。

AutoCAD 中的绝大多数命令都有其相应的简写方式，如"直线"命令 LINE 的简写方式是 L，绘制矩形命令 RECTANGLE 的简写方式是 REC。对于常用的命令，用简写方式输入可以大大减少键盘输入的工作量，提高工作效率。另外，AutoCAD 对命令或参数输入不区分大小写，因此操作者不必考虑输入的大小写。

4．功能区调用

3 个工作空间都是以功能区作为调用命令的主要方式。相比其他调用命令的方法，在面板区调用命令更为直观，非常适合不能熟记绘图命令的 AutoCAD 初学者。

3.2.2　退出正在执行的命令

在执行命令的过程中，由于出现错误或者其他一些意外情况，需要终止正在执行的命令。

退出正在执行命令的方法有以下两种。

- ▶ 使用快捷键：按键盘左上角的 Esc 键。
- ▶ 使用右键菜单：调出右键快捷菜单，选择"取消"命令，如图 3-9 所示。

在执行上述任意一项操作后，即可终止正在执行的命令。

图 3-9　选择"取消"命令

3.2.3　重复执行命令

在绘图过程中，有时需要重复执行同一个命令，如果每次都重复输入，会使绘图效率大大降低。

使用下列方法，可以快速重复执行命令。

- ▶ 使用命令行：输入 MULTIPLE 或 MUL 命令并按 Enter 键。
- ▶ 使用快捷键：按 Enter 键或空格键。
- ▶ 使用快捷菜单：在命令行中单击鼠标右键，在弹出的快捷菜单中选择"最近使用的命令"下需要重复的命令，如图 3-10 所示。

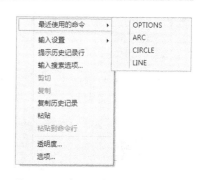

图 3-10　选择"最近使用的命令"

3.2.4　实例——绘制圆

下面以绘制休闲圆桌为例，介绍命令调用的方法。

01 打开素材。按 Ctrl+O 组合键，打开配套资源中的"素材\第 3 章\绘制圆.dwg"素材文件，如图 3-11 所示。

02 执行 C(圆)命令，绘制座椅中间的玻璃圆桌，命令行操作如下。

```
命令：CIRCLE↙
指定圆的圆心或 [三点(3P)/两点(2P)/切点、切点、半径(T)]：     //拾取中心点作为圆心点
指定圆的半径或 [直径(D)]：361↙                              //指定圆半径，绘制圆，如
                                                           图 3-12 所示
```

03 按 Enter 键再次调用 C(圆)命令，拾取半径为 361 的圆的圆心作为圆心点，绘制半径为 330 的同心圆，结果如图 3-13 所示。

图 3-11　素材　　　　　图 3-12　绘制圆　　　　　图 3-13　绘制同心圆

3.3　AutoCAD 的视图操作

在绘图过程中经常需要对视图进行平移、缩放、重生成等操作，以方便观察视图和更好地绘图。

3.3.1　缩放视图

缩放视图可以调整当前视图的大小，这样既能观察较大的图形范围，又能观察图形的细节。需要注意的是，视图缩放不会改变图形的实际大小。

执行"缩放"命令有以下几种方法。

- ▶ 使用菜单栏：选择"视图"|"缩放"子菜单下的相应命令，如图 3-14 所示。
- ▶ 使用面板：单击如图 3-15 所示的导航面板和导航栏范围缩放按钮。
- ▶ 使用命令行：输入 ZOOM 或 Z 命令并按 Enter 键。

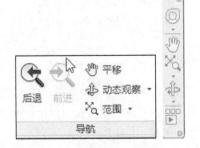

图 3-14　选择"缩放"下相应命令　　　　　图 3-15　导航面板和导航栏

执行"缩放"命令后，命令行操作如下。

```
命令：ZOOM↙                                    //执行"缩放"命令
指定窗口的角点，输入比例因子（nX 或 nXP），或者
[全部(A)/中心(C)/动态(D)/范围(E)/上一个(P)/比例(S)/窗口(W)/对象(O)] <实时>：
                                              //选择视图缩放方式
```

AutoCAD 2016 提供了实时缩放、窗口缩放、动态缩放、比例缩放、范围缩放、对象缩放等多种缩放方式，下面介绍几个常用的视图缩放方式。

1．实时缩放

实时缩放是指通过鼠标拖动的方式进行视图缩放。选择"实时"缩放命令，或单击"实时缩放"按钮后，鼠标指针即变成放大镜形状，按住鼠标左键向外拖动鼠标，即可放大视口中的图形；向内拖动鼠标，即可缩小视口中的图形。

缩放操作完成后，按 Enter 键或 Esc 键，或者单击鼠标右键，在弹出的快捷菜单中选择"退出"命令，可以退出缩放操作，如图 3-16 所示。

图 3-16　选择"退出"命令

 技巧

滚动鼠标滚轮，可以快速地实时缩放视图。

2．窗口缩放

窗口缩放是指可以将指定的矩形窗口范围内的图形放大至充满当前视窗。进行窗口缩放时，首先用鼠标指针指定窗口对角点，这两个对角点即确定了一个矩形缩放的范围，系统会将该范围图形放大至整个视窗，如图 3-17 所示。

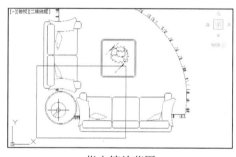
指定缩放范围

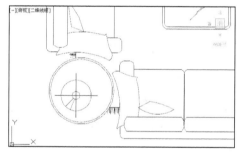
窗口缩放结果

图 3-17　窗口缩放

3．动态缩放

动态缩放是指用矩形视框平移和缩放视口中的图形。选择该缩放方式后，绘图区将显示几个不同颜色的方框，拖动鼠标移动当前视区框到所需位置，单击鼠标左键调整大小后按下 Enter 键，即可将当前视区框内的图形最大化显示，如图 3-18 所示。

4．比例缩放

比例缩放是指用比例因子进行视图缩放，以更改视图的显示比例。

缩放比例有以下 3 种输入方法。

- 直接输入数值，表示相对于图形界限进行缩放。
- 在数值后加 X，表示相对于当前视图进行缩放。
- 在数值后加 XP，表示相对于图纸空间单位进行缩放。

图 3-19 所示为将视图放大 1.5 倍的示例，命令行操作如下。

```
命令：ZOOM                                              //执行"缩放"命令
指定窗口的角点，输入比例因子 (nX 或 nXP)，或者
[全部(A)/中心(C)/动态(D)/范围(E)/上一个(P)/比例(S)/窗口(W)/对象(O)] <实时>:S↙
输入比例因子 (nX 或 nXP):1.5↙                          //输入缩放比例因子并按 Enter 键
```

5．对象缩放

对象缩放方式是指将当前选择的一个或多个选定的对象尽可能大地显示在视口中，如图 3-20 所示。

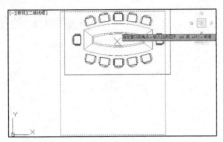
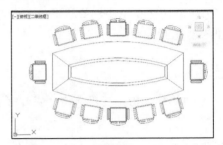

调整矩形视框的位置和大小　　　　　　　　　　　缩放结果

图 3-18　动态缩放

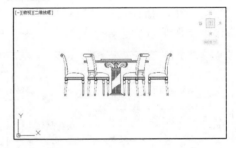

图 3-19　1.5 倍比例缩放图形

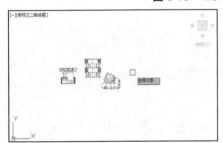
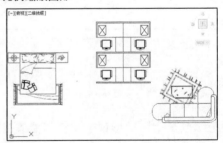

图 3-20　对象缩放

3.3.2　平移视图

视图平移是指不改变视图的大小，只改变其位置，以便观察图形的其他组成部分。图形显示不全面，且部分区域不可见时，就可以使用视图平移功能。视图平移有实时平移和点平移两种方式。

1．实时平移

实时平移通过拖动鼠标的方式平移视图。

执行"实时平移"命令的方法有以下几种。

- 使用菜单栏：选择"视图"|"平移"|"实时"命令。
- 使用工具栏：单击"标准"工具栏中的"实时平移"按钮。
- 使用命令行：输入 PAN 或 P 命令并按 Enter 键。
- 使用鼠标：按住鼠标滚轮拖动，可以快速进行视图平移。

执行上述任意一项操作后，鼠标指针变成手掌形状，按住鼠标左键不放，可以在上、下、左、右四个方向移动视图。

2．点平移

点平移是指通过指定平移起始点和目标点的方式进行平移。

执行"点平移"命令的方法有以下两种。

- 使用菜单栏：选择"视图"|"平移"|"点"命令。
- 使用命令行：输入 PAN 命令并按 Enter 键。

执行上述任意一项操作后，命令行提示如下。

```
命令：-pan
指定基点或位移：                 //指定平移的基点，如图 3-21 所示
指定第二点：                     //指定平移的目标点，如图 3-22 所示
```

点平移操作的结果如图 3-23 所示。

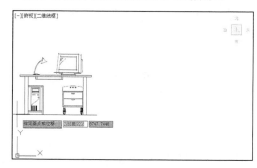
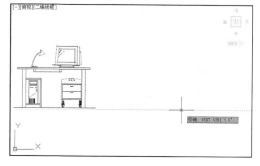

图 3-21　指定基点　　　　　　　　　图 3-22　指定目标点

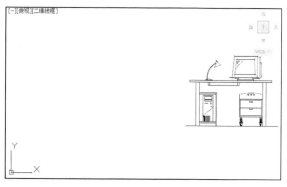

图 3-23　点平移结果

> 📖 **提示**
>
> 执行"视图"|"平移"|"上/下/左/右"命令，可以将视口中的图形按照指定的方向平移一段距离。

3.3.3 重画与重生成

在 AutoCAD 中，某些操作完成后，其效果往往不会立即显示出来，或者是在屏幕上留下了绘图的痕迹与标记。因此，需要通过刷新视图重新生成当前图形，以观察到最新的编辑效果。

视图刷新的命令主要有两个："重画"命令和"重生成"命令。这两个命令都是自动完成的，不需要输入任何参数，也没有可选选项。

1. 重画

AutoCAD 的常用数据库以浮点数据的形式储存图形对象的信息。浮点格式精度高，但计算时间长。AutoCAD 重生成对象时，需要把浮点数值转换为适当的屏幕坐标。因此对于复杂图形，重新生成需要花很长时间。为此软件提供了"重画"这种速度较快的刷新命令。重画只刷新屏幕显示，因而生成图形的速度更快。

执行"重画"命令的方法有以下两种。

- ◐ 使用菜单栏：选择"视图"|"重画"命令。
- ◐ 使用命令行：输入 REDRAWALL 或 REDRAW 或 RA 命令并按 Enter 键。

> 🔍 **注意**
>
> 在命令行中输入 REDRAW 命令，将从当前视口中删除编辑命令留下的点标记；而输入 REDRAWALL 命令，将从所有视口中删除编辑命令留下的点标记。

2. 重生成

"重生成"命令不仅重新计算当前视图中所有对象的屏幕坐标，并重新生成整个图形，还会重新建立图形数据库索引，从而优化显示和对象选择的性能。

执行"重生成"命令的方法有以下两种。

- ◐ 使用菜单栏：选择"视图"|"重生成"命令。
- ◐ 使用命令行：输入 REGEN 或 RE 命令并按 Enter 键。

"重生成"命令只对当前视图范围内的图形执行重生成，如果要对整个图形执行重生成，可选择"视图"|"全部重生成"命令。

图 3-24 所示的圆弧显示比较粗糙，重生成视图后，即可查看到比较圆滑的效果，如图 3-25 所示。

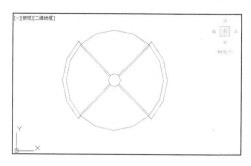

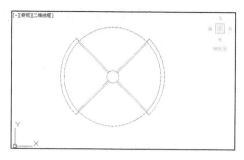

图 3-24　重生成视图前　　　　　　　　图 3-25　重生成视图后

3.3.4　实例——查看餐厅平面图

本节以查看某餐厅平面布置图为例，介绍视图缩放、平移的操作方法。

01 打开素材。按下 Ctrl+O 组合键，打开配套资源中的"素材\第 3 章\餐厅平面图.dwg"素材文件，如图 3-26 所示。

02 选择"视图"|"缩放"|"对象"命令，选择平面布置图的所有图形，按 Enter 键，使平面图对象全部显示在视口范围内，结果如图 3-27 所示。

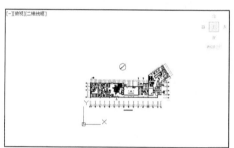

图 3-26　素材　　　　　　　　　　　图 3-27　对象缩放

03 选择"视图"|"缩放"|"窗口"命令，在绘图区指定需要放大显示的图形窗口范围，如图 3-28 所示。

04 矩形范围框内的图形被最大化放大显示，如图 3-29 所示。放大图形可以清晰地查看吧台位置，包括家具布置和尺寸等。

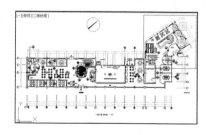

图 3-28　框选放大区域　　　　　　　图 3-29　窗口放大结果

05 执行"视图"|"平移"|"实时"命令，按住左键不放，分别向下和向左拖动鼠标，以查看平面布置图右下角和左下角的部分内容，结果如图 3-30 和图 3-31 所示。

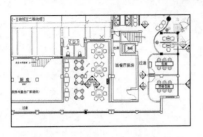

图 3-30　查看右下角图形

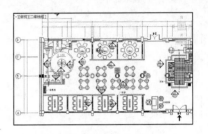

图 3-31　查看左下角图形

3.4　思考与练习

选择题

1. 在( )中不能执行命令。

　　A. 菜单栏　　　　B. 工具栏　　　　C. 命令行　　　　D. 状态栏

2. 重复执行命令的方式有( )。

　　A. 按 Enter 键　　　　　　　　B. 按 Esc 键

　　C. 按 Ctrl 键　　　　　　　　D. 按 Delete 键

3. 退出正在执行的命令的方式是( )。

　　A. 按 Esc 键　　　　　　　　B. 按 Ctrl 键

　　C. 按空格键　　　　　　　　D. 按 Alt 键

4. "实时缩放"命令位于"标准"工具栏上的按钮为( )。

　　A. [图标]　　B. [图标]　　C. [图标]　　D. [图标]

5. "实时平移"的快捷键为( )。

　　A. W　　　　　　B. Y　　　　　　C. S　　　　　　D. P

操作题

1. 调用 L(直线)命令,绘制如图 3-32 所示的楼梯平面图。

2. 使用"窗口缩放"工具,具体查看如图 3-33 所示的平面布置图的细节。

图 3-32　楼梯平面图

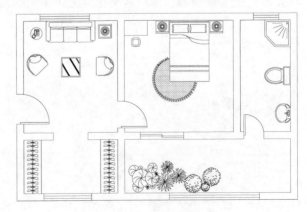

图 3-33　平面布置图

3.　使用"动态缩放"工具，查看如图 3-34 所示的立面图。

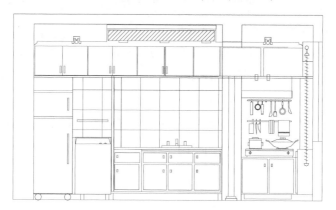

图 3-34　立面图

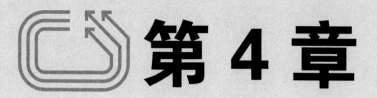

第 4 章
绘制基本室内图形

▶本章导读

　　任何复杂的室内图形都是由点、直线、圆和多边形等基本图形组成的，只有熟练掌握这些基本绘图命令的用法，才能绘制出复杂的室内图形。

▶学习目标

➤ 掌握点样式设置和单点、多点、等分点的绘制方法。

➤ 掌握直线、构造线等直线对象的绘制方法。

➤ 掌握圆、圆弧、圆环、椭圆等圆类对象的绘制方法。

➤ 掌握矩形、多边形等图形的绘制方法。

4.1 绘制点对象

点对象在室内绘图中主要起定位的作用，还可用于等分图形对象。本节就来讲解绘制点对象的方法。

4.1.1 设置点样式

点是一种理论上的几何对象，它没有大小和长度。AutoCAD 默认点的显示效果为一个黑色圆点标记，在屏幕上很难看清。为了突出显示点的位置，可以为点设置多种不同的标记符号，这种标记符号叫作点样式。

设置点样式的方法有以下几种。

- 使用菜单栏：选择"格式"|"点样式"命令。
- 使用命令行：输入 DDPTYPE 命令并按 Enter 键。
- 使用功能区：单击"默认"选项卡中"实用工具"|"点样式"按钮 ⌨ 点样式... 。

执行上述任意一项操作后，系统弹出如图 4-1 所示的"点样式"对话框。在该对话框中选定点样式，单击"确定"按钮关闭对话框，即可完成点样式的设置。

图 4-2 所示为点样式设置前后的效果对比。

图 4-1　"点样式"对话框

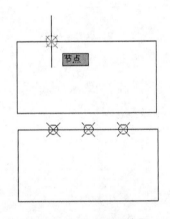

图 4-2　点样式设置效果

4.1.2 绘制点

AutoCAD 提供了"单点"和"多点"两个绘制点的命令，用以分别绘制单个点和多个点。

1. 绘制单点

使用"单点"命令，可以通过输入点坐标，或者在绘图区单击，创建独立的单个点。

绘制单点的方法有以下两种。

- 使用菜单栏：选择"绘图"|"点"|"单点"命令。
- 使用命令行：输入 POINT 或 PO 命令并按 Enter 键。

执行上述任意一项操作后，命令行提示如下。

```
命令: point↙                      //执行"单点"命令
当前点模式: PDMODE=35  PDSIZE=0.0000
指定点:                          //在绘图区中指定点的位置，即可完成单点的创建
```

2．绘制多点

使用"多点"命令，可以连续绘制多个点，直至按 Enter 键或 Esc 键退出命令为止。
执行"多点"命令的方法有以下几种。

- 使用菜单栏：选择"绘图"|"点"|"多点"命令。
- 使用工具栏：单击绘图工具栏上的"多点"按钮。
- 使用功能区：在"默认"选项卡中，单击"绘图"面板中的"多点"按钮

执行上述操作后，根据命令行的提示，在绘图区分别指定多点的位置。按下 Esc 键退
出命令即可完成操作，绘制结果如图 4-3 所示。

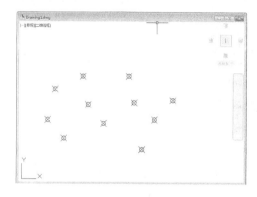

图 4-3　绘制多点

4.1.3　绘制等分点

AutoCAD 提供了等分点命令，可以将直线、圆弧等对象以一定的数量或距离进行等
分，下面介绍其操作方法。

1．绘制定数等分点

定数等分以指定的数量等分对象，并在等分位置创建点对象。
执行"定数等分"命令的方法有以下几种。

- 使用菜单栏：选择"绘图"|"点"|"定数等分"命令。
- 使用命令行：输入 DIVIDE 或 DIV 命令并按 Enter 键。
- 使用功能区：在"默认"选项卡中，单击"绘图"面板中的"定数等分"按钮。

下面通过具体实例来讲解创建定数等分点的方法。

【课堂举例 4-1】　绘制定数等分点

01　按 Ctrl+O 组合键，打开"素材\第 4 章\定数等分.dwg"文件。

02　执行 DIV(定数等分)命令，对沙发底部直线进行等分，命令行操作如下。

命令: DIVIDE↙	//执行"定数等分"命令
选择要定数等分的对象:	//选择下侧等分直线
输入线段数目或 [块(B)]: 3↙	//定义等分数目,按下 Enter 键,等分结果如图 4-4 所示

03 调用 LINE 命令,捕捉等分点绘制直线,得到沙发的分隔线,如图 4-5 所示。

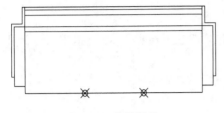

图 4-4　定数等分

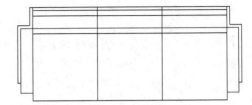

图 4-5　绘制分隔直线

2. 绘制定距等分点

定距等分以指定的距离等分对象,并在等分位置创建等分点。

执行"定距等分"命令的方法有以下几种。

- ▶ 使用菜单栏:选择"绘图"|"点"|"定距等分"命令。
- ▶ 使用命令行:输入 MEASURE 或 ME 命令并按 Enter 键。
- ▶ 使用功能区:在"默认"选项卡中,单击"绘图"面板中的"定距等分"按钮。

【课堂举例 4-2】 绘制定距等分点

01 按 Ctrl+O 组合键,打开"素材\第 4 章\定距等分.dwg"文件。

02 执行 ME(定距等分)命令,对会议桌各侧边线进行定距等分,命令行操作如下。

命令: MEASURE↙	//执行"定距等分"命令
选择要定距等分的对象:	//选择会议桌各侧边的中间线段
指定线段长度或 [块(B)]: 685↙	//指定等分距离,按下 Enter 键,等分结果如图 4-6 所示

03 调用 LINE 命令,捕捉等分点绘制水平和垂直直线,得到桌面分隔效果如图 4-7 所示。

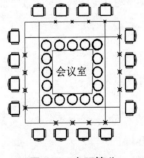

图 4-6　定距等分

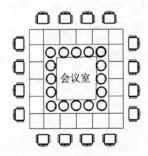

图 4-7　绘制直线

4.1.4　实例——绘制楼梯剖面图

本实例通过绘制楼梯剖面图练习等分点的绘制方法。首先在楼梯的轮廓线上绘制等分点,然后在等分点的基础上绘制踏步轮廓线,最后修剪踏步轮廓线得到楼梯踏步图形,并进行图案填充。

01 打开素材。按下 Ctrl+O 组合键，找开配套资源中的"素材\第 4 章\绘制楼梯立面图.dwg"文件，如图 4-8 所示。

02 定距等分。在命令行中输入 ME(定距等分)命令，设置等分距离为 140，对直线进行等分操作，结果如图 4-9 所示。

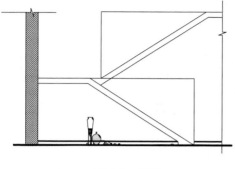

图 4-8　素材

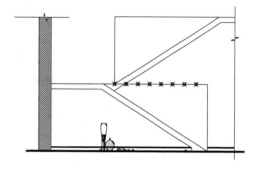

图 4-9　定距等分水平线

03 调用 L(直线)命令，捕捉等分点绘制垂直直线，如图 4-10 所示。

04 再次执行 ME(定距等分)命令，设置等分距离为 85，对楼梯左边垂直直线进行等分操作。调用 L(直线)命令、O(偏移)命令，绘制并偏移直线，结果如图 4-11 所示。

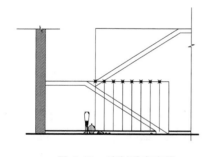

图 4-10　绘制垂直直线

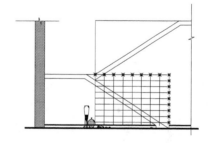

图 4-11　定距等分垂直线

05 调用 TR(修剪)命令，修剪线段，得到楼梯立面轮廓，结果如图 4-12 所示。

06 使用同样的方法，绘制另一楼梯立面图形，结果如图 4-13 所示。

07 为楼梯立面图形填充图案并调入栏杆图形，即可得到完整的楼梯剖面图，如图 4-14 所示。

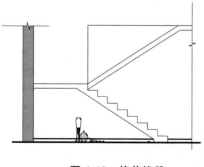

图 4-12　修剪线段

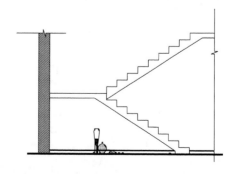

图 4-13　绘制另一楼梯

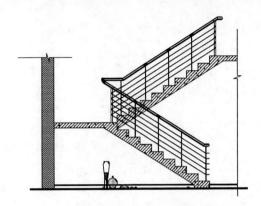

图 4-14　填充图案并添加栏杆后的楼梯剖面图

4.2　绘制直线对象

直线对象是所有图形的基础。在 AutoCAD 2016 中可以绘制直线、构造线等直线对象。

4.2.1　直线

调用"直线"命令，可以在绘图区通过指定直线起点和终点来创建直线。

执行"直线"命令的方法有以下几种。

- 使用菜单栏：选择"绘图"|"直线"命令。
- 使用命令行：输入 LINE 命令并按 Enter 键。
- 使用工具栏：单击"绘图"工具栏上的"直线"按钮。
- 使用功能区：在"默认"选项卡中，单击"绘图"面板中的"直线"按钮。

下面通过具体实例，讲解直线对象的绘制方法。

【课堂举例 4-3】　绘制直线

01　按 Ctrl+O 组合键，找开配套资源中的"素材\第 4 章\绘制直线.dwg"文件。

02　执行 L(直线)命令，绘制会议桌内部分隔线，命令行操作如下。

命令：LINE✓	//启动"直线"命令
指定第一个点：	
指定下一点或 [放弃(U)]：	//分别指定直线的起点和终点

03　绘制直线的结果如图 4-15 所示。

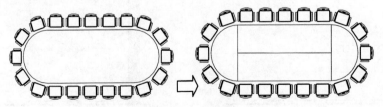

图 4-15　绘制直线

4.2.2　构造线

构造线是两端可以无限延伸的直线，没有起点和终点，主要用于绘制辅助线或修剪边界，指定两个点即可确定构造线的位置和方向。

执行"构造线"命令的方法有以下几种。

- 使用菜单栏：选择"绘图"|"构造线"命令。
- 使用命令行：输入 XLINE 或 XL 命令并按 Enter 键。
- 使用工具栏：单击"绘图"工具栏上的"构造线"按钮 ⟋。
- 使用功能区：在"默认"选项卡中，单击"绘图"面板中的"构造线"按钮 ⟋。

执行上述任意一项操作后，命令行提示如下。

```
命令：XLINE↙                  //启动"构造线"命令
指定点或 [水平(H)/垂直(V)/角度(A)/二等分(B)/偏移(O)]：
指定通过点：                  //在绘图区指定两点，即可绘制无限长的构造线
```

命令行中各选项的含义如下。

- 水平：创建水平的构造线。
- 垂直：创建垂直的构造线。
- 角度：可以选择一条参照线，再指定构造线与该线之间的角度。
- 二等分：可以创建二等分指定角度的构造线，此时必须指定等分角度的定点、起点和端点。
- 偏移：可创建平行于指定线的构造线，此时必须指定偏移距离、基线和构造线位于基线的哪一侧。

4.2.3　实例——绘制标高

室内各部分或各个位置的高度主要用标高符号来表示。本实例通过绘制标高符号来练习直线的绘制。

01 调用 REC(矩形)命令，绘制尺寸为 160×80 的矩形，如图 4-16 所示。

02 调用 L(直线)命令，捕捉矩形端点和边线中点，绘制直线如图 4-17 所示。

图 4-16　绘制矩形

中点

图 4-17　绘制直线

03 调用 TR(修剪)命令，修剪线段，得到如图 4-18 所示的等腰直角三角形。

04 调用 L(直线)命令，绘制三角形右侧的水平直线，如图 4-19 所示。标高符号绘制完成。

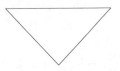

图 4-18　修剪线段

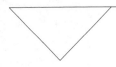

图 4-19　绘制直线

4.3　绘制圆类对象

在 AutoCAD 中，圆类对象主要作为图形的轮廓线出现，包括圆、圆弧以及圆环。本节介绍圆类对象的绘制方法。

4.3.1　圆

调用"圆"命令，可以在指定的位置创建指定半径或直径的圆图形。

执行"圆"命令的方法有以下几种。

- 使用菜单栏：调用"绘图"|"圆"菜单，在子菜单中选择一种绘圆命令，如图 4-20 所示。
- 使用工具栏：单击"绘图"工具栏上的"圆"按钮◎。
- 使用功能区：在"默认"选项卡中，单击"绘图"面板中的"圆"按钮◎。
- 使用命令行：输入 CIRCLE 或 C 命令并按 Enter 键。

AutoCAD 提供了以下 6 种不同的绘圆方式，如图 4-21 所示。

- 圆心、半径：用圆心和半径方式绘制圆。
- 圆心、直径：用圆心和直径方式绘制圆。
- 两点：通过两个点绘制圆，系统会提示指定圆直径的第一端点和第二端点。
- 三点：通过三个点绘制圆，系统会提示指定第一点、第二点和第三点。
- 相切、相切、半径：选择两个相切的对象并输入半径值来绘制圆，系统会提示指定圆的第一切线和第二切线上的点及圆的半径。
- 相切、相切、相切：选择三个相切的对象绘制圆，系统会提示指定圆的第一切线和第二切线以及第三切线上的点。

图 4-20　"圆"子菜单

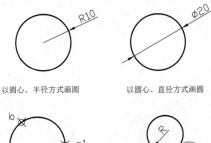

以圆心、半径方式画圆　　　以圆心、直径方式画圆　　　两点画圆

三点画圆

相切、相切、半径画圆

相切、相切、相切画圆

图 4-21　圆的 6 种绘制方式

4.3.2 实例——绘制射灯

射灯是一种高度聚光的灯具，常用于特定目标的照明，以营造室内气氛。本实例将介绍射灯图形的绘制方法，以练习圆图形的绘制。

01 调用 REC(矩形)命令，绘制尺寸为 125×125 的矩形，结果如图 4-22 所示。

02 调用 O(偏移)命令，设置偏移距离为 22，向外偏移矩形，结果如图 4-23 所示。

图 4-22　绘制矩形

图 4-23　偏移矩形

03 调用 L(直线)命令，分别拾取矩形边的中点为起点和终点，绘制水平和垂直直线，如图 4-24 所示。

04 调用 C(圆)命令，绘制半径为 49 的圆，如图 4-25 所示。

图 4-24　绘制直线

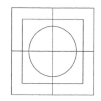

图 4-25　绘制圆

05 调用 O(偏移)命令，设置偏移距离为 20，向内偏移圆，结果如图 4-26 所示。

06 调用 E(删除)命令，删除最外侧的矩形，完成射灯图形的绘制，结果如图 4-27 所示。

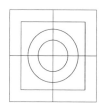

图 4-26　偏移圆

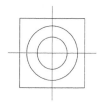

图 4-27　删除矩形

4.3.3 圆弧

圆弧是圆的一部分曲线，是与其半径相等的圆周的一部分。

执行"圆弧"命令的方法有以下几种。

▶ 使用菜单栏：选择"绘图"|"圆弧"菜单，在子菜单中选择一种绘制圆弧的命令，如图 4-28 所示。

- 使用命令行：输入 ARC 或 A 命令并按 Enter 键。
- 使用工具栏：单击"绘图"工具栏上的"圆弧"按钮 。
- 使用功能区：在"默认"选项卡中，单击"绘图"面板中的"圆弧"按钮 。

AutoCAD 2016 共提供了以下 11 种绘制圆弧的方法，用户可以根据已知的几何参数选择合适的圆弧绘制方式。

- 三点：通过指定圆弧上的三点绘制圆弧，需要指定圆弧的起点、通过的第二点和端点，如图 4-29 所示。
- 起点、圆心、端点：通过指定圆弧的起点、圆心、端点绘制圆弧。
- 起点、圆心、角度：通过指定圆弧的起点、圆心、包含角绘制圆弧。执行此命令时会出现"指定包含角"的提示，系统默认正值的角度沿逆时针方向，负值的角度沿顺时针方向。
- 起点、圆心、长度：通过指定圆弧的起点、圆心、弦长绘制圆弧。另外在命令行提示的"指定弦长"提示信息下，如果所输入的为负值，则该值的绝对值将作为对应整圆的空缺部分圆弧的弦长。
- 起点、端点、角度：通过指定圆弧的起点、端点、包含角绘制圆弧，如图 4-30 所示。
- 起点、端点、方向：通过指定圆弧的起点、端点和圆弧的起点切向绘制圆弧，如图 4-31 所示。
- 起点、端点、半径：通过指定圆弧的起点、端点和圆弧半径绘制圆弧，如图 4-32 所示。
- 圆心、起点、端点：通过指定圆弧的圆心、起点、端点绘制圆弧。
- 圆心、起点、角度：通过指定圆弧的圆心、起点、圆心角绘制圆弧。
- 圆心、起点、长度：通过指定圆弧的圆心、起点、弦长绘制圆弧。
- 连续：以上一段线条(如直线、圆弧等)的端点作为圆弧的起点，绘制圆弧，如图 4-33 所示。

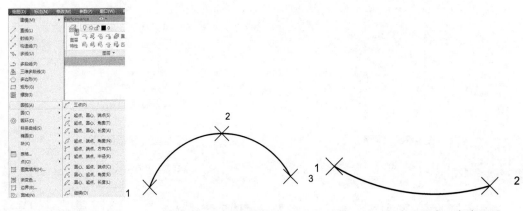

图 4-28　绘制圆弧子菜单　　　　图 4-29　三点画弧　　　　图 4-30　起点、端点、角度画弧

图 4-31　起点、端点、方向画弧　　　　　　图 4-32　起点、端点、半径画弧

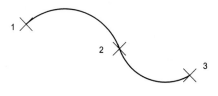

图 4-33　连续画弧

> **注意**
>
> 系统默认以逆时针方向为正方向，绘制圆弧也是沿逆时针方向绘制。如果输入的是正值角度，圆弧绕圆心沿逆时针方向绘制，负值则相反。

4.3.4　实例——绘制椅子

本实例将通过绘制单人圆角沙发椅来练习圆弧的绘制。

01 调用 REC(矩形)命令，绘制尺寸为 240×60 的矩形，如图 4-34 所示。

02 调用 L(直线)命令，绘制辅助线，结果如图 4-35 所示。

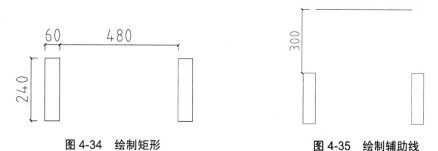

图 4-34　绘制矩形　　　　　　　　　　图 4-35　绘制辅助线

03 选择"绘图"|"圆弧"|"三点"命令，绘制椅子靠背外轮廓，命令行操作如下。

```
命令：ARC↙                           //启动"圆弧"命令
圆弧创建方向：逆时针(按住 Ctrl 键可切换方向)。
指定圆弧的起点或 [圆心(C)]：          //捕捉 A 点为圆弧起点
指定圆弧的第二个点或 [圆心(C)/端点(E)]： //捕捉辅助直线中点 B 为第二点
指定圆弧的端点：                     //捕捉 C 点，完成圆弧的绘制，结果如图 4-36 所示
```

04 调用 L(直线)命令，绘制直线，结果如图 4-37 所示。

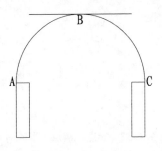

图 4-36　绘制圆弧

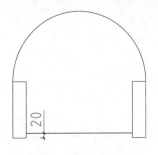

图 4-37　绘制直线

05 调用 O(偏移)命令，设置偏移距离为 60，向下偏移圆弧，结果如图 4-38 所示。

06 绘制辅助线。重复 O(偏移)命令，设置偏移距离为 420，向上偏移直线，结果如图 4-39 所示。

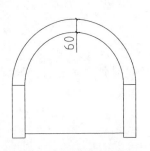

图 4-38　偏移圆弧

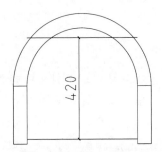

图 4-39　偏移直线

07 调用 A(圆弧)命令，分别单击左边矩形右上角的端点、辅助线的中点、右边矩形左上角的端点，绘制圆弧，结果如图 4-40 所示。

08 调用 E(删除)命令，删除辅助线，完成圆背椅的绘制，结果如图 4-41 所示。

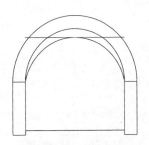

图 4-40　绘制圆弧

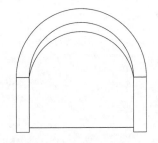

图 4-41　删除辅助线

4.3.5　圆环

圆环是由同一圆心、不同直径的两个同心圆组成的图形。

执行"圆环"命令的方法有以下几种。

- 使用菜单栏：选择"绘图" | "圆环"命令。
- 使用命令行：输入 DONUT 或 DO 命令并按 Enter 键。
- 使用功能区：在"默认"选项卡中，单击"绘图"面板中的"圆环"按钮◎。

绘制圆环时，首先要确定两个同心圆的直径，然后再确定圆环的圆心位置。

执行上述任意一项操作后，命令行操作如下。

命令：DONUT✓	//启动"圆环"命令
指定圆环的内径 <5>：70✓	//指定圆环内径
指定圆环的外径 <103>：120✓	//指定圆环外径
指定圆环的中心点或 <退出>：	//指定中心点创建圆环

系统默认所绘制的圆环为填充圆环，如图 4-42 所示。使用 FILL 命令可以控制填充的开启和关闭，命令行操作如下。

命令：FILL✓	//启动命令
输入模式 [开(ON)/关(OFF)] <开>：OFF✓	//设置

选择"关(OFF)"选项，则绘制的圆环不予填充，如图 4-43 所示。

图 4-42　填充圆环

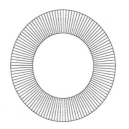

图 4-43　未填充的圆环

4.3.6　椭圆与椭圆弧

椭圆是特殊样式的圆，与圆相比，椭圆的半径长度不一致，形状由定义其长度和宽度的两条轴决定，较长的称为长轴，较短的称为短轴，如图 4-44 所示。在室内装潢绘图中，很多图形都由椭圆构成，比如会议桌、吊顶造型等。

图 4-44　椭圆的长轴和短轴

1. 绘制椭圆

执行"椭圆"命令的方法有以下几种。

- 使用菜单栏：选择"绘图"|"椭圆"命令。
- 使用命令行：输入 ELLIPSE 或 EL 命令并按 Enter 键。
- 使用工具栏：单击"绘图"工具栏上的"椭圆"按钮。
- 使用功能区：在"默认"选项卡中，单击"绘图"面板中的"圆心"按钮或"轴，端点"按钮。

绘制椭圆的命令行操作如下。

命令：ELLIPSE✓	//启动"椭圆"命令
指定椭圆的轴端点或 [圆弧(A)/中心点(C)]：	//指定椭圆一轴的端点

| 指定轴的另一个端点： | //指定轴的另一端点 |
| 指定另一条半轴长度或 [旋转(R)]： | //指定轴端点和半轴长度 |

2．绘制椭圆弧

椭圆弧是椭圆的一部分，因此绘制椭圆弧需要确定其所在椭圆，然后确定椭圆弧的起点和终点的角度。

执行"椭圆弧"命令的方法有以下几种。

- 使用菜单栏：选择"绘图"|"椭圆弧"命令。
- 使用工具栏：单击"绘图"工具栏上的"椭圆弧"按钮 。
- 使用功能区：在"默认"选项卡中，单击"绘图"面板中的"椭圆弧"按钮 。
- 使用命令行：输入 ELLIPSE 命令并按 Enter 键，输入 A 选择"圆弧"选项。

绘制椭圆弧的命令行操作如下。

```
命令：ELLIPSE↙                                       //执行"椭圆"命令
指定椭圆的轴端点或 [圆弧(A)/中心点(C)]：A↙          //选择圆弧(A)
指定椭圆弧的轴端点或 [中心点(C)]：
指定轴的另一个端点：
指定另一条半轴长度或 [旋转(R)]：
指定起点角度或 [参数(P)]：
                       //可直接输入角度参数，也可通过单击鼠标指定椭圆弧角度
指定端点角度或 [参数(P)/包含角度(I)]：
```

图 4-45 所示为绘制的椭圆弧。

图 4-45 椭圆弧

4.3.7 实例——绘制洗脸盆

本实例将通过绘制洗脸盆图形，综合练习椭圆、圆弧和圆环的绘制。

01 调用 EL(椭圆)命令，绘制洗脸盆椭圆外轮廓，如图 4-46 所示。

02 按 Enter 键，再次调用 EL(椭圆)命令，绘制内椭圆，如图 4-47 所示。

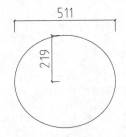

图 4-46 绘制洗脸盆外轮廓

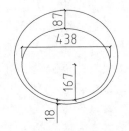

图 4-47 绘制内椭圆

03 调用 L(直线)命令，绘制水平辅助直线，如图 4-48 所示。

04 调用 A(圆弧)命令，以三点方式绘制圆弧，如图 4-49 所示。

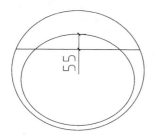

图 4-48　绘制辅助线

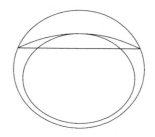

图 4-49　绘制圆弧

05 调用 E(删除)命令，删除辅助线。调用 DO(圆环)命令，绘制内径为 50、外径为 70 的圆环作为洗脸盆出水口，如图 4-50 所示。

06 调用 C(圆)命令，绘制半径为 11 的圆形，完成洗脸盆的绘制，如图 4-51 所示。

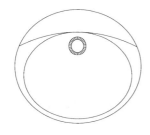

图 4-50　绘制圆环

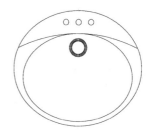

图 4-51　绘制完成的洗脸盆

4.4　绘制多边形对象

AutoCAD 中的多边形对象包括矩形和多边形，常作为物体的轮廓线出现。本节将介绍绘制多边形对象的操作方法。

4.4.1　矩形

矩形就是通常所说的长方形，可以通过指定对角点或长度、宽度以及旋转角度来创建矩形。

使用"矩形"命令不仅能够绘制常规矩形，还可以为其设置倒角、圆角以及宽度和厚度值，生成不同类型的边线和边角效果，如图 4-52 所示。

直角矩形　　　　　　　　倒角矩形　　　　　　　　圆角矩形　　　　　　　　宽线矩形

图 4-52　不同的矩形效果

执行"矩形"命令的方法有以下几种。

- 使用菜单栏：选择"绘图"|"矩形"命令。
- 使用命令行：输入 RECTANG 或 REC 命令并按 Enter 键。
- 使用工具栏：单击"绘图"工具栏上的"矩形"按钮🔲。
- 使用功能区：在"默认"选项卡中，单击"绘图"面板中的"矩形"按钮🔲。

绘制矩形的命令行操作如下。

```
命令：RECTANG↙                          //启动"矩形"命令
指定第一个角点或 [倒角(C)/标高(E)/圆角(F)/厚度(T)/宽度(W)]：
```

命令行中各选项的含义如下。

- 倒角：设置矩形的倒角距离。
- 标高：指定矩形的标高。
- 圆角：指定矩形的圆角半径。
- 厚度：创建指定厚度的长方体。
- 宽度：为要绘制的矩形指定多段线的宽度。

4.4.2 实例——绘制电脑桌

本实例将通过绘制电脑办公桌来练习矩形的绘制方法。

01 调用 REC(矩形)命令，绘制 707×1600 大小的矩形，如图 4-53 所示。

02 调用 O(偏移)命令，设置偏移距离为 30，向内偏移矩形，如图 4-54 所示。

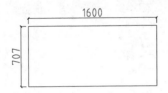

图 4-53 绘制 707×1600 的矩形

图 4-54 偏移矩形

03 重复执行 REC(矩形)命令，绘制尺寸为 800×450 的矩形，结果如图 4-55 所示。

04 调入办公椅和电脑图块，完成电脑桌的绘制，如图 4-56 所示。

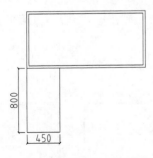

图 4-55 绘制 800×450 的矩形

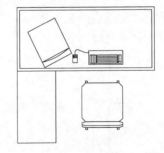

图 4-56 调入图块

4.4.3 多边形

由三条或三条以上长度相等且首尾相接的直线段组成的图形叫作正多边形，使用"多

边形"命令可以绘制多种正多边形，如图 4-57 所示，多边形的边数范围在 3～1024
之间。

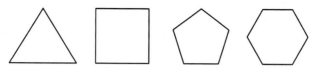

图 4-57　各种正多边形

执行"多边形"命令的方法有以下几种。

- 使用标题栏：选择"绘图"|"多边形"命令。
- 使用命令行：输入 POLYGON 或 POL 命令并按 Enter 键。
- 使用工具栏：单击"绘图"工具栏上的"多边形"按钮。
- 使用功能区：单击"默认"选项卡中"绘图"面板上的"多边形"按钮。

执行上述任意一项操作后，命令行操作如下。

```
命令：POLYGON↵                              //启动"多边形"命令
输入侧面数 <4>：5                           //输入多边形边数
指定正多边形的中心点或 [边(E)]：            //在绘图区指定中心点
输入选项 [内接于圆(I)/外切于圆(C)] <C>：C↵  //定义多边形的样式
指定圆的半径：400                          //指定半径值，完成多边形的绘制
```

命令行中各选项的含义如下。

- 中心点：通过指定正多边形中心点的方式来绘制正多边形。选择该选项后，会提示"输入选项[内接于圆(I)/外切于圆(C)]<I>："的信息。内接于圆表示以指定正多边形内接圆半径的方式来绘制正多边形，外切于圆表示以指定正多边形外切圆半径的方式来绘制正多边形，如图 4-58 所示。
- 边：通过指定多边形边的方式来绘制正多边形。该方式将通过边的数量和长度来确定正多边形。

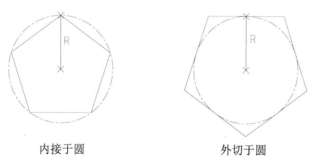

内接于圆　　　　　　　　　　外切于圆

图 4-58　绘制样式

4.4.4　实例——绘制地面拼花

在装饰居室时，常常在玄关、客厅、过道等位置对地砖进行拼贴，以创建多样、炫丽的纹样效果。本实例将绘制常见的八边形地面拼花，以练习多边形的绘制。

01 执行"绘图"|"正多边形"命令，绘制边数为 8、半径为 1800 的八边形，如

图 4-59 所示。

02 执行 O(偏移)命令，设置偏移距离为 125，向内偏移多边形，如图 4-60 所示。

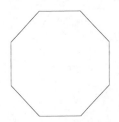

图 4-59　绘制八边形

图 4-60　偏移多边形

03 调用 L(直线)命令，绘制直线；调用 O(偏移)命令，偏移直线，结果如图 4-61 所示。

04 调用 L(直线)命令，绘制对角线，结果如图 4-62 所示。

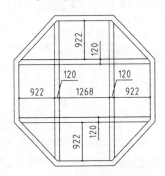

图 4-61　绘制并偏移直线

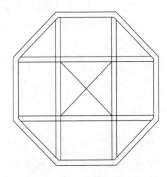

图 4-62　绘制对角线

05 执行"绘图"|"正多边形"命令，绘制边数为 4、半径为 449 的四边形，结果如图 4-63 所示；调用 RO(旋转)命令，设置旋转角度为 45°，旋转多边形。

06 执行"绘图"|"正多边形"命令，绘制边数为 4，半径为 185 的四边形，结果如图 4-64 所示。

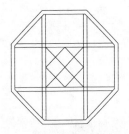

图 4-63　绘制半径为 449 的四边形

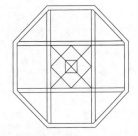

图 4-64　绘制半径为 185 的四边形

07 调用 TR(修剪)命令，修剪线段，如图 4-65 所示。

08 调用 L(直线)命令，绘制直线，如图 4-66 所示。

09 对地面拼花执行图案填充操作，结果如图 4-67 所示。

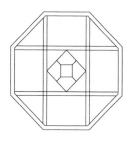

图 4-65　修剪线段

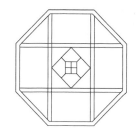

图 4-66　绘制直线

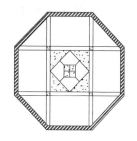

图 4-67　图案填充

4.5　思考与练习

选择题

1. 绘制定数等分点的快捷键为(　　)。
   A. DIV 　　　　　　B. ME 　　　　　　C. L 　　　　　　D. CHA

2. 绘制"定距等分点"时，除了选择要定距等分的对象外，还需要设置的参数是(　　)。
   A. 指定线段长度 　　　　　　　　B. 指定等分点的数目
   C. 指定等分点的大小 　　　　　　D. 指定等分点的类型

3. 与"直线"命令相对应的工具按钮为(　　)。
   A. ▢ 　　　　　B. ▢ 　　　　　C. ▢ 　　　　　D. ▢

4. 设置圆环样式的命令是(　　)。
   A. FILTER 　　　B. FIND 　　　　C. FLATSHOT 　　D. FILL

5. 调用 C(圆)命令，命令行中显示(　　)种绘制方法。
   A. 3 　　　　　　B. 4 　　　　　　C. 5 　　　　　　D. 6

操作题

1. 调用 ME(定距等分)命令，设置等分距离为 420，绘制等分点；调用 L(直线)命令，绘制门扇装饰线，结果如图 4-68 所示。

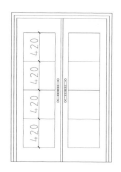

图 4-68　绘制门扇装饰线

2. 执行"绘图"|"圆弧"|"起点、端点、半径"命令，以 A 点为起点，B 点为终

点，绘制半径为 248 的圆弧，如图 4-69 所示。

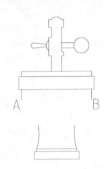
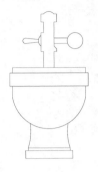

图 4-69　绘制圆弧

3.　调用 L(直线)命令，绘制电视机的立面装饰，结果如图 4-70 所示。

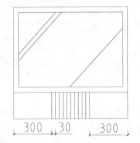

图 4-70　绘制直线

4.　调用 REC(矩形)命令，绘制柜门装饰线，如图 4-71 所示。

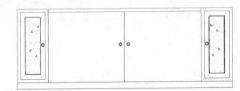
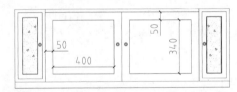

图 4-71　绘制柜门装饰线

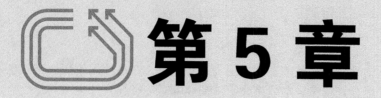

第 5 章

绘制复杂室内图形

➔本章导读

为了提高绘图的效率，AutoCAD 提供了一些复合图形绘图工具，以便快速绘制出墙体、窗、阳台、地砖图案等复杂的室内图形对象。本章将介绍这些复杂二维图形的绘制方法。

➔学习目标

➢ 掌握多段线的绘制和编辑方法。

➢ 掌握样条曲线的绘制和编辑方法。

➢ 掌握多线样式的设置及多线的绘制和编辑方法。

➢ 掌握图案填充的绘制和编辑方法。

5.1 多 段 线

调用"多段线"命令，所绘制的图形对象为一个整体，在进行编辑修改时，也是作为一个整体来处理，不能分开编辑。本节将介绍绘制和编辑多段线的方法。

5.1.1 绘制多段线

多段线是由等宽或者不等宽的直线或圆弧等多条线段构成的复合图形对象。

执行"多段线"命令的方法有以下几种。

- 使用菜单栏：选择"绘图"|"多段线"命令。
- 使用命令行：输入 PLINE 或 PL 命令并按 Enter 键。
- 使用工具栏：单击"绘图"工具栏上的"多段线"按钮 ⊡。
- 使用功能区：在"默认"选项卡中，单击"绘图"面板中的"多段线"按钮 ⊅。

绘制多段线时，命令行操作如下。

```
命令：_PLINE↙
当前线宽为 0.0000
指定下一个点或 [圆弧(A)/半宽(H)/长度(L)/放弃(U)/宽度(W)]：<正交 开>
```

命令行中各选项的含义如下。

- 圆弧：切换至画圆弧模式。
- 半宽：设置多段线起始与结束的上下部分的宽度值，即宽度的两倍。
- 长度：绘出与上一段角度相同的线段。
- 放弃：退回至上一点。
- 宽度：设置多段线起始与结束的宽度值。

图 5-1 所示为绘制的不同形式的多段线。

图 5-1 不同形式的多段线

图 5-2 所示为使用多段线绘制的衣柜柜门开启方向线。

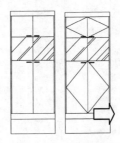

图 5-2 绘制多段线

5.1.2　编辑多段线

绘制完成的多段线，可以对其进行编辑修改，避免重复绘制。

执行"编辑多段线"命令的方法有以下几种。

- 使用菜单栏：选择"修改"|"对象"|"多段线"命令。
- 使用工具栏：单击"修改Ⅱ"工具栏上的"编辑多段线"按钮 。
- 双击绘制完成的多段线，可进入编辑状态。

启动命令后，选择需要编辑的多段线，命令行提示选择相关编辑选项。

```
命令：PE ↙                                    //启动"编辑多段线"命令
PEDIT 选择多段线或 [多条(M)]：                  //选择一条或多条多段线
输入选项 [闭合(C)/合并(J)/宽度(W)/编辑顶点(E)/拟合(F)/样条曲线(S)/非曲线化(D)/线
型生成(L)/反转(R)/放弃(U)]：                    //提示选择选项
```

对于未闭合的多段线，可以双击多段线进入在位编辑状态，单击鼠标右键，在弹出的
快捷菜单中选择"闭合"命令，如图 5-3 所示，将多段线进行闭合。

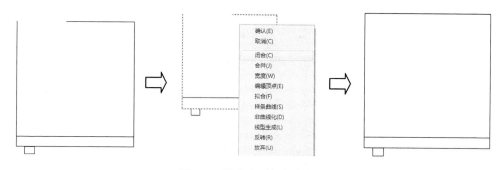

图 5-3　闭合未封闭的多段线

对于需要调整线宽的多段线，可以选择"宽度(W)"选项，然后输入宽度值，以调整
线宽，如图 5-4 所示。

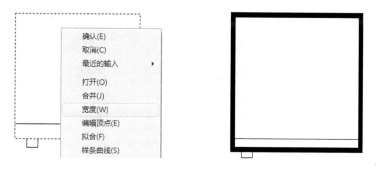

图 5-4　改变多段线的宽度

5.1.3　实例——绘制足球场

本实例将通过绘制足球场平面图来练习多段线的绘制。

01 调用 PL(多段线)命令，绘制足球场外轮廓，命令行操作如下。

```
命令：PLINE↙
指定起点：                                    //单击指定多段线的起点
当前线宽为 0
指定下一个点或[圆弧(A)/半宽(H)/长度(L)/放弃(U)/宽度(W)]:84390↙
                                            //鼠标向左水平移动，输入距离值
指定下一点或  [圆弧(A)/闭合(C)/半宽(H)/长度(L)/放弃(U)/宽度(W)]:A↙
                                            //输入 A，选择"圆弧(A)"选项
指定圆弧的端点或[角度(A)/圆心(CE)/闭合(CL)/方向(D)/半宽(H)/直线(L)/半径(R)/第二
个点(S)/放弃(U)/宽度(W)]:R↙              //输入 R，选择"半径(R)"选项
指定圆弧的半径：46260↙
指定圆弧的端点或 [角度(A)]:@0,-92520↙     //输入相对直角坐标，确定圆弧端点
指定圆弧的端点或[角度(A)/圆心(CE)/闭合(CL)/方向(D)/半宽(H)/直线(L)/半径(R)/第二
个点(S)/放弃(U)/宽度(W)]:L↙              //输入 L，选择"直线(L)"选项
指定下一点或  [圆弧(A)/闭合(C)/半宽(H)/长度(L)/放弃(U)/宽度(W)]:84390↙
                                            //向右移动鼠标，输入直线的长度
指定下一点或  [圆弧(A)/闭合(C)/半宽(H)/长度(L)/放弃(U)/宽度(W)]:A↙
指定圆弧的端点或[角度(A)/圆心(CE)/闭合(CL)/方向(D)/半宽(H)/直线(L)/半径(R)/第二
个点(S)/放弃(U)/宽度(W)]: R↙
指定圆弧的半径：46260↙
指定圆弧的端点或 [角度(A)]:
                          //捕捉多段线的起点，完成球场外轮廓绘制，结果如图 5-5 所示
```

02 调用 O(偏移)命令，设置偏移距离为1220，向内偏移轮廓线6道，如图5-6所示。

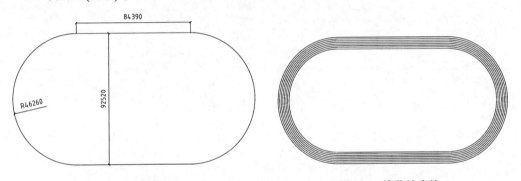

图 5-5 绘制多段线   图 5-6 偏移轮廓线

03 执行 L(直线)命令及 C(圆)命令，完成足球场平面图的绘制，如图 5-7 所示。

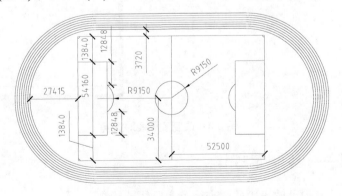

图 5-7 足球场平面图

5.2　样条曲线

调用"样条曲线"命令，可以创建平滑的曲线，多用来作为物体的轮廓线。样条曲线绘制完成后，若对其形态不满意，可以双击进入编辑模式，对其进行修改。

5.2.1　绘制样条曲线

执行"样条曲线"命令的方法有以下几种。

- 使用菜单栏：选择"绘图"|"样条曲线"命令。
- 使用命令行：输入 SPLINE 或 SPL 命令并按 Enter 键。
- 使用工具栏：单击"绘图"工具栏上的"样条曲线"按钮。
- 使用功能区：在"默认"选项卡中，单击"绘图"面板上的"拟合点"按钮或"控制点"按钮。

绘制样条曲线时，命令行操作如下。

```
命令: SPLINE↙
当前设置: 方式=拟合    节点=弦
指定第一个点或 [方式(M)/节点(K)/对象(O)]:
输入下一个点或 [起点切向(T)/公差(L)]:
输入下一个点或 [端点相切(T)/公差(L)/放弃(U)]:
```

命令行中各主要选项的含义如下。

- 公差：拟合公差，定义曲线的偏差值。值越大，离控制点越远，反之则越近。
- 端点相切：定义样条曲线的起点和结束点的切线方向。
- 放弃：放弃样条曲线的绘制。

图 5-8 所示为使用样条曲线绘制的浴缸外轮廓的效果。

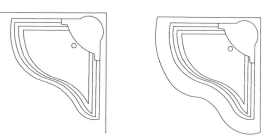

图 5-8　浴缸外轮廓效果

5.2.2　编辑样条曲线

绘制完成的样条曲线可以进行合并、编辑顶点等操作，以调整样条曲线的形状和方向。

执行"编辑样条曲线"命令的方法有以下几种。

- 使用标题栏：选择"修改"|"对象"|"样条曲线"命令。

- 使用工具栏：单击"修改Ⅱ"工具栏上的"编辑样条曲线"按钮 。
- 使用命令行：输入 SPLINEDIT 或 SPE 命令并按 Enter 键。
- 双击绘制完成的样条曲线，也可进入编辑状态。

单击绘制完成的样条曲线，此时进入的是夹点编辑状态，拖动夹点可以调整曲线的形状；单击三角形控制夹点，可以选择转换样条曲线的类型，如图 5-9 所示。

不要双击样条曲线，单击鼠标右键，即可执行"编辑样条曲线"命令，进入样条曲线编辑状态，如图 5-10 所示。此时命令行显示相关的编辑选项，以供用户选择。

选择样条曲线：
输入选项［闭合(C)/合并(J)/拟合数据(F)/编辑顶点(E)/转换为多段线(P)/反转(R)/放弃(U)/退出(X)］＜退出＞：

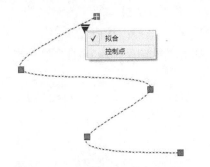
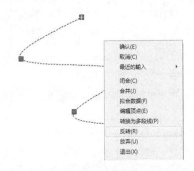

图 5-9　单击进入夹点编辑状态　　　　图 5-10　右击进入样条曲线编辑状态

5.3　多　　线

多线是一种由多条平行线组成的组合图形对象，它可以由 1～16 条平行直线组成。在室内装潢绘图中，经常使用多线来创建墙体、平面窗等图形。

5.3.1　多线样式

系统默认的多线样式为 STANDARD 样式，它由两条直线组成，但在绘制多线前，通常会根据不同的需要对样式进行专门设置。

执行"多线样式"的方法有以下两种。

- 使用菜单栏：选择"格式"|"多线样式"命令。
- 使用命令行：输入 MLSTYLE 或 ML，命令并按 Enter 键。

下面通过具体实例讲解多线样式的创建和设置方法。

【课堂举例 5-1】　创建墙体多线样式

01 选择"格式"|"多线样式"命令，弹出如图 5-11 所示的"多线样式"对话框。STANDARD 样式为系统默认的多线样式。

02 在该对话框中单击"新建"按钮，系统弹出"创建新的多线样式"对话框。在"新样式名"文本框中输入新样式的名称，如图 5-12 所示。

图 5-11　"多线样式"对话框

图 5-12　设置新样式名称

03 单击"继续"按钮，弹出"新建多线样式：墙体"对话框。在其中的"图元"选项组中设置偏移距离，结果如图 5-13 所示。

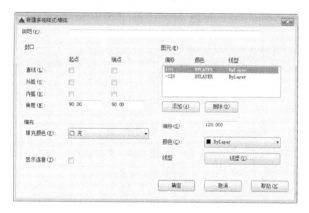

图 5-13　"新建多线样式：墙体"对话框

04 单击"确定"按钮，关闭对话框。在"多线样式"对话框中选择新建的多线样式，单击"置为当前"按钮，将其置为当前使用的样式。

"新建多线样式"对话框中各个选项的含义如下。

- 封口：设置多线的水平线之间两端封口的样式，各种封口样式如图 5-14 所示。
- 填充：设置封闭的多线内的填充颜色。
- 显示连接：显示或隐藏每条多段线线段顶点处的连接。
- 图元：构成多线的元素，通过单击"添加"按钮可以添加多线构成元素，也可以通过单击"删除"按钮删除这些元素。
- 偏移：从中线的偏移值设置多线元素，正值表示向上偏移，负值表示向下偏移。
- 颜色：设置组成多线元素的直线线条颜色。
- 线型：设置组成多线元素的直线线条线型。

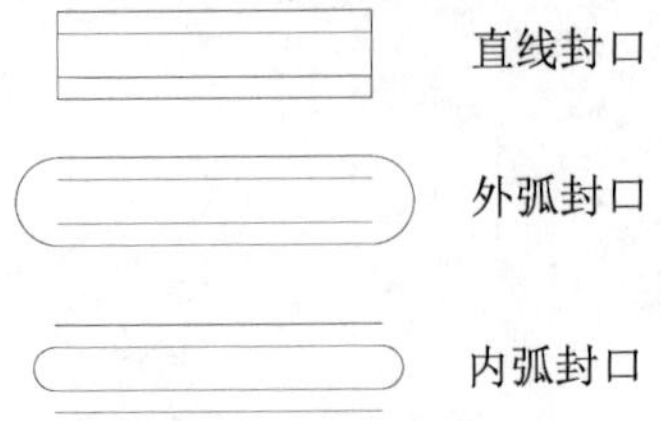

直线封口

外弧封口

内弧封口

图 5-14　各种封口样式

5.3.2　绘制多线

多线样式设置完后，就可以绘制所需的多线。

执行"多线"命令的方法有以下两种。

- 使用菜单栏：选择"绘图"|"多线"命令。
- 使用命令行：输入 MLINE 或 ML 命令并按 Enter 键。

绘制多线时，命令行操作如下。

```
命令：MLINE✓
当前设置：对正=上，比例=20.00，样式=STANDARD
指定起点或 [对正(J)/比例(S)/样式(ST)]：
指定下一点：
```

命令行中各选项的含义如下。

- 对正：设置多线的对正类型，如图 5-15 所示。
- 比例：设置平行线宽的比例值，如图 5-16 所示。
- 样式：设置由 MLSTYLE 定义完成的多线样式。

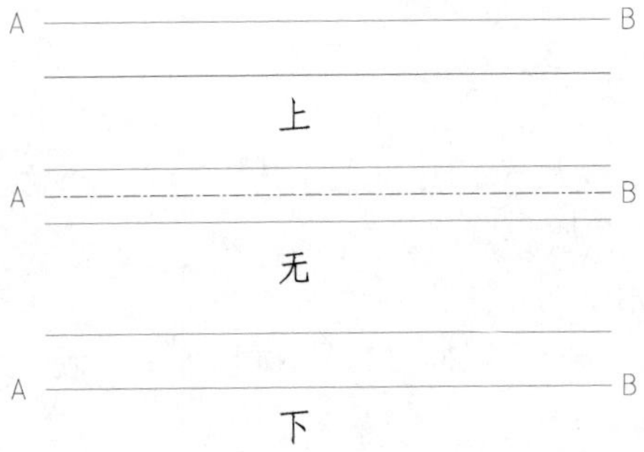

A ——————————————— B

上

A ——————————————— B

无

A ——————————————— B

下

图 5-15　对正样式

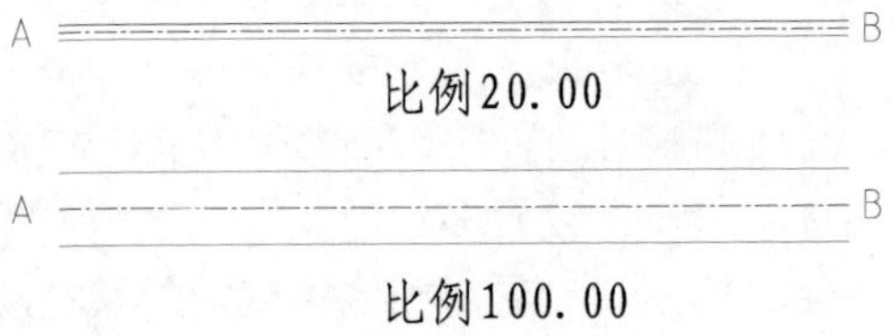

A ═══════════════ B

比例20.00

A ——————————————— B

比例100.00

图 5-16　比例样式

多线的绘制方法与直线相似，不同的是多线由多条线型相同的平行线组成。绘制的每一条多线都是一个完整的整体，不能对其进行偏移、延伸、修剪等编辑操作，只有将其进行分解后才能编辑。

5.3.3　编辑多线

绘制完成的多线，在交接处会出现线条交叉、重叠等情况，需要对其进行编辑修改，以完善图形，如图 5-17 所示。

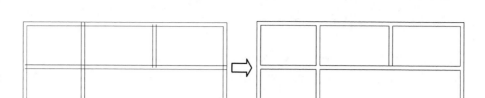

图 5-17　多线编辑

执行"编辑多线"命令的方法有以下两种。

● 　使用菜单栏：选择"修改"|"对象"|"多线"命令。

● 　使用命令行：输入 MLEDIT 或 MLED 命令并按 Enter 键。

执行上述任意一项操作，系统都将弹出如图 5-18 所示的"多线编辑工具"对话框。在该对话框中分别选择"T 形闭合""角点结合""十字打开""T 形打开"等按钮，在绘图区分别单击待编辑的交叉多线(先单击垂直多线，再单击水平多线)，即可完成多线的编辑。

图 5-18　"多线编辑工具"对话框

注意

"T 形闭合""T 形打开""T 形合并"的选择对象按顺序应先选择 T 字的下半部分，再选择 T 字的上半部分，如图 5-19 所示。

选择顺序　　　　正确选择结果　　　　错误选择结果

图 5-19　选择顺序

5.3.4 实例——绘制平开窗

下面介绍使用多线命令绘制平开窗平面图形的方法。

01 打开素材。按 Ctrl+O 组合键，打开配套资源中的"素材\第 5 章\绘制平开窗.dwg"素材文件，如图 5-20 所示。

02 新建样式名称为"平开窗"的多线样式，参数设置如图 5-21 所示。

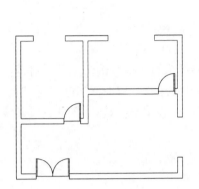

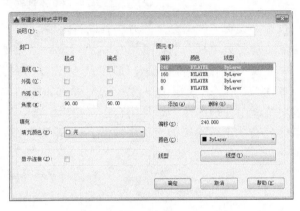

图 5-20　素材　　　　　　　　　　图 5-21　新建样式参数设置

03 调用 ML(多线)命令，选择"平开窗"样式为当前样式；设置"对正(J)"为"上"，"比例(S)"为 1，在绘图区分别指定多线的起点和终点。绘制平开窗的结果如图 5-22 所示。

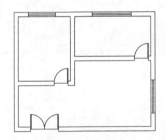

图 5-22　平开窗

5.4　图 案 填 充

AutoCAD 中的"图案填充"命令可以对指定的图形对象或者物体外轮廓执行图案进行填充操作，以便更好地表达图形的含义，或者与其他图形作区分。

5.4.1 创建图案填充

执行"图案填充"命令的方法有以下几种。

- 使用菜单栏：选择"绘图"|"图案填充"命令。
- 使用命令行：输入 HATCH 或 H 命令并按 Enter 键。

- 使用工具栏：单击"绘图"工具栏上的"图案填充"按钮▨。
- 使用功能区：在"默认"选项卡中，单击"绘图"面板中的"图案填充"按钮▨。

执行上述任意一项操作，系统将弹出如图 5-23 所示的"图案填充创建"面板。在"图案"选项组中可以选择待填充图案的类型，单击"图案"选项右侧的下拉按钮▼，将弹出如图 5-24 所示的"填充图案"选项板，在其中可以选择 ANGLE 填充图案，效果如图 5-25 所示。

图 5-23　"图案填充创建"面板

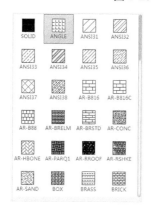

图 5-24　"填充图案"选项板

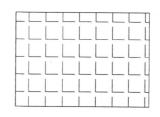

图 5-25　填充图案

在"边界"选项组中单击"拾取点"按钮▣，在绘图区的填充区域单击。在"原点"选项组中，系统默认"使用当前原点"来绘制图案填充；若单击"设定原点"按钮▣，可以在填充区域内重新指定新原点，所绘制的填充图案会更加整齐美观。

图 5-26 所示为"使用当前原点"方式定义填充原点的图案填充结果。

图 5-27 所示为使用"设置新原点"方式定义填充原点的图案填充结果。

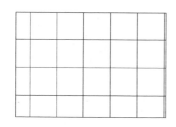

图 5-26　使用"使用当前原点"方式

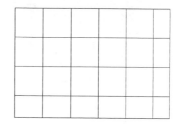

图 5-27　使用"设置新原点"方式

5.4.2　编辑图案填充

已绘制完成填充图案，还可以对其进行编辑，以更改图案的样式、填充的角度、比例等。

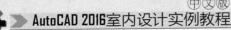

编辑图案填充的方法有以下几种。

- ▶ 使用标题栏：选择"修改"|"对象"|"图案填充"命令。

- ▶ 使用功能区：在"默认"选项卡中，单击"修改"面板中的"编辑图案填充"按钮 。

- ▶ 选择图案填充，按 Ctrl+1 组合键，打开"特性"选项板。

选择已绘制完成的图案填充，按下 Ctrl+1 组合键，系统将弹出如图 5-28 所示的"特性"选项板，其中显示了图案填充的各项属性。

在"图案"选项卡中，单击"类型"右侧的 按钮，系统将弹出如图 5-29 所示的"填充图案类型"对话框。

图 5-28 "特性"选项板

图 5-29 "填充图案类型"对话框

在该对话框中单击"图案"按钮，系统将弹出如图 5-30 所示的"填充图案选项板"对话框，在其中可以重新选择填充图案的样式。

在"图案"选项卡中的"比例"选项中更改填充比例，结果如图 5-31 所示。

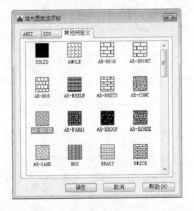

图 5-30 "填充图案选项板"对话框

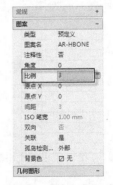

图 5-31 更改填充比例

图 5-32 和图 5-33 所示为进行填充图案编辑前后的对比结果。

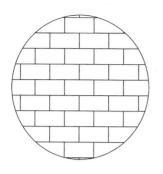

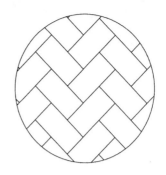

图 5-32　填充图案编辑前　　　　　　　图 5-33　填充图案编辑后

技巧

双击图案填充可以快速打开"图案填充"选项板。

5.4.3　实例——绘制家居地材图

地材图是表示地面铺设材料和方式的图样。本实例将通过绘制家居地材图来练习图案填充的方法。

01　打开素材。按 Ctrl+O 组合键，打开配套资源中的"素材\第 5 章\绘制家居地材图.dwg"文件，如图 5-34 所示。

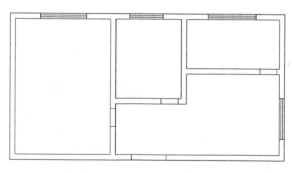

图 5-34　素材

02　执行"绘图"|"图案填充"命令，在弹出的"图案填充创建"面板中定义填充图案的样式和填充比例，如图 5-35 所示。

03　在绘图区中选择填充区域，绘制图案填充的结果如图 5-36 所示。

图 5-35　"图案填充创建"面板

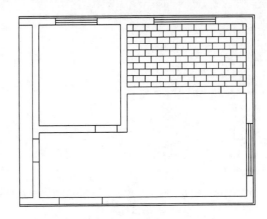

图 5-36　图案填充(1)

04 在命令行中输入 HATCH 命令并按 Enter 键，系统弹出"图案填充创建"面板，设置参数如图 5-37 所示。

05 在该面板中单击"拾取点"按钮![icon]，返回绘图区，在填充轮廓内单击鼠标左键，结果如图 5-38 所示。

图 5-37　设置参数

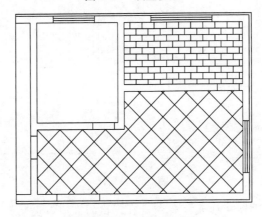

图 5-38　图案填充(2)

06 单击"绘图"工具栏上的"图案填充"按钮![icon]，在"图案填充创建"面板中设置填充图案为 AR-PARQ1，比例为 2，角度为 0，再在绘图区拾取填充轮廓的内部点，结果如图 5-39 所示。

07 按 Enter 键重新调出"图案填充创建"面板，在面板中设置填充图案为 DOLMIT，比例为 23，角度为 90，然后在绘图区拾取填充轮廓的内部点，结果如图 5-40 所示。

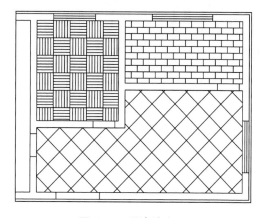

图 5-39　图案填充(3)

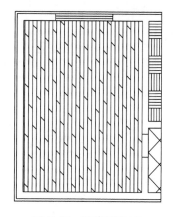

图 5-40　图案填充(4)

08 居室地材图的最终绘制结果如图 5-41 所示。

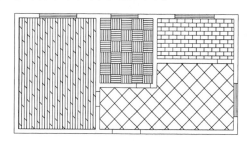

图 5-41　居室地材的最终绘制结果

5.5　思考与练习

选择题

1. 多段线命令的快捷键是(　　)。

 A. ML　　　　　　B. SPL　　　　　C. PL　　　　　D. XL

2. 调用(　　)命令，可以创建通过或接近指定点的平滑曲线。

 A. 样条曲线　　　B. 多段线　　　　C. 多线　　　　D. 椭圆弧

3. 打开"多线编辑工具"对话框的方式为(　　)。

 A. 双击多线　　　　　　　　　　　B. 执行"格式"|"多线样式"命令

 C. 选择多线，单击右键　　　　　　D. 执行"修改"|"对象"|"多线"命令

4. 按(　　)组合键，可以打开"特性"面板。

 A. Ctrl+1　　　　B. Ctrl+2　　　　C. Ctrl+A　　　　D. Ctrl+B

5. 在设置图案填充参数时，需要设置的参数有(　　)。

 A. 图案样式　　　B. 填充比例　　　C. 填充角度　　　D. 填充颜色

操作题

1. 调用 PL(多段线)命令，绘制整体浴室的外轮廓，如图 5-42 所示。

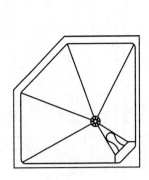
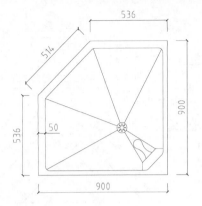

图 5-42 绘制多段线

2. 调用 ML(多线)命令，绘制装饰画的外框，如图 5-43 所示。

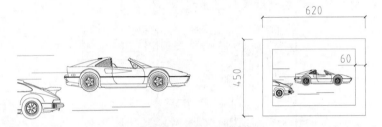

图 5-43 绘制多线

3. 调用 H(图案填充)命令，选择图案样式名称为 CROSS，填充角度为 0，填充比例为 5，为双人床靠背绘制图案填充，如图 5-44 所示。

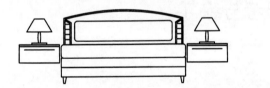
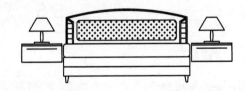

图 5-44 图案填充

第6章

编辑建筑图形

➲ **本章导读**

　　使用 AutoCAD 绘图是一个由简到繁、由粗到精的过程，即先绘制基本图形之后再在后期修整得到精确的图形。AutoCAD 2016 提供了丰富的图形编辑命令，如复制、移动、镜像、偏移、阵列、拉伸、修剪等。使用这些命令能够方便地改变图形的大小、位置、方向、数量及形状，从而绘制出更为复杂的图形。

➲ **学习目标**

➢ 熟悉和掌握点选、框选、窗交、栏选、快速选择等多种选择图形的方法。

➢ 熟悉和掌握删除、修剪、延伸、打断、合并、倒角等修改图形的方法。

➢ 熟悉和掌握复制、镜像、偏移、阵列等多种复制图形的方法。

➢ 熟悉和掌握移动、旋转、缩放、拉伸等多种改变图形大小及位置的方法。

6.1 选 择 图 形

在对图形对象执行编辑操作之前，首先要执行选择图形的操作。在 AutoCAD 中选择图形的方式有点选、框选、栏选等。本节将介绍选择图形的各种操作方法。

6.1.1 点选

点选是最常用的选择图形方式。将光标置于待选的图形之上(如图 6-1 所示)，单击鼠标左键，即可将图形选中，如图 6-2 所示。连续单击需要选择的对象，可以同时选择多个对象。

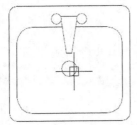

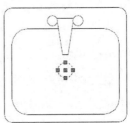

图 6-1　光标置于待选的图形上　　　　　图 6-2　选中对象

点选图形只能选中被单击的图形，未被单击的图形不能被选中。这对选择特定的图形对象较为实用，但是要选择多个对象，使用点选方法显然比较费时。

技巧

按 Shift 键并再次单击已经选中的对象，可以将这些对象从当前选择集中删除。按 Esc 键，可以取消对当前所有选定对象的选择。

6.1.2 窗口选择

窗口选择是一种通过定义矩形窗口来选择对象的方法。利用该方法选择对象时，从左往右拉出矩形窗口(长按鼠标左键便可改为套索工具进行选取)，框住需要选择的对象，此时绘图区将出现一个实线的矩形方框，选框内颜色为蓝色，如图 6-3 所示。位于选框内的图形对象被选中，结果如图 6-4 所示。

代表开关的右边圆形仅一半位于选框内，结果没有被选中。要想全部被选中，则需拉长选框，使圆形全部位于选框内。

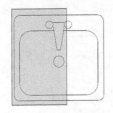

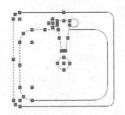

图 6-3　拉出蓝色选框　　　　　图 6-4　窗口选择结果

6.1.3 窗交选择

窗交选择对象的选择方向正好与窗口选择相反，它是按住鼠标左键向左上方或左下方拖动，框住需要选择的对象。框选时绘图区将出现一个虚线的矩形方框，选框内颜色为绿色，如图 6-5 所示。释放鼠标后，与方框相交和被方框完全包围的对象都将被选中，如图 6-6 所示。

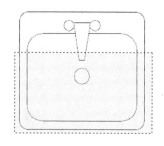

图 6-5 拖出绿色选框

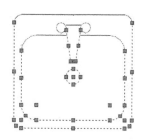

图 6-6 窗交选择结果

6.1.4 圈围与圈交

圈选是一种多边形窗口选择方式，与窗口选择对象的方法类似，不同的是圈选方法可以构造任意形状的多边形，可绕开不需选择的图形，框选需选择的图形，比使用矩形选框更灵活。圈选又分为圈围和圈交，当命令行中出现"选择对象："提示时，输入 WP 或 CP 命令，可以快速启用圈围或圈交选择方式。

圈围方法可以构造任意形状的多边形，完全包含在多边形区域内的对象才能被选中，如图 6-7 和图 6-8 所示。

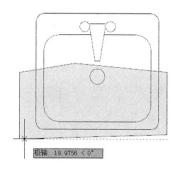

图 6-7 指定圈围

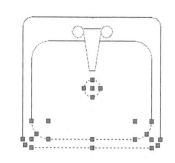

图 6-8 围选结果

圈交对象是一种多边形窗交选择方法，与窗交选择对象的方法类似。不同的是，圈交方法可以构造任意形状的多边形，以及绘制任意闭合但不能与选择框自身相交或相切的多边形，且选择多边形中与它相交的所有对象，如图 6-9 和图 6-10 所示。

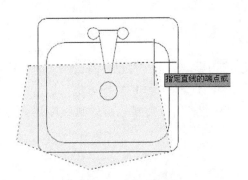

图 6-9　分别指定圈交点

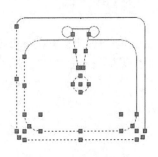

图 6-10　圈交结果

6.1.5　栏选

栏选图形是指在选择图形时拖曳出任意折线，凡是与折线相交的图形对象均被选中，如图 6-11 和图 6-12 所示。当命令行中出现"选择对象："提示时，输入 F 命令，可以快速启用栏选对象方式。

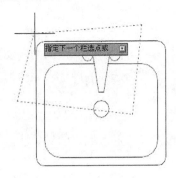

图 6-11　分别指定栏选点

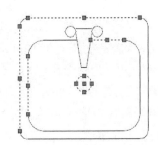

图 6-12　栏选结果

6.1.6　快速选择

快速选择功能适用于选择具有特定属性(图层、线型、颜色、图案填充等特性)的图形，即通过设置过滤条件以快速选择满足该条件的所有图形对象。

【课堂举例 6-1】快速选择图形

01 执行"工具"|"快速选择"命令，系统弹出"快速选择"对话框。

02 在该对话框中的"特性"选项框中定义选择图形的条件，比如"图层"，如图 6-13 所示。在"值"下拉列表框中选择待选图形所在的图层名称。

03 单击"确定"按钮，则绘图区上符合选取条件的图形即被选中，结果如图 6-14 所示。

04 从选择结果中可以看到，位于"家具"图层中的厨具和电冰箱被选中。

图 6-13 "快速选择"对话框

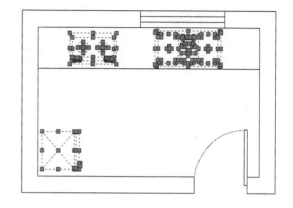

图 6-14 选择结果

6.2 修 整 图 形

初步绘制的图形通常不符合用户要求,此时需要通过修剪、延伸、圆角和打断等操作,对图形局部进行调整和完善。本节就来介绍这些修整编辑命令。

6.2.1 删除图形

调用"删除"命令,可以删除指定的图形对象。

执行"删除"命令的方法有以下几种。

- ▶ 使用菜单栏:选择"修改"|"删除"命令。
- ▶ 使用命令行:输入 ERASE 或 E 命令并按 Enter 键。
- ▶ 使用工具栏:单击"修改"工具栏上的"删除"按钮。
- ▶ 使用功能区:在"默认"选项卡中,单击"修改"面板上的"删除"按钮。

【课堂举例 6-2】 删除图形

01 按 Ctrl+O 组合键,打开配套资源中的"素材\第 6 章\删除图形.dwg"文件。

02 单击"修改"面板上的"删除"按钮,删除冰箱平面中的文字,命令行提示如下。

命令:ERASE ↙
选择对象:找到 1 个   //选择文字并按下 Enter 键确认

03 冰箱平面上的文字被删除,结果如图 6-15 所示。

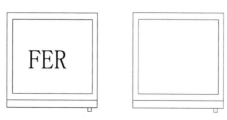

图 6-15 删除文字

6.2.2 修剪图形

修剪是指将超出边界的多余部分修剪删除掉，其与橡皮擦的功能相似。修剪操作可以修改直线、圆、圆弧、多段线、样条曲线、射线和填充图案等。

执行"修剪"命令的方法有以下几种。

- 使用菜单栏：选择"修改"|"修剪"命令。
- 使用命令行：输入 TRIM 或 TR 命令并按 Enter 键。
- 使用工具栏：单击"修改"工具栏上的"修剪"按钮 🖊。
- 使用功能区：在"默认"选项卡中，单击"修改"面板上的"修剪"按钮 🖊 修剪。

修剪图形时，需要设置的参数包括修剪边界和修剪对象两类。要注意在选择修剪对象时光标所在的位置，需要删除哪一部分，则在该区域上单击。

【课堂举例 6-3】 修剪图形

01 按 Ctrl+O 组合键，打开配套资源中的"素材\第 6 章\修剪图形.dwg"文件，如图 6-16所示。

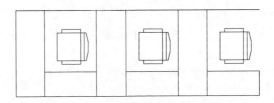

图 6-16　素材

02 执行 TR(修剪)命令，修剪多余的直线，命令行操作如下。

```
命令：TRIM↙
当前设置:投影=UCS，边=无
选择剪切边...
选择对象或 <全部选择>:↙          //选择箭头所示的两条直线作为修剪边界，如图 6-17 所示
选择要修剪的对象，或按住 Shift 键选择要延伸的对象，或[栏选(F)/窗交(C)/投影(P)/边
(E)/删除(R)/放弃(U)]:          //单击修剪边界中间的直线线段，如图 6-18 所示
```

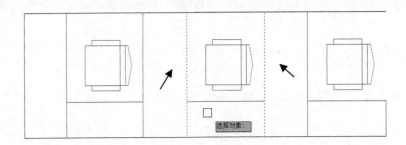

图 6-17　选择修剪边界

03 修剪图形结果如图 6-19 所示。

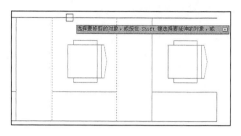

图 6-18　选择待修剪的线段

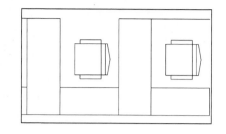

图 6-19　修剪结果

04 使用同样的方法，修剪其余两条多余的直线段，得到如图 6-20 所示的最终效果。

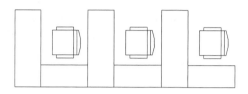

图 6-20　修剪其余线段后效果

6.2.3　延伸图形

延伸是将没有和边界相交的部分延伸补齐，它和修剪是一组相对的操作。在延伸图形时，需要设置的参数有延伸边界和延伸对象两类。

执行"延伸"命令的方法有以下几种。

- 使用菜单栏：选择"修改"|"延伸"命令。
- 使用命令行：输入 EXTEND 或 EX 命令并按 Enter 键。
- 使用工具栏：单击"修改"工具栏上的"延伸"按钮 ──/ 。
- 使用功能区：在"默认"选项卡中，单击"修改"面板中的"延伸"按钮 ──/ 延伸 。

【课堂举例 6-4】　延伸图形

01 按 Ctrl+O 组合键，打开配套资源中的"素材\第 6 章\延伸图形.dwg"文件。

02 执行 EX(延伸)命令，将水平直线向右延伸至沙发边界，命令行操作如下。

```
命令：EXTEND↵
当前设置：投影=UCS，边=无
选择边界的边...
选择对象或 <全部选择>：找到 1 个     //选择右侧的垂直直线作为延伸边界，如图 6-21 所示
选择要延伸的对象，或按住 Shift 键选择要修剪的对象，或[栏选(F)/窗交(C)/投影(P)/边
(E)/放弃(U)]：指定对角点：     //窗交选择需要延伸的直线，如图 6-22 所示
```

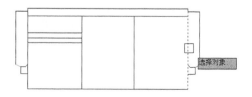

图 6-21　选择延伸边界

图 6-22　选择延伸线段

03 延伸结果如图 6-23 所示，完成沙发平面图的绘制。

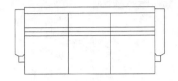

图 6-23 延伸结果

技巧

自 AutoCAD 2002 开始，"修剪"和"延伸"命令已经可以开始联用。在使用"修剪"命令时，选择修剪对象并按住 Shift 键，可以将该对象向边界延伸。在使用"延伸"命令时，选择延伸对象并按住 Shift 键，可以将该对象超过边界部分修剪删除。

6.2.4 打断图形

打断图形有两种方式，分别是打断和打断于点。下面分别介绍这两种打断方式。

1. 打断

"打断"命令可以在两点之间打断选定的对象，使原本是一个整体的线条分离成两段。执行"打断"命令的方法有以下几种。

- 使用菜单栏：选择"修改"|"打断"命令。
- 使用命令行：输入 BREAK 或 BR 命令并按 Enter 键。
- 使用工具栏：单击"修改"工具栏上的"打断"按钮。
- 使用功能区：在"默认"选项卡中，单击"修改"面板中的"打断"按钮。

【课堂举例 6-5】 打断图形

01 按 Ctrl+O 组合键，打开配套资源中的"素材\第 6 章\打断图形.dwg"文件。

02 单击"修改"面板中的"打断"按钮，将多余的中间段直线打断去除，命令行操作如下。

命令：BREAK↵	//执行"打断"命令
选择对象：	
指定第二个打断点或[第一点(F)]:F↵	//输入 F，选择"第一点(F)"选项
指定第一个打断点：	//如图 6-24 所示
指定第二个打断点：	//如图 6-25 所示

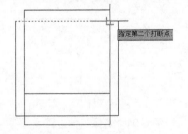

图 6-24 指定第一个打断点　　图 6-25 指定第二个打断点

03 两个打断点之间的线段被删除，完成休闲椅平面图的绘制，结果如图 6-26 所示。

2．打断于点

打断于点是指通过指定一个打断点，将对象断开。在调用命令的过程中，需要输入的参数有打断对象和第一个打断点。打断对象之间没有间隙。

执行"打断于点"命令的方法有以下几种。

- ▶ 使用命令行：输入 BREAK 命令并按 Enter 键。
- ▶ 使用工具栏：单击"修改"工具栏上的"打断于点"按钮🔲。
- ▶ 使用功能区：在"默认"选项卡中，单击"修改"面板中的"打断于点"按钮🔲。

【课堂举例 6-6】　打断于点

01 按 Ctrl+O 组合键，打开配套资源中的"素材\第 6 章\打断于点.dwg"文件。

02 单击"修改"工具栏上的"打断于点"按钮🔲，在洗手盆上侧边中点位置打断，命令行操作如下。

```
命令：_BREAK
选择对象：
指定第二个打断点 或 [第一点(F)]：_f
指定第一个打断点：                    //在侧边中间位置单击鼠标，如图 6-27 所示
指定第二个打断点：@
```

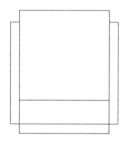

图 6-26　打断结果

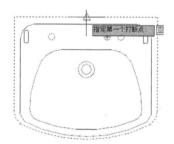

图 6-27　指定第一个打断点

03 洗手盆的轮廓线在指定的点打断成两段独立的线段，结果如图 6-28 所示。

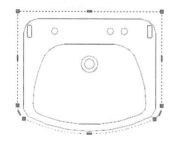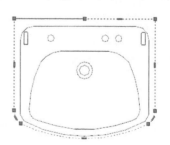

图 6-28　打断于点的结果

6.2.5　合并图形

合并是指将相似的图形对象合并为一个整体。可以合并多个对象，包括圆弧、椭圆弧、直线、多段线和样条曲线等。

执行"合并"命令的方法有以下几种。

- 使用菜单栏：选择"修改"|"合并"命令。
- 使用命令行：输入 JOIN 或 J 命令并按 Enter 键。
- 使用工具栏：单击"修改"工具栏上的"合并"按钮。
- 使用功能区：在"默认"选项卡中，单击"修改"面板中的"合并"按钮。

【课堂举例6-7】 合并图形

01 按 Ctrl+O 组合键，找开配套资源中的"素材\第 6 章\合并图形.dwg"文件。

02 单击"修改"面板中的"合并"按钮，将沐浴房外轮廓合并为一条多段线，
命令行操作如下。

```
命令：JOIN
选择源对象或要一次合并的多个对象：找到 1 个          //如图 6-29 所示
选择要合并的对象：找到 1 个，总计 2 个              //如图 6-30 所示
2 条线段已合并为 1 条多段线                        //合并结果如图 6-31 所示
```

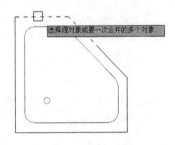

图 6-29 选择源对象

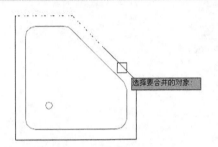

图 6-30 选择合并对象

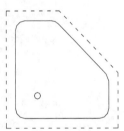

图 6-31 合并结果

6.2.6 倒角图形

使用"倒角"命令可以将两条非平行的相交直线或多段线做出有斜度的倒角。

执行"倒角"命令的方法有以下几种。

- 使用菜单栏：选择"修改"|"倒角"命令。
- 使用命令行：输入 CHAMFER 或 CHA 命令并按 Enter 键。
- 使用工具栏：单击"修改"工具栏上的"倒角"按钮。
- 使用功能区：在"默认"选项卡中，单击"修改"面板中的"倒角"按钮。

【课堂举例6-8】 倒角图形

01 按 Ctrl+O 组合键，打开配套资源中的"素材\第 6 章\倒角图形.dwg"文件，如图 6-32
所示。

02 单击"修改"面板中的"倒角"按钮，对沐浴房外轮廓进行倒角，命令行
操作如下。

```
命令：CHAMFER↙
（"修剪"模式）当前倒角距离 1=10.0000，距离 2=10.0000
选择第一条直线或 [放弃(U)/多段线(P)/距离(D)/角度(A)/修剪(T)/方式(E)/多个(M)]：D↙
                                          //输入 D，选择"距离(D)"选项
指定第一个倒角距离 <10.0000>：430↙         //指定第一段倒角距离
指定第二个倒角距离 <430.0000>：430↙        //指定第二段倒角距离
```

选择第一条直线或[放弃(U)/多段线(P)/距离(D)/角度(A)/修剪(T)/方式(E)/多个(M)]:
选择第二条直线，或按住 Shift 键选择直线以应用角点或 [距离(D)/角度(A)/方法(M)]:
//分别单击选择上方和右边的轮廓线

03 倒角结果如图 6-33 所示。

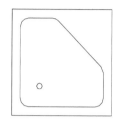

图 6-32　素材

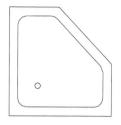

图 6-33　倒角结果

6.2.7　圆角图形

使用"圆角"命令可以给对象添加指定半径的圆角。执行"圆角"命令的方法有以下几种。

- 使用菜单栏：选择"修改"|"圆角"命令。
- 使用命令行：输入 FILLET 或 F 命令并按 Enter 键。
- 使用工具栏：单击"修改"工具栏上的"圆角"按钮。
- 使用功能区：在"默认"选项卡中，单击"修改"面板中的"圆角"按钮。

圆角操作可分为两步：第一步确定圆角大小，通常用"半径"确定；第二步选定两条需要圆角的边。下面通过具体实例讲解圆角图形的方法。

【课堂举例 6-9】　圆角图形

01 按 Ctrl+O 组合键，打开配套资源中的"素材\第 6 章\圆角图形.dwg"文件，如图 6-34 所示。

02 单击"修改"面板中的"圆角"按钮，对浴缸内矩形的下边进行圆角操作，命令行操作如下。

```
命令：FILLET↙
当前设置：模式=修剪，半径=0.0000
选择第一个对象或 [放弃(U)/多段线(P)/半径(R)/修剪(T)/多个(M)]: R↙
                    //输入 R，选择"半径(R)"选项
指定圆角半径 <0.0000>:69↙
选择第一个对象或 [放弃(U)/多段线(P)/半径(R)/修剪(T)/多个(M)]:
选择第二个对象，或按住 Shift 键选择对象以应用角点或 [半径(R)]:
                    //分别点取要进行圆角操作的 3 条线段，结果如图 6-35 所示
```

03 按 Enter 键重复执行"圆角"命令，对内侧矩形的上边进行圆角操作，命令行操作如下。

```
命令：FILLET↙
当前设置：模式=修剪，半径=69.0000
选择第一个对象或 [放弃(U)/多段线(P)/半径(R)/修剪(T)/多个(M)]: R↙
指定圆角半径 <69.0000>: 138↙
选择第一个对象或 [放弃(U)/多段线(P)/半径(R)/修剪(T)/多个(M)]: M↙
```

//输入 M，选择"多个(M)"选项

选择第一个对象或 [放弃(U)/多段线(P)/半径(R)/修剪(T)/多个(M)]:

选择第二个对象，或按住 Shift 键选择对象以应用角点或 [半径(R)]:

　　　　//分别选择要进行圆角操作的 3 条边，完成圆角操作的结果如图 6-36 所示

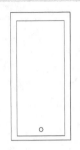

图 6-34　素材

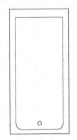

图 6-35　圆角下边

图 6-36　圆角上边

6.2.8　分解图形

　　"分解"命令是将某些特殊的对象分解成多个独立的部分，以方便进行具体的编辑操作。此命令主要用于将复合对象，如矩形、多段线、填充图案和块等，还原成一般对象。分解后的对象其颜色、线型和线宽都可能会发生改变。

　　执行"分解"命令的方法有以下几种。

- ▶　使用菜单栏：选择"修改"|"分解"命令。
- ▶　使用命令行：输入 EXPLODE 或 X 命令并按 Enter 键。
- ▶　使用工具栏：单击"修改"工具栏上的"分解"按钮 。
- ▶　使用功能区：在"默认"选项卡中，单击"修改"面板中的"分解"按钮 。

【课堂举例 6-10】　分解图形

01　按 Ctrl+O 组合键，打开配套资源中的"素材\第 6 章\分解图形.dwg"文件。

02　单击"修改"面板中的"分解"按钮 ，分解沙发图块，命令行操作如下。

命令：EXPLODE↙

选择对象：指定对角点：找到 1 个　　　　　//选择待分解的沙发图形

03　沙发图块分解后，可以分别选择沙发的各个图形进行编辑，如图 6-37 所示。

提示

　　图形或图块分解前，使用点选方式可以选中全部图形。分解后则必须使用窗口或窗交等选择方式，才能选中全部图形。

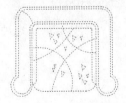
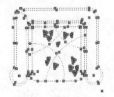

图 6-37　分解结果

6.2.9　实例——绘制沙发

本实例将通过绘制组合沙发，综合练习本节所学的倒角、圆角、分解等操作。

01 绘制组合沙发靠背。调用 REC(矩形)命令，绘制矩形；调用 TR(修剪)命令，修剪矩形，结果如图 6-38 所示。

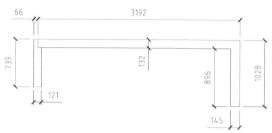

图 6-38　绘制并修剪矩形

02 圆角操作。调用 F(圆角)命令，设置圆角半径为 32，对矩形执行圆角操作，结果如图 6-39 所示。

图 6-39　圆角操作

03 调用 REC(矩形)命令，绘制矩形，结果如图 6-40 所示。

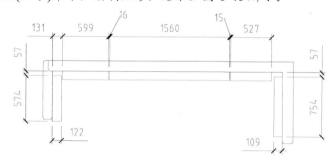

图 6-40　绘制矩形

04 调用 CHA(倒角)命令，设置第一个和第二个倒角距离均为 50，对矩形执行倒角操作，结果如图 6-41 所示。

图 6-41　倒角距离为 50

05 按 Enter 键再次调用 CHA(倒角)命令，设置第一个和第二个倒角距离均为 20，对矩形执行倒角操作，结果如图 6-42 所示。

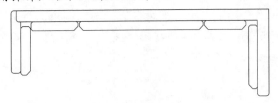

图 6-42　倒角距离为 20

06 调用 X(分解)命令，将矩形进行分解。

07 绘制坐垫。调用 O(偏移)命令，偏移线段，结果如图 6-43 所示。

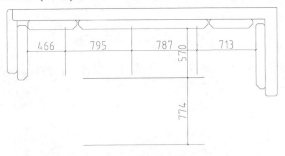

图 6-43　偏移线段

08 调用 EX(延伸)命令，激活水平线段的夹点，延伸线段，结果如图 6-44 所示。

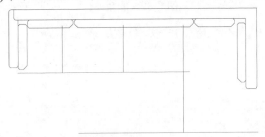

图 6-44　延伸线段

09 调用 L(直线)命令，绘制直线，结果如图 6-45 所示。

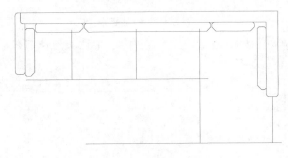

图 6-45　绘制直线

10 调用 L(直线)命令，绘制直线，结果如图 6-46 所示。

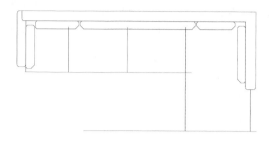

图 6-46　绘制直线

11 调用 TR(修剪)命令，修剪线段，结果如图 6-47 所示。

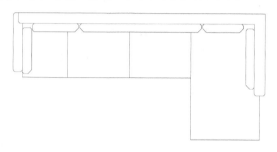

图 6-47　修剪线段

12 调用 F(圆角)命令，设置圆角半径为 32，对线段执行圆角操作，结果如图 6-48 所示。

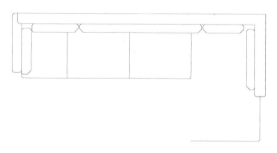

图 6-48　对线段执行圆角操作

13 调用 L(直线)命令，绘制直线；调用 F(圆角)命令，执行圆角操作，结果如图 6-49 所示。

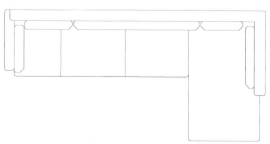

图 6-49　绘制直线并进行圆角操作

14 绘制单个坐垫。调用 REC(矩形)命令，绘制矩形；调用 M(移动)命令，调整坐垫的位置，结果如图 6-50 所示。

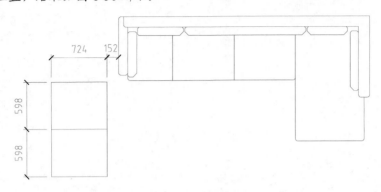

图 6-50　绘制矩形并调整位置

15 调用 F(圆角)命令，设置圆角半径为 32，对坐垫执行圆角操作，结果如图 6-51 所示。

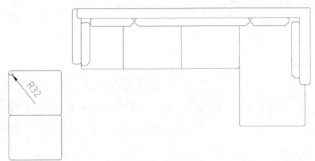

图 6-51　对坐垫执行圆角操作

提示

在对矩形执行圆角操作时假如出现某根线段消失的情况，可以调用 X(分解)命令，分解矩形。执行分解操作后，即可避免线段消失的情况发生。

16 绘制茶几。调用 REC(矩形)命令，绘制矩形，结果如图 6-52 所示。

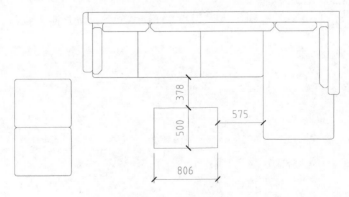

图 6-52　绘制矩形

17 打断于点。单击"修改"工具栏上的"打断于点"按钮▣，指定 a 点为打断点，打断结果如图 6-53 所示。

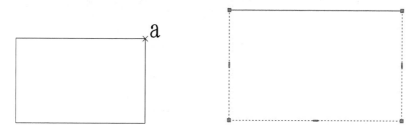

图 6-53　打断于 a 点

18 按 Enter 键重复调用"打断于点"命令，指定 b 点为打断点，打断结果如图 6-54 所示。

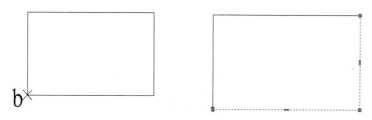

图 6-54　打断于 b 点

19 选中执行打断操作得到的线段，单击特性工具栏上的"线宽控制"选项框，在弹出的下拉列表中选择线宽值，如图 6-55 所示。

20 更改线宽的结果如图 6-56 所示。

21 调用 REC(矩形)命令，绘制尺寸为 586×600 的矩形；调用 C(圆)命令，绘制半径为 134 的圆形；调用 L(直线)命令，过圆心绘制相交直线，结果如图 6-57 所示。

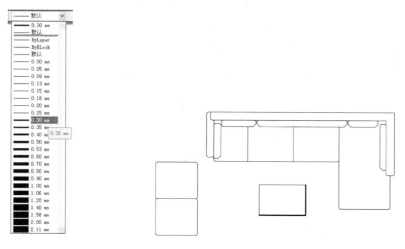

图 6-55　选择线宽值　　　　　　图 6-56　更改线宽

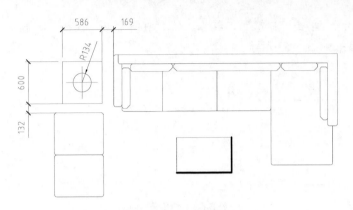

图 6-57　绘制图形

22 绘制地毯。调用 REC(矩形)命令，绘制矩形；调用 O(偏移)命令，向内偏移矩形，结果如图 6-58 所示。

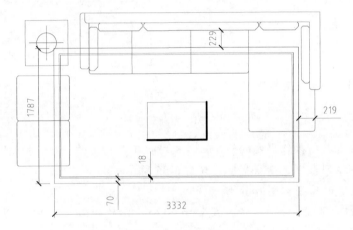

图 6-58　绘制并偏移矩形

23 打断操作。单击"修改"工具栏上的"打断"按钮，在命令行中输入 F 命令，选择"第一点"选项；单击 a 点为第一个打断点，单击 b 点为第二个打断点，打断地毯外轮廓的结果如图 6-59 所示。

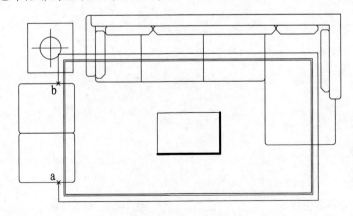

图 6-59　打断结果

24 按 Enter 键，重复执行"打断"命令，继续对地毯图形执行打断操作，完成组合沙发的绘制结果如图 6-60 所示。

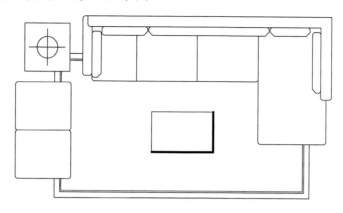

图 6-60 最终效果

6.3 复 制 图 形

在室内装潢施工图中含有许多相同的图形对象，它们的差别只是相对位置不同。使用 AutoCAD 提供的复制、镜像、偏移和阵列工具，可以快速创建这些相同的对象。

6.3.1 复制

复制是指在不改变图形的大小和方向的前提下，重新生成一个或多个与原对象一样的图形。

执行"复制"命令的方法有以下几种。

◉ 使用菜单栏：选择"修改"|"复制"命令。

◉ 使用命令行：输入 COPY 或 CO 或 CP 命令并按 Enter 键。

◉ 使用工具栏：单击"修改"工具栏上的"复制"按钮 。

◉ 使用功能区：在"默认"选项卡中，单击"修改"面板中的"复制"按钮 复制。

在复制图形的过程中，需要确定复制对象、基点和目标点。

【课堂举例 6-11】 复制图形

01 按 Ctrl+O 组合键，打开配套资源中的"素材\第 6 章\复制图形.dwg"文件。

02 单击"修改"面板中的"复制"按钮 复制，复制创建床右侧的床头柜和台灯。

```
命令：COPY↙
选择对象：指定对角点：找到 1 个        //选择左侧的床头柜和台灯图形
当前设置：复制模式=多个
指定基点或 [位移(D)/模式(O)] <位移>：     //指定图形的左下角为基点
指定第二个点或 [阵列(A)] <使用第一个点作为位移>：      //向右移动鼠标，在目标点单击
```

03 完成复制操作的结果如图 6-61 所示。

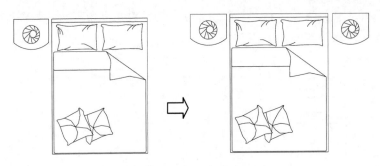

图 6-61　复制后的效果

6.3.2　镜像

镜像是一个特殊的复制命令，通过镜像生成的图形对象与源对象相对于对称轴呈对称的关系。

执行"镜像"命令的方法有以下几种。

- 使用菜单栏：选择"修改"|"镜像"命令。
- 使用命令行：输入 MIRROR 或 MI 命令并按 Enter 键。
- 使用工具栏：单击"修改"工具栏上的"镜像"按钮 。
- 使用功能区：在"默认"选项卡中，单击"修改"面板中的"镜像"按钮 镜像。

【课堂举例 6-12】　镜像复制

01　按 Ctrl+O 组合键，打开配套资源中的"素材\第 6 章\镜像复制.dwg"文件。

02　单击"修改"面板中的"镜像"按钮 镜像，镜像复制创建上面的餐椅图形，命令行操作如下。

```
命令：MIRROR↙
选择对象：指定对角点：找到 1 个          //选择桌子下面的椅子图形
选择对象：↙                            //结束对象选择
指定镜像线的第一点：                    //指定桌子右侧边的中点，如图 6-62 所示
指定镜像线的第二点：                    //指定桌子左侧边的中点，如图 6-63 所示
要删除源对象吗？[是(Y)/否(N)] <N>：    //按下 Enter 键，选择"否(N)"选项
```

03　镜像复制餐椅的结果如图 6-64 所示。

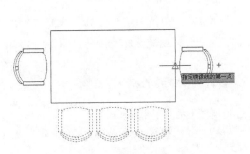

图 6-62　指定镜像线的第一点

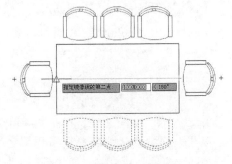

图 6-63　指定镜像线的第二点

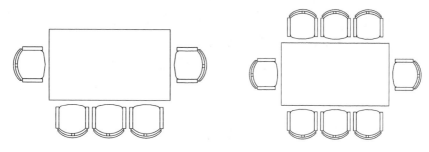

图 6-64　镜像结果

6.3.3　偏移

偏移操作可根据指定的距离或通过点建立一个与所选对象平行的形体，从而使对象数量得到增加。可以进行偏移的图形对象有直线、曲线、多边形、圆、圆弧等。

执行"偏移"命令的方法有以下几种。

- ▶ 使用菜单栏：选择"修改"|"偏移"命令。
- ▶ 使用命令行：输入 OFFSET 或 O 命令并按 Enter 键。
- ▶ 使用工具栏：单击"修改"工具栏上的"偏移"按钮。
- ▶ 使用功能区：在"默认"选项卡中，单击"修改"面板中的"偏移"按钮。

在偏移操作过程中，需要确定偏移的源对象、偏移距离和偏移方向。

【课堂举例 6-13】 偏移复制

01 按 Ctrl+O 组合键，打开配套资源中的"素材\第 6 章\偏移复制.dwg"文件。

02 单击"修改"面板中的"偏移"按钮，将桌子轮廓向内偏移，命令行操作如下。

```
命令：OFFSET↙
当前设置：删除源=否  图层=源  OFFSETGAPTYPE=0
指定偏移距离或 [通过(T)/删除(E)/图层(L)] <30.0000>：30↙      //设置偏移距离
选择要偏移的对象，或 [退出(E)/放弃(U)] <退出>：                //选择桌子矩形轮廓
指定要偏移的那一侧上的点，或 [退出(E)/多个(M)/放弃(U)] <退出>：
                          //在桌子轮廓内单击，即可完成偏移操作，如图 6-65 所示
```

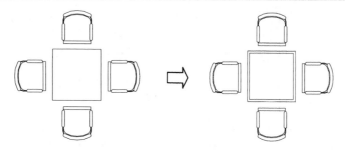

图 6-65　偏移结果

03 按 Enter 键，重复调用"偏移"命令，设置偏移距离为 90；选择上一步骤偏移得到的矩形作为源对象，继续向内执行偏移操作，结果如图 6-66 所示。

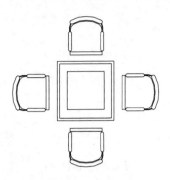

图 6-66　偏移结果

6.3.4　阵列

复制、镜像和偏移等命令，一次只能复制得到一个对象副本。如果想要按照一定规律大量复制图形，可以使用"阵列"命令。

根据阵列方式不同，可以分为矩形阵列、路径阵列和环形阵列。

1. 矩形阵列

矩形阵列就是将图形呈行列进行排列，如建筑立面图的窗格、规律摆放的桌椅等。

执行"矩形阵列"命令的方法有以下几种。

- 使用菜单栏：选择"修改"|"阵列"|"矩形阵列"命令。
- 使用命令行：输入 ARRAYRECT 命令并按 Enter 键。
- 使用工具栏：单击"修改"工具栏上的"矩形阵列"按钮。
- 使用功能区：在"默认"选项卡中，单击"修改"面板中的"矩形阵列"按钮。

【课堂举例 6-14】　矩形阵列

01　按 Ctrl+O 组合键，打开配套资源中的"素材\第 6 章\矩形阵列.dwg"文件。

02　单击"修改"面板中的"矩形阵列"按钮，复制挂衣图形，命令行操作如下。

```
命令：ARRAYRECT↵
选择对象：找到 1 个                        //选择挂衣图块
类型=矩形　关联=是
选择夹点以编辑阵列或 [关联(AS)/基点(B)/计数(COU)/间距(S)/列数(COL)/行数(R)/层数
(L)/退出(X)] <退出>：COU↵                  //输入 COU，选择"计数(COU)"选项
输入列数数或 [表达式(E)] <4>：6↵
输入行数数或 [表达式(E)] <3>：1↵
选择夹点以编辑阵列或 [关联(AS)/基点(B)/计数(COU)/间距(S)/列数(COL)/行数(R)/层数
(L)/退出(X)] <退出>：                       //按下 Esc 键退出操作
```

03　矩形阵列的结果如图 6-67 所示。

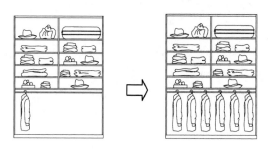

图 6-67　矩形阵列

2．路径阵列

路径阵列可以沿整个路径或部分路径平均分布对象副本。

执行"路径阵列"命令的方法有以下几种。

- 使用菜单栏：选择"修改"|"阵列"|"路径阵列"命令。
- 使用命令行：输入 ARRAYPATH 命令并按 Enter 键。
- 使用工具栏：单击"修改"工具栏上的"路径阵列"按钮。
- 使用功能区：在"默认"选项卡中，单击"修改"面板中的"路径阵列"按钮 阵列。

路径阵列需要设置的参数有阵列路径、阵列对象和阵列数量、方向等。

【课堂举例 6-15】 路径阵列

01　按 Ctrl+O 组合键，打开配套资源中的"素材\第 6 章\路径阵列.dwg"文件。

02　单击"修改"面板中的"路径阵列"按钮 阵列，沿桌面布置椅子图形，命令行操作如下。

```
命令：ARRAYPATH↙
选择对象：找到 1 个                    //选择椅子图形
类型=路径   关联=是
选择路径曲线：                        //选择圆桌的外轮廓作为阵列曲线
选择夹点以编辑阵列或 [关联(AS)/方法(M)/基点(B)/切向(T)/项目(I)/行(R)/层(L)/对齐
项目(A)/Z 方向(Z)/退出(X)] <退出>：I↙       //输入 I，选择"项目(I)"选项
指定沿路径的项目之间的距离或 [表达式(E)] <1069.3769>：950↙
最大项目数 = 13
指定项目数或 [填写完整路径(F)/表达式(E)] <13>:13↙   //设置复制椅子数量
选择夹点以编辑阵列或 [关联(AS)/方法(M)/基点(B)/切向(T)/项目(I)/行(R)/层(L)/对齐
项目(A)/Z 方向(Z)/退出(X)] <退出>：              //按下 Esc 键退出路径阵列
```

03　路径阵列的结果如图 6-68 所示。

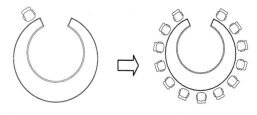

图 6-68　路径阵列

3．环形阵列

环形阵列可以绕某个中心点或旋转轴形成的环形图案平均分布对象副本。

执行"环形阵列"命令的方法有以下几种。

- 使用菜单栏：选择"修改"｜"阵列"｜"环形阵列"命令。
- 使用命令行：输入 ARRAYPOLAR 命令并按 Enter 键。
- 使用工具栏：单击"修改"工具栏上的"环形阵列"按钮。
- 使用功能区：在"默认"选项卡中，单击"修改"面板中的"环形阵列"按钮 阵列。

环形阵列需要设置的参数有阵列的源对象、项目总数、中心点位置和填充角度。填充角度是指全部项目排成的环形所占有的角度。例如，对于 360°填充，所有项目将排满一圈；对于270°填充，所有项目只排满四分之三圈。

【课堂举例 6-16】 环形阵列

01 按 Ctrl+O 组合键，打开配套资源中的"素材\第 6 章\环形阵列.dwg"文件。

02 单击"修改"面板中的"环形阵列"按钮 阵列，复制矩形拼花，命令行操作如下。

```
命令：ARRAYPOLAR↙
选择对象：找到 1 个                          //选择矩形拼花
类型=极轴   关联=是
指定阵列的中心点或 [基点(B)/旋转轴(A)]：     //指定圆心作为阵列中心
选择夹点以编辑阵列或 [关联(AS)/基点(B)/项目(I)/项目间角度(A)/填充角度(F)/行(ROW)/
层(L)/旋转项目(ROT)/退出(X)] <退出>：       //按下 Esc 键退出操作
```

03 用环形阵列命令绘制的地面拼花效果如图 6-69 所示。

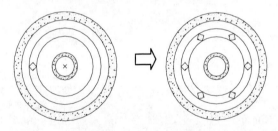

图 6-69　环形阵列

6.3.5　实例——绘制楼梯平面图

本实例将通过绘制楼梯平面图，以综合练习前面所学的编辑命令。

01 绘制楼梯外轮廓。调用 REC(矩形)命令，绘制矩形，结果如图 6-70 所示。

02 调用 X(分解)命令，分解矩形。

03 调用 O(偏移)命令，偏移矩形边；调用 TR(修剪)命令，修剪线段，结果如图 6-71 所示。

04 调用 O(偏移)命令，偏移线段，结果如图 6-72 所示。

05 调用 EX(延伸)命令，延伸线段，结果如图 6-73 所示。

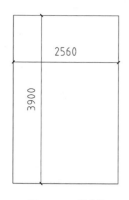

图 6-70　绘制矩形

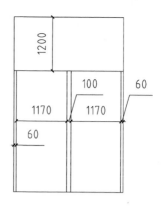

图 6-71　修剪线段

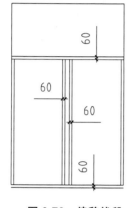

图 6-72　偏移线段

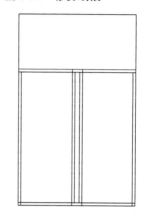

图 6-73　延伸线段

06 调用 TR(修剪)命令，修剪线段，结果如图 6-74 所示。

07 调用 ARRAYRECT(矩形阵列)命令，复制楼梯踏步图形，命令行操作如下。

```
命令: ARRAYRECT↙
选择对象: 找到 1 个
选择对象: 找到 1 个,总计 2 个        //选择a、b直线
类型=矩形  关联=是
选择夹点以编辑阵列或 [关联(AS)/基点(B)/计数(COU)/间距(S)/列数(COL)/行数(R)/层数
(L)/退出(X)] <退出>: COU↙
输入列数数或 [表达式(E)] <4>: 1↙
输入行数数或 [表达式(E)] <3>: 10↙
选择夹点以编辑阵列或 [关联(AS)/基点(B)/计数(COU)/间距(S)/列数(COL)/行数(R)/层数
(L)/退出(X)] <退出>: S↙
指定列之间的距离或 [单位单元(U)] <3660>: 1↙
指定行之间的距离 <1>: 270↙
选择夹点以编辑阵列或 [关联(AS)/基点(B)/计数(COU)/间距(S)/列数(COL)/行数(R)/层数
(L)/退出(X)] <退出>:          //按下 Esc 键退出操作，矩形阵列的结果如图 6-75 所示
```

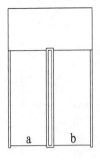

图 6-74　修剪线段

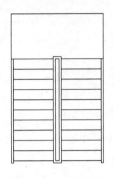

图 6-75　矩形阵列

6.4　移动及变形图形

绘制完成的图形有时需要改变其大小和位置，以适合图形的表达需要。AutoCAD 中改变图形大小及位置的命令有移动、旋转、缩放以及拉伸。本节将介绍这些命令的操作方法。

6.4.1　移动图形对象

使用"移动"命令可以重新定位图形，而不改变图形的大小、形状和倾斜角度。

执行"移动"命令的方法有以下几种。

- ◉　使用菜单栏：选择"修改"|"移动"命令。
- ◉　使用命令行：输入 MOVE 或 M 命令并按 Enter 键。
- ◉　使用工具栏：单击"修改"工具栏上的"移动"按钮⊕。
- ◉　使用功能区：在"默认"选项卡中，单击"修改"面板上的"移动"按钮 ⊕ 移动 。

在进行"移动"操作时，首先选择需要移动的图形对象，然后分别确定基点移动时的起点和终点，就可以将图形对象从基点的起点位置平移到终点位置。

【课堂举例 6-17】 移动图形

01　按 Ctrl+O 组合键，打开配套资源中的"素材\第 6 章\移动图形.dwg"文件。

02　单击"修改"面板上的"移动"按钮⊕ 移动 ，调整椅子图形的位置，命令行操作如下。

```
命令：MOVE↙
选择对象：找到 1 个              //选定办公椅图形
指定基点或 [位移(D)] <位移>：      //选择椅子上一点作为移动基点
指定第二个点或 <使用第一个点作为位移>：   //指定目标点
```

03　完成移动操作的结果如图 6-76 所示。

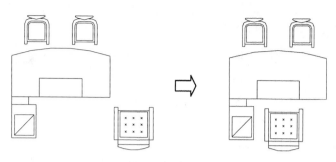

图 6-76　移动图形结果

6.4.2　旋转图形对象

使用"旋转"命令可以绕基点按照指定的角度旋转对象。

执行"旋转"命令的方法有以下几种。

- 使用菜单栏：选择"修改"|"旋转"命令。
- 使用命令行：输入 ROTATE 或 RO 命令并按 Enter 键。
- 使用工具栏：单击"修改"工具栏上的"旋转"按钮 ⟳ 。
- 使用功能区：在"默认"选项卡中，单击"修改"面板上的"旋转"按钮 ⟳ 旋转 。

旋转操作时，根据命令行的提示，需要确定旋转对象、旋转基点和旋转角度。逆时针旋转的角度为正值，顺时针旋转的角度为负值。

【课堂举例 6-18】　旋转图形

01　按 Ctrl+O 组合键，打开配套资源中的"素材\第 6 章\旋转图形.dwg"文件。

02　单击"修改"面板中的"旋转"按钮 ⟳ 旋转 ，调整洗手盆图形的方向，命令行操作如下。

```
命令：ROTATE↙
UCS 当前的正角方向：ANGDIR=逆时针　ANGBASE=0
选择对象：指定对角点：找到 25 个          //选择洗手盆图形
指定基点：                              //指定图形左下角为旋转基点
指定旋转角度，或 [复制(C)/参照(R)] <90>：180↙   //指定旋转角度，按下 Enter 键
                                        完成操作
```

03　执行 M(移动)命令，将图形移动到墙角指定位置，如图 6-77 所示。

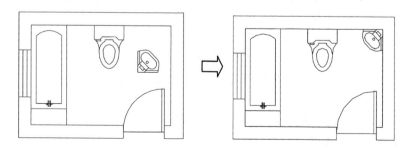

图 6-77　旋转并移动图形

6.4.3 缩放图形对象

使用"缩放"命令可以放大或缩小选定的对象，缩放后保持对象的长宽比例不变。
执行"缩放"命令的方法有以下几种。

- 使用菜单栏：选择"修改"|"缩放"命令。
- 使用命令行：输入 SCALE 或 SC 命令并按 Enter 键。
- 使用工具栏：单击"修改"工具栏上的"缩放"按钮⬚。
- 使用功能区：在"默认"选项卡中，单击"修改"面板中的"缩放"按钮 ⬚缩放。

在缩放操作过程中，需要确定缩放对象、缩放基点和比例因子。

【课堂举例 6-19】 缩放图形

01 按 Ctrl+O 组合键，打开配套资源中的"素材\第 6 章\缩放图形.dwg"文件。

02 单击"修改"面板中的"缩放"按钮 ⬚缩放，将球图形缩小为原来的一半，命令行操作如下。

```
命令：SCALE↙
选择对象：找到 1 个                          //选定待缩小的球体
指定基点：
指定比例因子或 [复制(C)/参照(R)]：0.5↙      //指定比例因子，按下 Enter 键确认
```

03 缩放操作结果如图 6-78 所示。

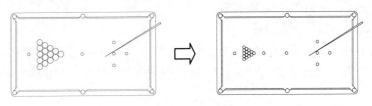

图 6-78　缩放结果

6.4.4 拉伸图形对象

"拉伸"命令是通过沿拉伸路径平移图形夹点的位置，使图形产生拉伸变形的效果。该命令可以对选择的对象按规定方向和角度拉伸或压缩，从而使对象的形状发生改变。

执行"拉伸"命令的方法有以下几种。

- 使用菜单栏：选择"修改"|"拉伸"命令。
- 使用命令行：输入 STRETCH 或 S 命令并按 Enter 键。
- 使用工具栏：单击"修改"工具栏上的"拉伸"按钮⬚。
- 使用功能区：在"默认"选项卡中，单击"修改"面板中的"拉伸"按钮 ⬚拉伸。

在命令执行过程中，需要确定被拉伸对象、拉伸基点的起点和拉伸的位移。

拉伸需要遵循以下原则。

- 通过单击选择和窗口选择获得的拉伸对象将只被平移，不被拉伸。
- 通过交叉选择获得的拉伸对象，如果所有夹点都落入选择框内，图形将发生平

移；如果只有部分夹点落入选择框内，图形将沿拉伸位移被拉伸；如果没有夹点落入选择窗口，图形将保持不变。

【课堂举例 6-20】　拉伸图形

01　按 Ctrl+O 组合键，打开配套资源中的"素材\第 6 章\拉伸图形.dwg"文件。

02　单击"修改"面板中的"拉伸"按钮 🔲 拉伸，将图形向右拉伸 500，命令行操作如下。

```
命令：STRETCH✔
以交叉窗口或交叉多边形选择要拉伸的对象...
选择对象：指定对角点：找到 5 个            //从右至左窗交选择对象
指定基点或 [位移(D)] <位移>：             //指定图形右下角点的拉伸基点
指定第二个点或 <使用第一个点作为位移>：500✔  //水平向右移动光标，输入拉伸距离值 500
```

03　单击鼠标左键，完成拉伸，结果如图 6-79 所示。

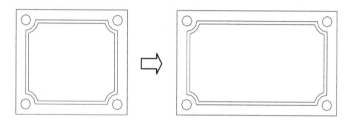

图 6-79　拉伸结果

6.4.5　实例——绘制卧室平面图

本实例将通过绘制卧室平面图，综合练习前面所学的编辑命令。

01　打开素材。按 Ctrl+O 组合键，打开配套资源中的"素材\第 6 章\实例——绘制卧室平面图.dwg"文件，如图 6-80 所示。

02　绘制衣柜。调用 O(偏移)命令，偏移墙线；调用 TR(修剪)命令，修剪墙线，结果如图 6-81 所示。

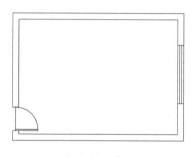
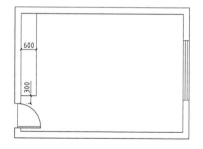

图 6-80　素材　　　　　　　　　　　　图 6-81　偏移并修剪墙线

03　调用 O(偏移)命令，向内偏移衣柜轮廓线，结果如图 6-82 所示。

04　调入图块。按 Ctrl+O 组合键，打开配套资源中的"素材\第 6 章\家具图例.dwg"文件，从中选择衣架图形复制粘贴至当前视图中，结果如图 6-83 所示。

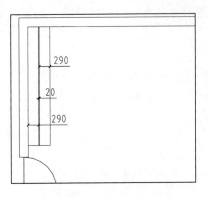

图 6-82 偏移衣柜轮廓线

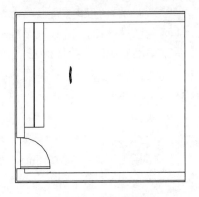

图 6-83 调入图块

05 调用 RO(旋转)命令，设置旋转角度为 90°，调整衣架的角度；调用 M(移动)命令，将衣架图形移动至衣柜轮廓线中，结果如图 6-84 所示。

06 调用 ARRAYPATH(路径阵列)命令，阵列复制衣架图形，命令行操作如下。

```
命令：ARRAYPATH↙
选择对象：找到 1 个
类型=路径 关联=是
选择路径曲线：                           //选择挂衣杆直线作为阵列路径
选择夹点以编辑阵列或 [关联(AS)/方法(M)/基点(B)/切向(T)/项目(I)/行(R)/层(L)/对齐
项目(A)/Z 方向(Z)/退出(X)] <退出>：I↙      //输入 I，选择"项目(I)"选项
指定沿路径的项目之间的距离或 [表达式(E)] <742.2099>：200↙
最大项目数=16
指定项目数或 [填写完整路径(F)/表达式(E)] <16>：15↙
选择夹点以编辑阵列或 [关联(AS)/方法(M)/基点(B)/切向(T)/项目(I)/行(R)/层(L)/对齐
项目(A)/Z 方向(Z)/退出(X)] <退出>：
                        //按下 Esc 键退出命令操作，阵列结果如图 6-85 所示
```

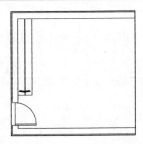

图 6-84 编辑衣架

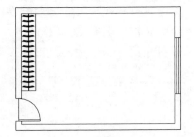

图 6-85 路径阵列

07 调入图块。按 Ctrl+O 组合键，打开配套资源中的"素材\第 6 章\家具图例.dwg"文件；从中选择双人床、书桌图形复制粘贴至当前视图中；调用 RO(旋转)命令，调整双人床、书桌的角度，结果如图 6-86 所示。

08 调用 S(拉伸)命令，设置拉伸距离为300，向左拉伸书桌图形，结果如图 6-87 所示。

09 按 Ctrl+C、Ctrl+V 组合键，从"家具图例.dwg"文件中复制粘贴窗帘平面图形至当前图形中，结果如图 6-88 所示。

10 调用 MI(镜像)命令，以左右两边墙体的中点为镜像线的起点和终点，镜像复制窗帘图形，结果如图 6-89 所示。

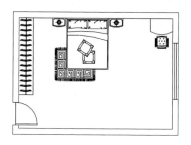

图 6-86 调入图块并调整位置

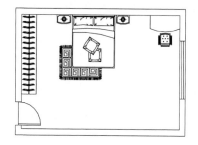

图 6-87 拉伸书桌图形

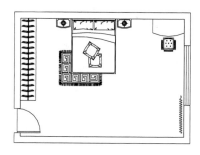

图 6-88 调入窗帘图块

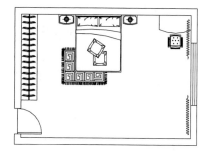

图 6-89 镜像复制

11 按 Ctrl+C、Ctrl+V 组合键，从"家具图例.dwg"文件中复制粘贴贵妃榻平面图形至当前图形中，结果如图 6-90 所示。

12 调用 SC(缩放)命令，设置缩放因子为 0.7，对贵妃榻图形执行缩放操作；调用 M(移动)命令，移动图块至合适位置，结果如图 6-91 所示。

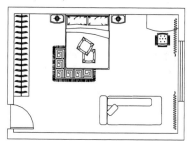

图 6-90 调入贵妃榻图块

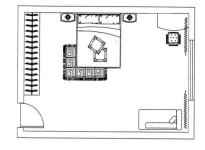

图 6-91 缩放并移动图形

13 从"家具图例.dwg"文件中复制粘贴电视机图块至当前视图中，调用 RO(旋转)、M(移动)命令，调整图块的位置。绘制卧室平面图的结果如图 6-92 所示。

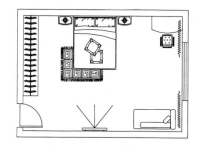

图 6-92 卧室平面图

6.5   思考与练习

选择题

1.   "删除"命令的快捷键是(   )。

    A. C   B. L   C. E   D. A

2.   "修剪"命令的工具按钮是(   )。

    A. ▨   B. ◹   C. ◩   D. ◰

3.   调用"圆角"命令编辑图形对象，需要设置圆角的(   )参数。

    A. 半径   B. 数目   C. 角度   D. 范围

4.   在使用"旋转"命令编辑图形时，输入(   )，选择"复制"选项，可以旋转复制对象。

    A. N   B. W   C. Y   D. C

5.   使用"拉伸"命令拉伸对象，必须(   )拉出选框选择待编辑的部分。

    A. 从右至左   B. 从左至右

    C. 从上到下   D. 从下到上

操作题

1.   调用 TR(修剪)命令，修剪双人床立面图形中的线段，如图 6-93 所示。

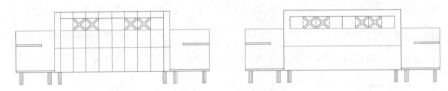

图 6-93   修剪线段

2.   调用 F(圆角)命令，对单人沙发平面图执行圆角操作，如图 6-94 所示。

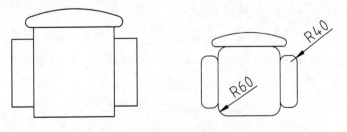

图 6-94   圆角操作

3.   调用 MI(镜像)命令，镜像复制办公椅图形，如图 6-95 所示。

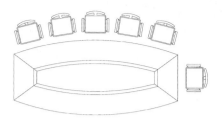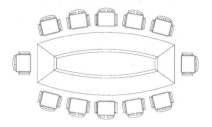

图 6-95　镜像复制

4.　调用"环形阵列"命令，绘制吊灯图形，结果如图 6-96 所示。

图 6-96　环形阵列

5.　调用 S(拉伸)命令，调整钢琴椅的长度，如图 6-97 所示。

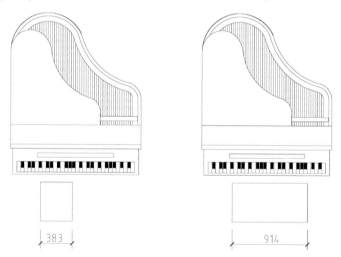

图 6-97　拉伸图形

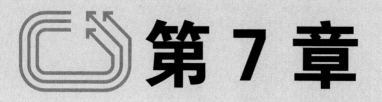 

第 7 章

高效绘制图形

➲ 本章导读

利用本章所学的对象捕捉、正交、对象追踪等功能，可以在不输入坐标的情况下精确绘图。使用图块、设计中心等工具，则可以快速组织图形，提高工作效率。

➲ 学习目标

➢ 熟悉和掌握捕捉与栅格、正交、对象捕捉、极轴追踪等辅助绘图功能。

➢ 掌握内部块、外部块和动态块的创建方法。

➢ 掌握图块属性的创建和使用方法。

➢ 掌握设计中心的使用方法。

7.1 利用辅助功能绘图

AutoCAD 的辅助功能主要指捕捉、栅格以及正交等，根据实际的绘图需要选择合适的辅助功能，可以提高绘图速度以及保证图形的准确度。本节将介绍使用各项辅助功能绘图的操作方法。

7.1.1 捕捉与栅格

1. 栅格

栅格是一些按照相等间距排布的网格，就像传统的坐标纸一样，能直观地显示图形界限的范围。用户可以根据绘图的需要，开启或关闭栅格在绘图区的显示，并在"草图设置"对话框中设置栅格间距的大小，从而达到精确绘图的目的。栅格不属于图形的一部分，打印时不会被输出。

启用栅格功能的方法有以下几种。

- 使用命令行：输入 GRID 或 SE 命令并按 Enter 键。
- 使用快捷键：按 F7 键。
- 使用状态栏：单击状态栏上的"栅格"开关按钮▦。

执行上述任意一项操作后，栅格功能被启用，绘图区显示如图 7-1 所示。

栅格间的距离可以在"草图设置"对话框中进行设置，方法有以下几种。

- 使用菜单栏：选择"工具"|"绘图设置"命令，打开"草图设置"对话框。
- 使用状态栏：在状态栏上的"栅格"开关按钮▦上单击右键，在弹出的快捷菜单中选择"设置"命令。
- 使用命令行：输入 DSETTINGS 命令并按 Enter 键。

执行上述任意一项操作后，系统弹出"草图设置"对话框；切换到"捕捉和栅格"选项卡，选中"启用栅格"复选框；在"栅格间距"选项组里可以设置栅格 X 轴间距和 Y 轴间距，如图 7-2 所示。

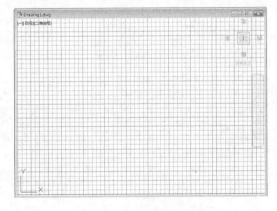

图 7-1 启用栅格功能

图 7-2 "草图设置"对话框

2. 捕捉

开启捕捉功能后，鼠标可以自动捕捉栅格点，此时鼠标移动的距离为栅格间距的整数倍。

启用捕捉功能的方法有以下两种。

- 使用快捷键：按 F9 键。
- 使用状态栏：单击状态栏上的"捕捉"开关按钮　。

执行上述任意一项操作，即可启用捕捉功能。捕捉的各项属性同样可以在图 7-2 所示的"草图设置"对话框中设置。

图 7-3 所示为将栅格间距设置为 100，因此矩形长边起始占据 15 个网格，距离为 1500；短边占据 6 个网格，距离为 600。

启用捕捉功能后，可以准确地拾取栅格顶点，从而保证绘图的准确性与高效率。

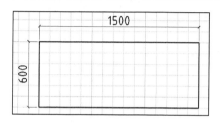

图 7-3　捕捉栅格绘图

7.1.2　正交绘图

启用正交功能，将光标限制在水平或垂直轴以上，可以快速地绘制横平竖直的直线。

启用正交功能的方法有以下两种。

- 使用快捷键：按 F8 键。
- 使用状态栏：单击状态栏上的"正交限制光标"开关按钮　。

执行上述任意一项操作后，即可启用正交功能。

在绘制楼梯踏步时启用正交功能，配合 PL(多段线)命令，可以快速地绘制图形，如图 7-4 所示。

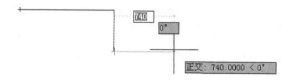

图 7-4　绘制楼梯踏步

7.1.3　对象捕捉绘图

启用对象捕捉功能，在绘图时，可以捕捉图形的特征点，如圆心、中点、端点等。通过准确地捕捉图形的特征点，可以高效地绘制或编辑图形。

启用对象捕捉功能的方法有以下两种。

- 使用快捷键：按 F3 键。

● 使用状态栏：单击状态栏上的"将光标捕捉到二维参照点"开关按钮 🔲 。

执行上述任意一项操作，即可开启对象捕捉功能。

在命令行输入 DSETTINGS 命令并按 Enter 键，调出"草图设置"对话框。切换到"对象捕捉"选项卡，可以在其中勾选需要的对象捕捉模式，如图 7-5 所示。

对圆形执行编辑操作时，捕捉圆心的结果如图 7-6 所示。

图 7-5　"对象捕捉"选项卡

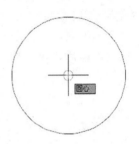

图 7-6　捕捉圆心

对三角形执行编辑操作时，捕捉中点的结果如图 7-7 所示。

对多边形执行编辑操作时，捕捉几何中心(质心)的结果如图 7-8 所示。

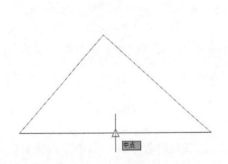

图 7-7　捕捉中点

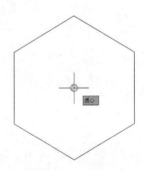

图 7-8　捕捉质心

7.1.4　极轴绘制

极轴追踪功能实际上是极坐标的一个应用。该功能可以使光标沿着指定角度移动，从而找到指定点。

启用极轴追踪功能的方法有以下两种。

● 使用快捷键：按 F10 键。

● 使用状态栏：单击状态栏上的"按指定角度限制光标"开关按钮 🔘 。

在"草图设置"对话框中切换到"极轴追踪"选项卡，在其中可以设置极轴追踪角度，如图 7-9 所示。

此外，在状态栏上的"按指定角度限制光标"开关按钮 🔘 上单击鼠标右键，在弹出的快捷菜单中可以快速选择已设定的追踪角度，如图 7-10 所示。

图 7-9　"极轴追踪"选项卡

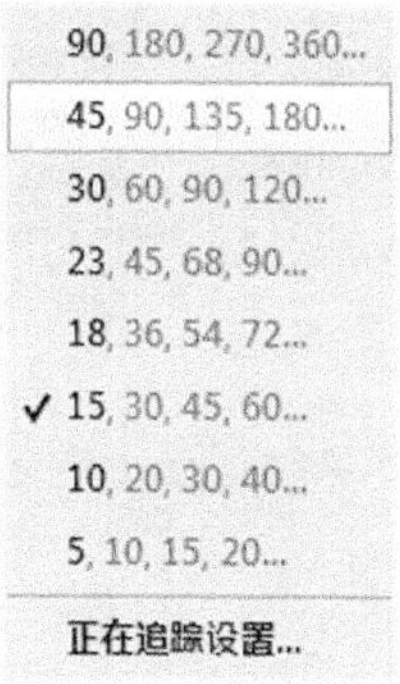

图 7-10　快捷菜单

图 7-11 和图 7-12 所示为启用极轴追踪功能捕捉 45°角和 60°角的结果。

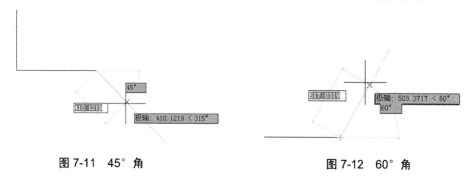

图 7-11　45°角

图 7-12　60°角

7.1.5　对象捕捉追踪绘图

在启用对象捕捉追踪功能时，应同时启用对象捕捉功能，以便相互配合来绘制图形。启用对象捕捉功能后，可以使光标从对象捕捉点开始，沿极轴追踪路径进行追踪，找到需要的精确位置。

启用对象捕捉追踪功能的方法有以下两种。

- ▶　使用快捷键：按 F11 键。
- ▶　使用状态栏：单击状态栏上的"显示捕捉参照线"开关按钮 。

启用对象捕捉功能，分别捕捉五边形边上的中点；再结合对象捕捉追踪功能，捕捉由两个中点延伸出来的线段的交点，最终拾取得到多边形的中心点，如图 7-13 所示。

图 7-13　对象捕捉追踪绘图

7.2 创建及插入图块

在 AutoCAD 中，可以将绘制完成的图形创建成块，以便后面绘图时利用。创建成块的图形不能被编辑修改，假如需要对其编辑修改，则需要先将图块分解。

7.2.1 创建内部块

AutoCAD 的内部块只能在当前的图形中使用，要是在另外的图形中调用该块，则需要利用 Ctrl+C、Ctrl+V 组合键进行复制粘贴。或者打开"设计中心"窗体，从中调用图块。

创建块需要执行"块"命令，方法有以下几种。

- ▶ 使用菜单栏：选择"绘图"|"块"|"创建"命令。
- ▶ 使用工具栏：单击"绘图"工具栏上的"创建块"按钮。
- ▶ 使用命令行：输入 BLOCK 或 B 命令并按 Enter 键。
- ▶ 使用功能区：单击"默认"选项卡中"块"面板中的"创建块"按钮。

要定义一个新的图块，首先要用绘图和修改命令绘制出组成图块的所有图形对象，然后再用"块定义"命令定义块。下面通过具体实例，讲解创建内部块的方法。

【课堂举例 7-1】 创建内部块

01 按 Ctrl+O 组合键，打开"素材\第 7 章\创建内部块.dwg"文件。

02 执行 B(创建块)命令，系统弹出如图 7-14 所示的"块定义"对话框。

03 单击"对象"选项组中的"选择对象"按钮，在绘图区选择需要创建块的图形对象，按 Enter 键返回对话框。单击"基点"选项组下的"拾取点"按钮，返回绘图区拾取图形的左上角，按 Enter 键返回对话框。在"名称"选项框下设置图块的名称，如图 7-15 所示。

图 7-14 "块定义"对话框

图 7-15 设置图块的名称

04 单击"确定"按钮关闭该对话框，即可完成图块的创建。

05 块创建完成后，块的所有图形即成为一个整体，单击任意一个区域，即可选择整个对象，如图 7-16 所示。

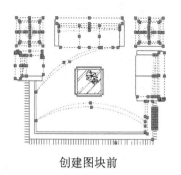
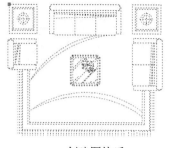

创建图块前　　　　　　　　　　　创建图块后

图 7-16　图块创建前后对比

7.2.2　创建外部块

内部块仅限于在创建块的图形文件中使用，当其他文件中也需要使用时，则需要创建外部块，也就是永久块。外部块以文件的形式单独保存。

在命令行输入 WBLOCKW/W 命令，根据系统提示即可创建外部块。

【课堂举例 7-2】　创建外部块

01　在命令行输入 W(写块)命令，系统弹出如图 7-17 所示的"写块"对话框。

02　分别单击"选择对象"按钮🕂和"拾取点"按钮📑，选择创建块的对象，并指定块基点。

03　单击"目标"选项组下的"文件名和路径"选项按钮……，弹出"浏览图形文件"对话框，在其中设置图块的名称及存储路径，如图 7-18 所示。

图 7-17　"写块"对话框　　　　　　　图 7-18　"浏览图形文件"对话框

04　单击"保存"按钮返回"写块"对话框，单击"确定"按钮，屏幕上方出现写块预览框；待预览框关闭后，即表示写块操作完成。打开文件存储文件夹，即可查看到写块命令的操作结果。

7.2.3　实例——创建门图块

本实例将通过创建门图块，练习块的创建过程和方法。

01 按 Ctrl+O 组合键，打开配套资源中的"素材\第 7 章\门.dwg"图形文件，如图 7-19 所示。

02 调用 B(创建块)命令，打开"块定义"对话框，单击"选择对象"按钮 ➕ 和"拾取点"按钮 🖳，选择图形并拾取图形的右下角，返回对话框并设置图块名称，如图 7-20 所示。

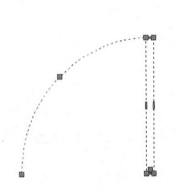

图 7-19 素材

图 7-20 "块定义"对话框

03 单击"确定"按钮关闭该对话框，完成块定义的结果如图 7-21 所示。

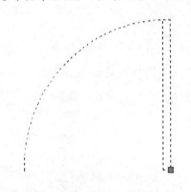

图 7-21 创建的门图块

7.2.4 插入图块

创建完图块之后，即可根据绘图需要插入块。在插入块时可以缩放块的大小，设置块的旋转角度以及插入块的位置。

执行"插入块"命令的方法有以下几种。

- 使用菜单栏：选择"插入"|"块"命令。
- 使用工具栏：单击"绘图"工具栏上的"插入块"按钮 。
- 使用命令行：输入 INSERT 或 I 命令并按 Enter 键。
- 使用功能区：单击"默认"选项卡中"块"面板上的"插入块"按钮 。

执行上述任意一项操作，系统都会弹出如图 7-22 所示的"插入"对话框。

在对话框中单击"名称"下拉列表框右边的向下箭头，在弹出的下拉列表中选择待插入的图块，如图 7-23 所示。

选定待插入的图块后，单击"确定"按钮关闭对话框；在绘图区点取图块的插入位置，即可完成图块的插入操作。

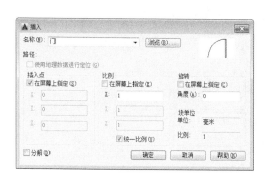

图 7-22　"插入"对话框　　　　　　图 7-23　选择待插入的图块

在"插入"对话框中的"比例"选项组中的 X 文本框中设定比例参数，可以定义图块 X 轴方向上的宽度参数，如图 7-24 所示。

选中"在屏幕上指定"复选框，可以在绘图区自定义图块的比例；单击鼠标左键，即可以用户所定义的比例插入图块。

取消选中"统一比例"复选框，则 X、Y、Z 三个选框同时亮显；用户可以通过设定这三个方向上的参数来定义图块的大小。

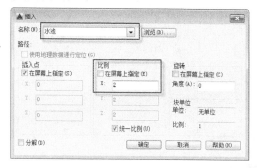

图 7-24　设定比例参数

单击"确定"按钮即可完成图块的插入。图 7-25 所示为以正常的尺寸插入图块的操作结果，图 7-26 所示为定义了图块 X 轴方向上的比例后插入的结果。

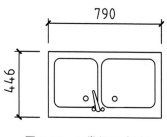

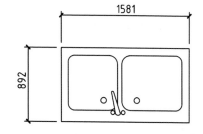

图 7-25　正常的尺寸插入　　　　　　图 7-26　定义比例后插入

在"插入"对话框中的"旋转"选项组下的"角度"文本框中可以定义图块的旋转角度，如图 7-27 所示。

选中"在屏幕上指定"复选框，可以在绘图区自定义图块的旋转角度；单击鼠标左键，即可以用户所定义的角度插入图块。

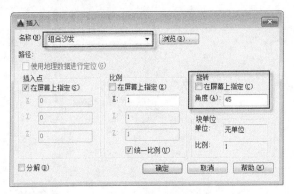

图 7-27　设定旋转参数

单击"确定"按钮完成图块的插入操作。图 7-28 所示为以正常角度插入图块的结果，图 7-29 所示为将旋转角度定义为 45°后插入图块的操作结果。

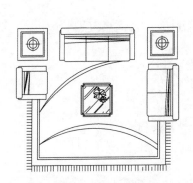

图 7-28　正常的角度插入

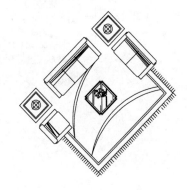

图 7-29　定义 45°后插入

7.2.5　实例——插入门图块

本实例为卧室平面图插入门图块，以练习图块的插入操作。

01　按 Ctrl+O 组合键，打开"素材\第 7 章\插入门图块.dwg"素材文件，如图 7-30 所示。

02　调用 I(插入)命令，系统弹出"插入"对话框。在其中选择待插入的图块，然后分别设定插入的比例、角度，如图 7-31 所示。

03　单击"确定"按钮关闭该对话框，在绘图区点取图块的插入点，完成门图块的插入，结果如图 7-32 所示。

图 7-30 素材

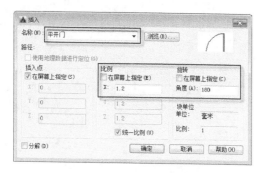

图 7-31 "插入"对话框

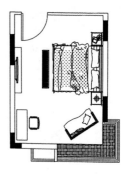

图 7-32 插入门图块

7.2.6 动态块

动态块含有被赋予的一系列动作，通过这些动作可以改变图块的大小或形态，而不需要将图块分解。

创作动态块需要调用"块编辑器"命令，下面通过具体实例讲解动态块的创建和使用方法。

【课堂举例 7-3】 创建动态块

01 按 Ctrl+O 组合键，打开配套资源中的"素材\第 7 章\动态块.dwg"文件。

02 执行"工具"|"块编辑器"命令，系统弹出如图 7-33 所示的"编辑块定义"对话框。

03 在对话框左边的列表中选择待编辑的图块，如图 7-34 所示。

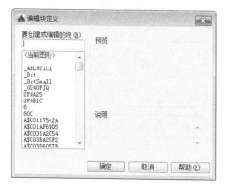

图 7-33 "编辑块定义"对话框

图 7-34 选定待编辑的图块

04 单击"确定"按钮关闭该对话框，进入块编辑器界面，如图 7-35 所示。

05 通过界面左边的"块编写选项板"，为图形添加参数和动作。图 7-36 所示是为窗户图形添加了旋转、拉伸、缩放动作的结果。

06 单击界面上方的"关闭块编辑器"按钮，系统弹出如图 7-37 所示的"块—未保存更改"对话框，选择"将更改保存到窗户"选项。

07 图 7-38 所示为添加了动作后的窗户图块，上面分别显示了旋转、拉伸、缩放动作的夹点；选中这些夹点，可以对窗户执行修改操作。

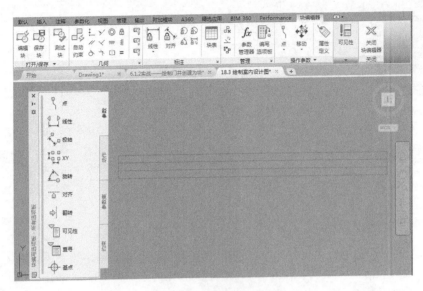

图 7-35　块编辑器界面

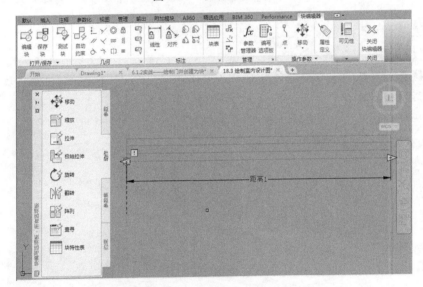

图 7-36　添加动作

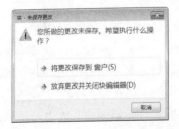

图 7-37　"块—未保存更改"对话框

图 7-38　添加了动作的窗户图块

08 选中拉伸夹点，移动鼠标可以对图块执行拉伸操作，如图 7-39 所示。

09 选中旋转夹点，移动鼠标可以对图块执行旋转操作，如图 7-40 所示。

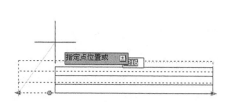

图 7-39　拉伸夹点

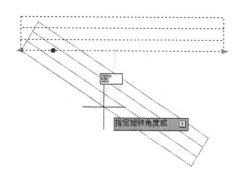

图 7-40　旋转夹点

10 选中缩放夹点，可以对图形执行缩放操作，如图 7-41 所示。

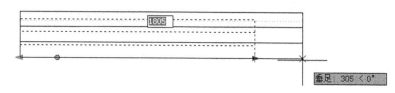

图 7-41　缩放夹点

7.2.7　实例——创建门动态块

以 7.2.3 节创建的门图块为素材，介绍创建门动态块的操作方法。

01 执行"工具"|"块编辑器"命令，打开"编辑块定义"对话框，在其中选择待编辑的图块，如图 7-42 所示。

02 单击"确定"按钮，进入块编辑器界面。单击界面左边的"块编写选项板"上的"线性"按钮，如图 7-43 所示。

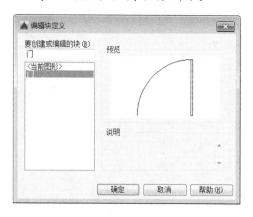

图 7-42　"编辑块定义"对话框

图 7-43　"线性"按钮

03 单击"线性"参数的起点，如图 7-44 所示。

04 单击"线性"参数的端点，如图 7-45 所示。

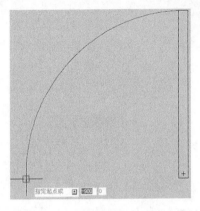

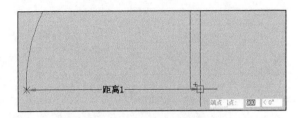

图 7-44　单击"线性"参数的起点　　　　图 7-45　单击"线性"参数的端点

05　向下移动鼠标，选择标签的位置(如图 7-46 所示)，单击左键，创建"线性"参数。

06　单击界面左边的"块编写选项板"上的"旋转"按钮，如图 7-47 所示。

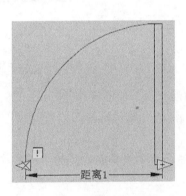

图 7-46　选择标签的位置　　　　　　　图 7-47　"旋转"按钮

07　单击指定"旋转"参数的基点，如图 7-48 所示。

08　指定"旋转"参数的半径，如图 7-49 所示。

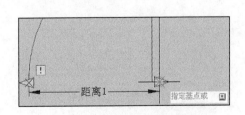

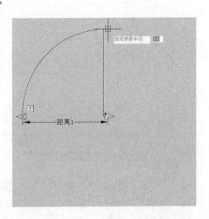

图 7-48　指定"旋转"参数的基点　　　图 7-49　指定"旋转"参数的半径

09 移动鼠标，指定"旋转"角度，如图 7-50 所示。

10 单击鼠标左键，创建"旋转"参数的结果如图 7-51 所示。

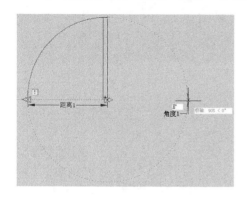

图 7-50　指定"旋转"角度

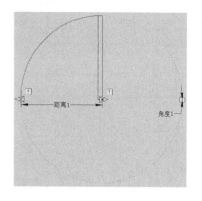

图 7-51　创建"旋转"参数结果

11 选择界面左边的"块编写选项板"上的"动作"选项卡，单击"缩放"按钮，如图 7-52 所示。

12 根据命令行的提示，选择"线性"参数及门图块，结果如图 7-53 所示。

图 7-52　选择"动作"选项卡

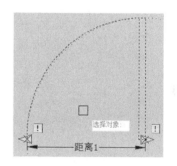

图 7-53　选择图形

13 创建"缩放"动作的结果如图 7-54 所示。

14 单击"旋转"按钮，选择"旋转"参数及门图块；按 Enter 键，创建"旋转"动作的结果如图 7-55 所示。

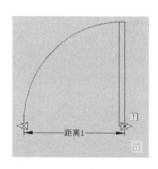

图 7-54　创建"缩放"动作结果

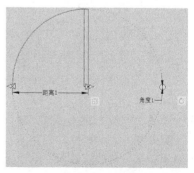

图 7-55　创建"旋转"动作结果

15 存储图块动作并返回绘图区，查看为门图块创建的动作，如图 7-56 所示。

16 单击"缩放"夹点，可以调整门图块的大小，如图 7-57 所示。

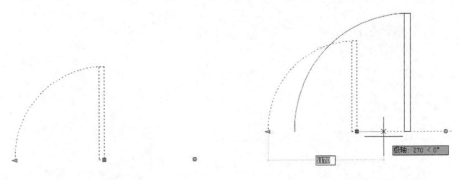

图 7-56　创建动作的结果　　　　　图 7-57　单击"缩放"夹点

17 单击"旋转"夹点，可以调整门图块的角度，如图 7-58 所示。

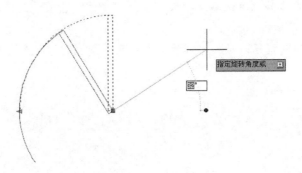

图 7-58　单击"旋转"夹点

7.3　使用图块属性

图块有两种属性，分别为图形属性和非图形属性。非图形属性是指除了图形属性外的一切属性，包括文字、尺寸等。包含非图形属性的图块，可以更清晰地表达图块的信息。本节将介绍创建、编辑图块属性的操作方法。

7.3.1　定义图块属性

调用定义图块属性命令，可以为选定的图形创建相应的属性。

01 执行"绘图"|"块"|"定义属性"命令，系统弹出如图 7-59 所示的"属性定义"对话框。

02 在对话框中输入图块的属性值，结果如图 7-60 所示。

03 单击"确定"按钮关闭该对话框，根据命令行的提示将属性置于指定位置上，结果如图 7-61 所示。

04 调用 B(创建块)命令，将图形和属性一起创建成块，如图 7-62 所示，以便以后调用该图形时一起调用属性。

图 7-59　"属性定义"对话框	图 7-60　输入图块的属性值

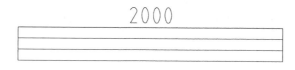

图 7-61　创建属性

05 单击"确定"按钮关闭该对话框，系统弹出如图 7-63 所示的"编辑属性"对话框，用户可以在其中定义图块的属性值。

图 7-62　创建成块	图 7-63　"编辑属性"对话框

7.3.2　图块属性编辑

属性被定义后，并非不可改变，可以在使用的过程中根据需要，对其进行实时的修改。

01 双击创建属性后的图块，系统弹出"增强属性编辑器"对话框，在其中可以更改属性值，如图 7-64 所示。

02 选择"文字选项"选项卡，在其中可以对文字的显示样式进行设置，如图 7-65 所示，包括文字样式、对正方式以及高度等。

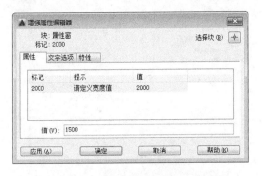

图 7-64　"增强属性编辑器"对话框

图 7-65　"文字选项"选项卡

03 选择"特性"选项卡，可以对属性的图层、线型、颜色及线宽等进行设置，如图 7-66 所示。

04 单击"确定"按钮关闭该对话框，完成属性编辑的结果如图 7-67 所示。

图 7-66　"特性"选项卡

图 7-67　属性编辑的结果

7.3.3　实例——创建标高属性块

本实例将通过创建标高属性块，练习块属性的创建和编辑操作。

01 按 Ctrl+O 组合键，打开配套资源中的"素材\第 7 章\标高属性.dwg"文件，如图 7-68 所示。

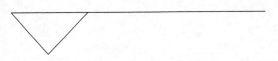

图 7-68　素材

02 执行"绘图"|"块"|"定义属性"命令，在弹出的"属性定义"对话框中设置属性参数，如图 7-69 所示。

03 单击"确定"按钮关闭该对话框，将属性值置于标高图块之上，结果如图 7-70 所示。

04 调用 B(创建块)命令，将图块和属性创建成块。

05 双击图块，系统弹出"增强属性编辑器"对话框，在其中更改标高参数，如图 7-71 所示。

06 单击"确定"按钮关闭该对话框，完成编辑属性的操作结果如图 7-72 所示。

图 7-69　"属性定义"对话框

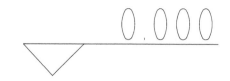

图 7-70　创建属性

图 7-71　"增强属性编辑器"对话框

图 7-72　编辑结果

7.4　使用设计中心管理图形

AutoCAD 中的设计中心以对话框的形式显示计算机中所包含的图块以及 AutoCAD 图形的各种属性，包括文字样式、标注样式以及图层样式等。在设计中心可以实现图块的插入、预览，以及图形间各种样式的复制与粘贴。

本节将介绍使用设计中心管理图形的操作方法。

7.4.1　启动设计中心

使用设计中心管理图形，首先要打开"设计中心"选项板，有以下几种方法。

- 使用组合键：按 Ctrl+2 组合键。
- 使用命令行：输入 ADCENTER/ADC 命令。
- 使用工具栏：单击"标准"工具栏上的"设计中心"按钮 。
- 使用功能区：在"视图"选项卡中，单击"选项板"面板中的"设计中心"工具按钮 。

执行上述任意一项操作，都可以打开如图 7-73 所示的"设计中心"选项板。设计中心的外观与 Windows 资源管理器非常相似，选项板左侧显示的是文件夹目录，右侧显示当前选择图形文件下包含的所有内容，包括各种样式、图块等。

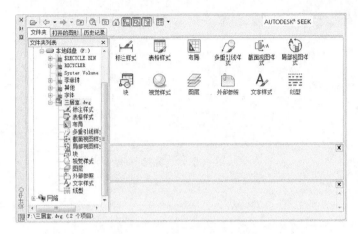

图 7-73　"设计中心"选项板

7.4.2　使用设计中心插入图块

使用设计中心插入图块的好处是可以在调入图块之前预览图块。下面以布置室内厨房餐厅图块为例，介绍通过设计中心插入图块的操作方法。

【课堂举例 7-4】　使用设计中心插入图块

01　按 Ctrl+O 组合键，打开配套资源中的"素材\第 7 章\插入图块.dwg"素材文件，如图 7-74 所示。

02　按 Ctrl+2 组合键，打开设计中心窗体。在待插入的图块上单击右键，在弹出的快捷菜单中选择"插入为块"命令，如图 7-75 所示。

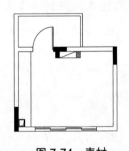

图 7-74　素材

图 7-75　选择"插入为块"命令

03　系统弹出"插入"对话框，如图 7-76 所示，设置图块的插入比例和角度。

04　单击"确定"按钮关闭该对话框，在绘图区点取图块的插入点，插入图块的结果如图 7-77 所示。

技巧

在设计中心窗体中选中待插入的图块，按住鼠标左键不放，将图块拖曳至绘图区，松开左键即可完成图块的插入。

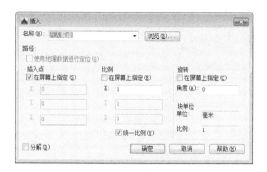

图 7-76 "插入"对话框

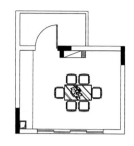

图 7-77 插入图块

7.4.3 使用设计中心复制

通过设计中心窗体，还可实现图块、样式的复制。下面以复制图层为例，介绍通过设计中心执行复制操作的方法。

【课堂举例 7-5】 使用设计中心复制图层

01 按 Ctrl+O 组合键，打开配套资源中的 "素材\第 7 章\目标图形.dwg" 素材文件，其中含有名称分别为 004、005、006 的三个图层。

02 按 Ctrl+2 组合键，打开设计中心选项板。选择名称为 "源图形.dwg" 的素材文件，单击其树状列表下的 "图层" 选项，即可在窗体的右边预览其含有的图层，如图 7-78 所示。

03 选中名称为 001、002、003 的三个图层，单击鼠标右键，在系统弹出的如图 7-79 所示的快捷菜单中选择 "添加图层" 命令。

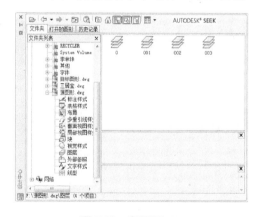

图 7-78 源图形.dwg

图 7-79 快捷菜单

04 此时在窗体的左边选择 "目标图形.dwg" 素材文件，单击其树状列表下的 "图层" 选项，即可在窗体的右边预览添加得到的图层样式，如图 7-80 所示。

05 关闭设计中心，返回绘图区，打开如图 7-81 所示的 "图层特性管理器" 对话框。在其中可以对新添加图层的特性进行编辑修改。

图 7-80　添加结果

图 7-81　"图层特性管理器"对话框

7.5　思考与练习

选择题

1. 捕捉功能通常与(　　)功能一起配合使用。

    A. 极轴　　　　　B. 对象捕捉　　　C. 栅格　　　　　D. 正交

2. 创建内部块的快捷键是(　　)。

    A. EL　　　　　　B. D　　　　　　C. B　　　　　　D. W

3. 创建图块的动态属性，应先添加(　　)属性。

    A. 动作　　　　　B. 参数　　　　　C. 长度　　　　　D. 角度

4. 使用"定义属性"命令为图形对象创建属性后，需要调用(　　)命令将图形与属性创建成块。

    A. 写块　　　　　B. 创建块　　　　C. 动态块　　　　D. 插入块

5. 打开"设计中心"窗体的组合键是(　　)。

    A. Ctrl+D　　　　B. Ctrl+H　　　　C. Ctrl+3　　　　D. Ctrl+2

操作题

1.　调用 B(创建块)命令，设置块名称为"平面双人床"，"拾取基点"为左上角点，执行创建块操作，如图 7-82 所示。

图 7-82　创建块

2.　调用 I(插入块)命令，将上一小题创建的"平面双人床"图块插入卧室平面图中，如图 7-83 所示。

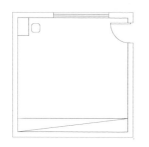 

图 7-83　插入块

3.　执行"定义属性"命令，为平开门创建数字属性；调用 B(创建块)命令，将图块和属性创建成块，块名称为"平开门"，如图 7-84 所示。

 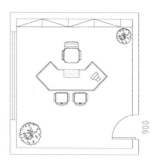

图 7-84　定义属性

第 8 章

使用图层管理图形

➔ 本章导读

图层是 AutoCAD 提供的组织图形的强有力的工具，可以统一控制类似图形的外观和状态。本章将详细讲解图层的创建、管理及图层特性的设置方法。

➔ 学习目标

➤ 熟悉图层特性管理器的界面和操作。

➤ 掌握图层的创建和图层属性的设置方法。

➤ 掌握图层管理的基本操作。

➤ 掌握对象特性的设置方法。

8.1　创　建　图　层

在使用图层工具对图形进行管理操作之前，必须先执行创建图层的操作，才能对指定的图层执行相应的操作。本节将介绍创建图层的操作方法。

8.1.1　创建图层

执行创建图层命令，可以创建一个以"图层 1"命名的图层。新建图层的各项属性均是系统给定的原始值，使用者可以在创建图层后对图层的各项特性进行编辑修改。

创建图层操作可以在"图层特性管理器"对话框中完成。打开该对话框的方法有以下几种。

- 使用菜单栏：选择"格式"|"图层"菜单命令。
- 使用工具栏：单击"图层"工具栏上的"图层特性"工具按钮。
- 使用命令行：输入 LAYRE 或 LA 命令并按 Enter 键。
- 使用功能区：单击"默认"选项卡中"图层"面板上的"图层特性"按钮

执行上述任意一项操作后，系统都会弹出如图 8-1 所示的"图层特性管理器"对话框，其中的 0 图层是系统默认存在的图层，不能将其删除。

图 8-1　"图层特性管理器"对话框

选中已有的图层，比如 0 图层，单击鼠标右键，在弹出的快捷菜单中选择"新建图层"命令，如图 8-2 所示。完成新建图层的操作结果如图 8-3 所示。

在对话框中单击"新建图层"按钮，也可执行新建图层的操作。

在对话框中选中已有的图层，按 Alt+N 组合键，也可执行新建图层的操作。

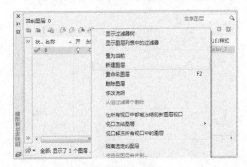

图 8-2　选择"新建图层"命令

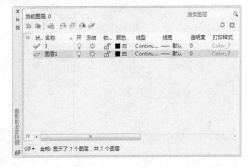

图 8-3　新建图层

8.1.2 设置图层属性

每个新建图层的属性都是一致的，均为系统默认值。需要用户对各个图层的各项属性进行设定，以适应各类图形的需要，否则便失去了利用图层对图形进行管理的目的。

在"图层特性管理器"对话框中，显示了图层的各种属性，如颜色、线型、线宽等。单击各属性列表下的指示按钮，或者可以在弹出的对话框中修改图层的属性，或者通过改变状态按钮的显示来改变图层的属性。

比如，单击"颜色"选项列表下的按钮 ■ 白，系统弹出"选择颜色"对话框，在其中选择需要的颜色，如图 8-4 所示。

单击"确定"按钮关闭该对话框，即可将选定图层的颜色改变为指定的颜色，如图 8-5 所示。

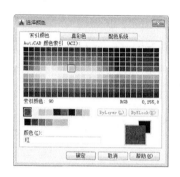

图 8-4 "选择颜色"对话框

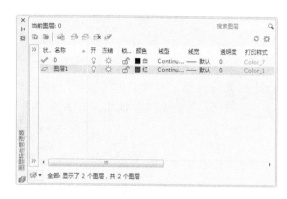

图 8-5 修改结果

8.1.3 实例——创建并设置建筑图层

下面以创建并设置建筑图层为例，介绍创建和设置图层的操作方法。

01 创建图层。执行"格式"|"图层"菜单命令，调出"图层特性管理器"对话框。单击"新建图层"按钮，并为各图层定义名称，结果如图 8-6 所示。

02 设置颜色。用上面介绍的设置图层颜色的操作方法，将"ZX-轴线"图层的颜色更改为红色，结果如图 8-7 所示。

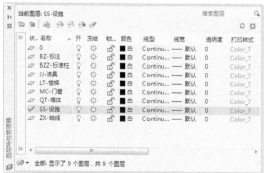

图 8-6 创建图层

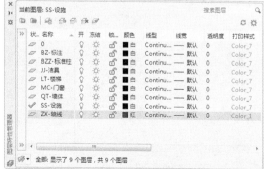

图 8-7 设置颜色

03 更改线型。单击"线型"选项组下的 Continu... 按钮，系统弹出如图 8-8 所示的"选择线型"对话框。

04 在对话框中单击"加载"按钮，系统弹出"加载或重载线型"对话框，在其中选择名称为 CENTER 的线型，如图 8-9 所示。

图 8-8 "选择线型"对话框

图 8-9 "加载或重载线型"对话框

05 单击"确定"按钮，返回"选择线型"对话框。选中刚才加载的线型，单击"确定"按钮关闭"选择线型"对话框。加载线型的结果如图 8-10 所示。

06 更改线宽。选择"QT-墙体"图层，单击"线宽"选项组下的 —— 默认 按钮，系统弹出"线宽"对话框，在其中选择线宽参数，如图 8-11 所示。

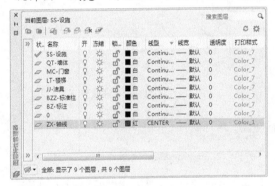

图 8-10 更改线型

图 8-11 "线宽"对话框

07 单击"确定"按钮关闭该对话框，完成线宽的设置结果如图 8-12 所示。

08 使用上面介绍的操作方法，对其他图层进行属性的更改与设置，结果如图 8-13 所示。

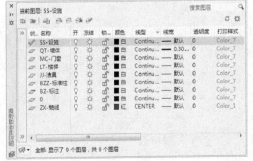

图 8-12 更改线宽

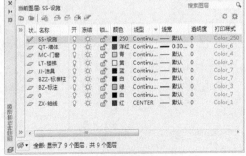

图 8-13 其他图层属性修改结果

8.2 图 层 管 理

图层管理主要是指图层的状态管理，包括状态、开/关、冻结/不冻结、锁定/不锁定、删除、置为当前等。比如，单击"开"选项列表下的灯泡按钮，当灯泡为暗显状态时(如)，即表示该图层被关闭。

本节将介绍对指定图层的状态进行管理操作的方法。

8.2.1 设置当前图层

将指定的图层置为当前图层，则当前所进行的绘图或编辑操作都以该图层为平台进行显示，并继承该图层的属性，比如颜色、线型、线宽等。

将指定图层置为当前图层的操作方法有以下几种。

● 使用工具栏：在"图层特性管理器"对话框中选定待编辑的图层，单击"置为当前"按钮。

● 使用快捷键：在"图层特性管理器"对话框中选定待编辑的图层，按 Alt+C 组合键。

● 使用快捷菜单：在"图层特性管理器"对话框中选定待编辑的图层，单击鼠标右键，在弹出的快捷菜单中选择"置为当前"命令。

执行上述任意一项操作方法后，图层名称前的状态按钮显示为，如图 8-14 所示，表明该图层被置为当前。

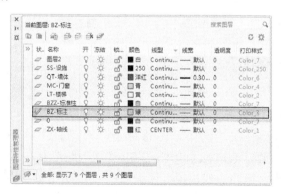

图 8-14 置为当前图层

8.2.2 转换图形所在图层

在指定的图层上绘制完成的图形，可以将其转换至其他的图层，使其继承其他图层的属性。下面通过具体实例进行说明。

【课堂举例 8-1】 创建图层

01 按 Ctrl+O 组合键，找开配套资源中的"素材\第 8 章\转换图层.dwg"文件。

02 图 8-15 所示为在"BZ-标注"图层上绘制的墙体图形。

03 选中墙体图形，单击"图层"下拉列表框右边的向下箭头，在弹出的下拉列表中
选择"QT-墙体"图层，结果如图 8-16 所示。

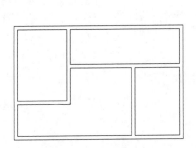

图 8-15 墙体图形

图 8-16 选择"QT-墙体"图层

04 此时可以观察到原本以"BZ-标注"图层属性显示的墙体图形已经以"QT-墙
体"图层的属性来显示，包括颜色和线宽，结果如图 8-17 所示。

05 同理，将图形转换至"ZX-轴线"图层，也可继承该图层的属性，结果如图 8-18
所示。

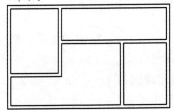

图 8-17 转换至"QT-墙体"图层

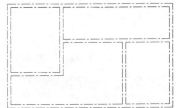

图 8-18 转换至"ZX-轴线"图层

8.2.3 控制图层状态

图层状态包括图层的开/关、冻结/不冻结、锁定/不锁定，对图层的状态进行控制，可
以相应地控制位于图层上的图形。

● "开/关"图层：在"图层特性管理器"对话框中选中待编辑的图层，单击
"开"状态下的灯泡按钮，即可将其切换为暗显状态，如图 8-19 所示。灯
泡按钮暗显表示该图层被关闭，位于该图层上的图形也相应地被隐藏。当再次开
启该图层时，位于该图层上的图形又会显示在绘图区中。

● "冻结/不冻结"图层：在"图层特性管理器"对话框中选中待编辑的图层，单
击"冻结"状态下的太阳按钮，将其切换为雪花状态时，则表示该图层被
冻结，如图 8-20 所示。图层被冻结后，位于该图层上的图形也会被隐藏，直至
解冻图层后方可显示。

● "锁定/不锁定"图层：在"图层特性管理器"对话框中选中待编辑的图层，单
击"锁定"状态下的锁按钮，将其切换为关闭锁的按钮，即表示该图层
被锁定，如图 8-21 所示。图层被锁定后，位于该图层上的图形不会被隐藏，
只是显示为灰色，且不可对其执行编辑操作，如图 8-22 所示。

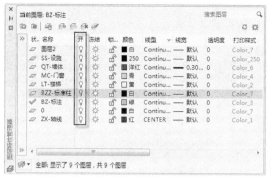

图 8-19 "开/关"图层

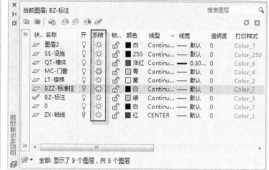

图 8-20 "冻结/不冻结"图层

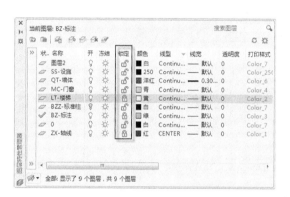

图 8-21 "锁定/不锁定"图层

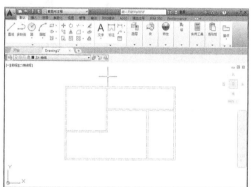

图 8-22 图形被锁定

8.2.4 删除多余图层

多余的图层会给图层的管理带来麻烦,因此,可以对不必要的图层进行删除。

删除图层的操作方法有以下几种。

- 单击按钮:在"图层特性管理器"对话框中选定待删除的图层,单击"删除图层"按钮 ![]。

- 使用快捷键:在"图层特性管理器"对话框中选定待删除的图层,按 Alt+D 组合键。

- 使用快捷菜单:在"图层特性管理器"对话框中选定待删除的图层,单击鼠标右键,在弹出的快捷菜单中选择"删除图层"命令。

选择待删除的图层,如图 8-23 所示,单击鼠标右键,在快捷菜单中选择"删除图层"命令,如图 8-24 所示。删除图层的结果如图 8-25 所示。

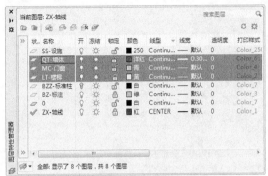

图 8-23 选择待删除的图层

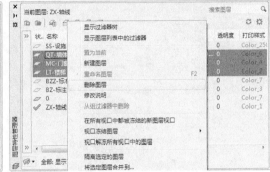

图 8-24 选择"删除图层"命令

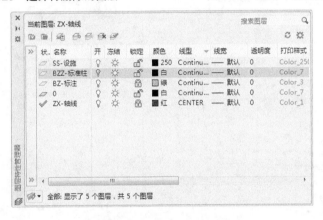

图 8-25 删除图层的效果

8.2.5 图层匹配

各图层之间不同的属性，可以通过特性匹配操作来实现转换。执行特性匹配命令，可以将指定图层上的选定图形的属性匹配至另一图层上选中的图形上。执行匹配操作后，被选中的目标图形除了会继承源图形的属性外，也会被移动到源图形所在的图层上。

【课堂举例 8-2】 图层匹配

01 按 Ctrl+O 组合键，打开配套资源中的"素材\第 8 章\图层匹配.dwg"文件。如图 8-26 所示，办公桌图形位于"ZX-轴线"图层上，继承了该图层的颜色及线型。

02 在命令行中输入 MA(特性匹配)命令并按 Enter 键，根据命令行的提示，选择办公桌外轮廓；此时在命令行中输入 S，系统将弹出"特性设置"对话框，选中待匹配图形的基本特性参数，如图 8-27 所示。

03 单击"确定"按钮关闭该对话框，在绘图区中选择目标对象，即餐桌图形。完成匹配操作的结果如图 8-28 所示。

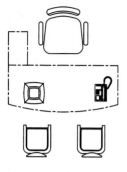

图 8-26 办公桌图形

图 8-27 "特性设置"对话框

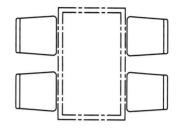

图 8-28 匹配结果

8.3 对 象 特 性

图形对象在继承了所在图层的特性后，还可以在不改变图形位置及图层属性的情况下更改指定图形的属性。本节将介绍设置及编辑图形对象特性的方法，包括图形的线型、线宽、线的颜色等。

8.3.1 设置对象特性

设置对象的特性主要是指对指定图形的属性进行设定，包括图形的线型、线宽等，下面介绍设置图形对象特性的操作方法。

【课堂举例 8-3】 设置对象特性

01 按 Ctrl+O 组合键，打开"素材\第 8 章\设置对象特性.dwg"文件。

02 选择待设置特性的图形，单击"特性"工具栏上的颜色控制栏右边的向下箭头，在弹出的下拉列表中可以为选定的图形赋予指定的颜色，如图 8-29 所示。

03 如果下拉列表中没有需要的颜色，可以选择"选择颜色"选项，打开"选择颜色"对话框，选择其他的颜色。

04 选择待设置特性的图形，单击"特性"工具栏上的线型控制栏右边的向下箭头，可以在弹出的下拉列表中设置线型，如图 8-30 所示。

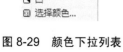

图 8-29 颜色下拉列表

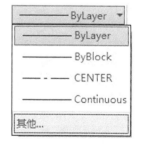

图 8-30 线型下拉列表

05 在下拉列表中选择"其他"选项，系统将弹出如图 8-31 所示的"线型管理器"对话框，在其中可以看到当前已加载的线型。

06 单击"加载"按钮，系统将弹出如图 8-32 所示的"加载或重载线型"对话框，在其中可以选择待加载的线型。单击"确定"按钮返回"线型管理器"对话框，选择已加载的线型，单击"确定"按钮关闭该对话框，即可将该线型添加到线型控制栏的下拉列表中。

图 8-31 "线型管理器"对话框　　　　图 8-32 "加载或重载线型"对话框

07 图 8-33 所示为选择待设置特性的线段，单击"特性"工具栏上的线型控制栏的向下箭头，在打开的下拉列表中选择刚添加的线型 ACAD_IS003W100。图 8-34 所示为更改该线段的线型的结果。

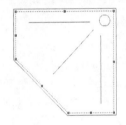

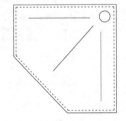

图 8-33 选择线型　　　　　　　　图 8-34 更改线型

08 选择待设置特性的图形，单击"特性"工具栏上的线宽控制栏右边的向下箭头，在弹出的下拉列表中，可以为选定的图形赋予指定的线宽，如图 8-35 所示。

09 如图 8-36 所示为将整体浴室的外轮廓线的线宽更改为 0.3mm。单击状态栏上的"显示/隐藏线宽"按钮 ，可以显示线宽的更改效果。

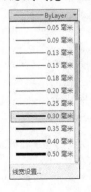

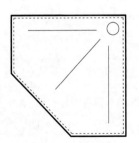

图 8-35 线宽下拉列表　　　　　　图 8-36 更改线宽

8.3.2 编辑对象特性

为图形对象赋予一定的特性后，还可以对其指定的特性进行更改，而不会影响图形其他特性的显示。

【课堂举例 8-4】 编辑对象特性

01 选择待修改特性的图形，按 Ctrl+1 组合键，打开如图 8-37 所示的"特性"对话框。

02 在对话框中选择"常规"选项组，单击"线型"特性右边的向下箭头，在弹出的下拉列表中选择待修改的线型，如图 8-38 所示。

图 8-37 "特性"对话框 | 图 8-38 选择待修改的线型

03 在"线型比例"选项中更改比例参数，如图 8-39 所示。

04 更改比例参数，可以使所选的线型完整地显示，结果如图 8-40 所示。

此外，在"特性"对话框中还可以对图形对象的"常规"特性、"三维效果"特性、"打印样式"特性以及"视图"等特性进行修改。

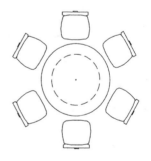

图 8-39 更改比例参数 | 图 8-40 编辑结果

8.4 思考与练习

选择题

1. 打开"图层特性管理器"对话框的快捷键是( )。

   A. ME   B. LA   C. TR   D. O

2. 名称为( )的图层不能被删除。

    A. 0   B. 1   C. 3   D. 4

3. 对图层执行( )操作后，图形上的图形没被隐藏，图层本身也不能被编辑修改。

    A. 锁定   B. 冻结   C. 禁止打印   D. 关闭

操作题

1. 在"图层特性管理器"对话框中创建室内图层，如图 8-41 所示。

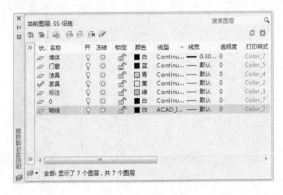

图 8-41 创建图层

2. 在"特性"工具栏中修改洗衣机图形的线宽、线型特性，如图 8-42 所示。

图 8-42 设置图形的特性

3. 在"特性"对话框中更改左边填充图案的比例和角度，使其与右边的填充图案相同，如图 8-43 所示。

图 8-43 编辑图形特性

第 9 章

文字和表格的使用

➡ 本章导读

　　室内装潢图纸中的文字和表格承担了辅助说明的作用。在图形表达不清楚时，辅以文字或表格说明，可以起到事半功倍的效果。在绘制文字说明和表格说明之前，首先应设置文字或表格样式，然后根据所定义的样式来绘制文字或表格说明。

➡ 学习目标

➢ 掌握文字样式的创建和设置方法。

➢ 掌握单行和多行文字的创建和编辑方法。

➢ 掌握表格样式的创建和设置方法。

➢ 掌握表格的绘制和编辑方法。

9.1　输入及编辑文字

在绘制文字标注之前，应根据所要绘制的文字标注来定义文字样式。本节将介绍设置文字样式、绘制文字标注及编辑文字标注的操作方法。

9.1.1　文字样式

文字样式定义了文字的外观，是对文字特性的一种描述，包括字体、高度、宽度比例、倾斜角度以及排列方式等。

执行"文字样式"命令的方法有以下几种。

- ▶ 使用菜单栏：选择"格式"|"文字样式"命令。
- ▶ 使用工具栏：单击"样式"工具栏上的"文字样式"按钮 。
- ▶ 使用命令行：输入 STYLE 或 ST 命令并按 Enter 键。
- ▶ 使用功能区：在"默认"选项卡中，单击"注释"面板上的"文字样式"按钮 。

下面通过具体实例来讲解文字样式的创建方法。

【课堂举例 9-1】　创建文字样式

01 选择"格式"|"文字样式"命令，系统弹出如图 9-1 所示的"文字样式"对话框，其中 Standard 文字样式为系统默认样式，不能将其删除。

02 单击"新建"按钮，系统弹出"新建文字样式"对话框，定义新样式的名称，如图 9-2 所示。

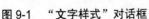

图 9-1　"文字样式"对话框　　　　图 9-2　"新建文字样式"对话框

03 单击"确定"按钮关闭该对话框，即可完成新文字样式的创建。

04 单击"字体"选项组下的"字体名"下拉列表框，在弹出的下拉列表中选择文字样式的字体，如图 9-3 所示。

05 在"大小"选项组中选中"注释性""使文字方向与布局匹配"复选框，定义图纸文字高度，如图 9-4 所示。

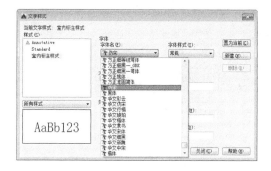

图 9-3 选择文字样式

图 9-4 设置参数

06 选中设置完成的"室内标注样式",单击"置为当前"按钮,系统将弹出如图 9-5 所示的 AutoCAD 信息提示对话框,提醒用户是否保存旧的文字样式。单击"关闭"按钮关闭该对话框,即可完成文字样式的设置。

图 9-5 AutoCAD 信息提示对话框

9.1.2 创建单行文字

可以使用单行文字创建一行或多行文字,其中每行文字都是独立的对象,可对其进行重定位、调整格式或进行其他修改操作。

执行"单行文字"命令的方法有以下几种。

- 使用菜单栏:选择"绘图"|"文字"|"单行文字"命令。
- 使用工具栏:单击"文字"工具栏上的"单行文字"按钮 A。
- 使用命令行:输入 DTEXT、TEXT 或 DT 命令并按 Enter 键。
- 使用功能区:在"默认"选项卡中,单击"注释"面板中的"单行文字"按钮 A。

下面通过具体实例来讲解单行文字的创建方法。

【课堂举例 9-2】 创建单行文字

01 单击"注释"面板中的"单行文字"按钮 A,根据命令行提示进行操作。

```
命令:TEXT↙
当前文字样式:"室内标注样式"   文字高度:10.0000   注释性:是   对正:左
指定文字的起点 或 [对正(J)/样式(S)]:      //在绘图区中单击文字的起点,如图 9-6 所示
指定文字的旋转角度 <0>:         //输入单行文字内容,按 Ctrl + Enter 键结束文字的输入
```

02 创建单行文字的结果如图 9-7 所示。

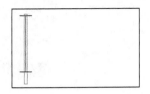

图 9-6　单击文字的起点

文字和表格的使用

图 9-7　单行文字

9.1.3　创建多行文字

"多行文字"命令用于输入含有多种格式的大段文字。与单行文字不同的是，多行文字整体是一个文字对象，每一单行不再是单独的文字对象，也不能单独编辑。

执行"多行文字"命令的方法有以下几种。

- 使用菜单栏：选择"绘图"|"文字"|"多行文字"命令。
- 使用工具栏：单击"文字"工具栏上的"多行文字"按钮 A。
- 使用命令行：输入 MTEXT 或 MT 命令并按 Enter 键。
- 使用功能区：在"默认"选项卡中，单击"注释"面板中的"多行文字"按钮 A。

【课堂举例 9-3】　创建多行文字

01 执行 MT(多行文字)命令，根据命令行提示进行操作。

```
命令：MTEXT↵
当前文字样式："室内标注样式"　文字高度:10　注释性:是
指定第一角点：　　　　　　　　　//指定多行文字左上角位置点，如图 9-8 所示
指定对角点或 [高度(H)/对正(J)/行距(L)/旋转(R)/样式(S)/宽度(W)/栏(C)]：
　　　　　　　　　　　　　　　//指定多行文字右下角点，如图 9-9 所示
```

图 9-8　指定第一角点

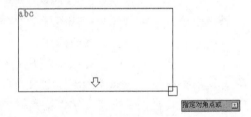

图 9-9　指定对角点

02 系统弹出如图 9-10 所示的多行文字编辑器。

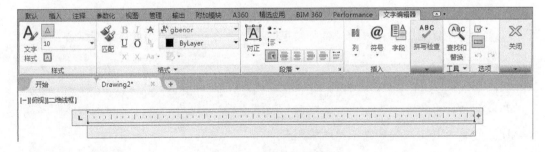

图 9-10　多行文字编辑器

03 在编辑器中输入多行文字的内容，如图 9-11 所示，并根据需要设置文字的字体和格式。单击"确定"按钮，关闭该对话框即可完成多行文字的创建，结果如图 9-12 所示。

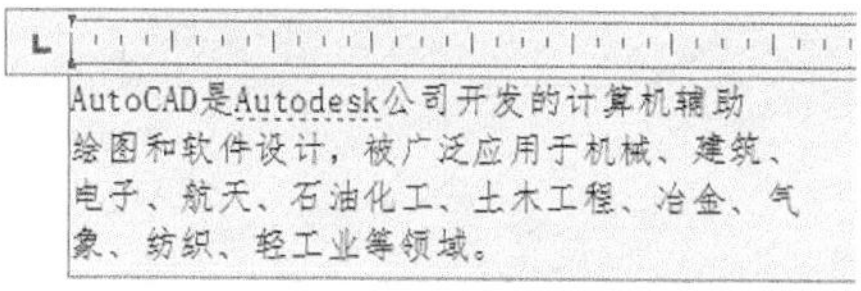

AutoCAD是Autodesk公司开发的计算机辅助绘图和软件设计，被广泛应用于机械、建筑、电子、航天、石油化工、土木工程、冶金、气象、纺织、轻工业等领域。

图 9-11 输入文字内容

AutoCAD是Autodesk公司开发的计算机辅助绘图和设计软件，被广泛应用于机械、建筑、电子、航天、石油化工、土木工程、冶金、气象、纺织、轻工业等领域。

图 9-12 创建的多行文字

9.1.4 输入特殊符号

在绘制文字标注时，有时需要输入一些特殊的符号，如直径、半径、百分比等。这些特殊字符不能从键盘上直接输入，因此 AutoCAD 提供了相应的控制符，以实现标注需要。

特殊符号的代码及含义见表 9-1。

表 9-1 特殊符号的代码及含义

控制符代码	含　义
%%C	Ø直径符号
%%P	±正负公差符号
%%D	(°)度
%%O	上划线
%%U	下划线

 提示

在 AutoCAD 的控制符中，"%%O"和"%%U"分别是上划线与下划线的开关。第一次出现此符号时，可打开上划线或下划线；第二次出现此符号时，则会关掉上划线或下划线。

下面以输入多行文字中的特殊符号为例，介绍输入特殊符号的方法。

【课堂举例 9-4】 输入特殊符号

01 执行"绘图"|"文字"|"多行文字"命令，在绘图区定义输入文字的矩形区域；单击"文字格式"工具栏上的"符号"按钮@，在弹出的下拉列表中选择待输入的特殊符号，如图 9-13 所示。

02 输入直径符号的结果如图 9-14 所示。

03 输入其他文字标注，即可完成带特殊符号的多行文字标注，结果如图 9-15 所示。

另外，在文字的在位编辑框中单击鼠标右键，在弹出的快捷菜单中选择"符号"命令，在弹出的列表菜单中同样可以选择特殊符号进行输入，如图 9-16 所示。

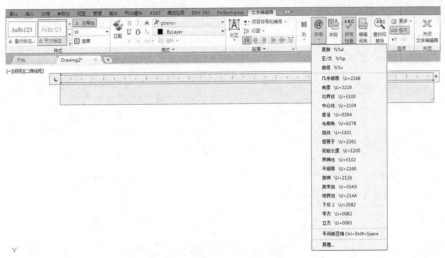

图 9-13　选择待输入的特殊符号

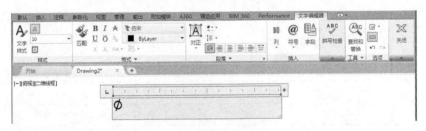

图 9-14　输入符号

φ20mm钢管支架

图 9-15　标注结果

图 9-16　快捷菜单

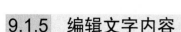

9.1.5　编辑文字内容

绘制单行文字或多行文字标注后，还可以对文字标注的内容、格式进行编辑修改，以使文字的内容或样式更符合使用要求。

执行"编辑文字"命令有以下几种方法。

- 使用命令行：输入 DDEDIT/ED 命令并按 Enter 键。
- 使用工具栏：单击"文字"工具栏上的"编辑文字"按钮 。
- 使用菜单栏：执行"修改"|"对象"|"文字"|"编辑"命令。

下面以编辑多行文字内容为例介绍编辑文字标注的操作方法。

【课堂举例9-5】　编辑文字内容

01 按 Ctrl+O 组合键，打开配套资源中的"素材\第 9 章\编辑文字内容.dwg"素材文件，如图 9-17 所示。

备注：

　　插座以施工单位与业主（甲方）以及设计单位在现场核对确定为准，原有可利用的插座可保留。

　　在不与承重结构冲突的前提下，布线原则应以最短距离相接为原则，且遵循横平竖直的布线原则，线管内严禁接驳线头，以利于检修。

　　本平面插座位置仅为示意图，具体插座高度及立面位置参照各立面图所标尺寸位置。

图 9-17　素材

02 双击文字内容，系统弹出"文字编辑器"选项板。选中正文内容，单击"标号"按钮，如图 9-18 所示。

图 9-18　"文字编辑器"选项板

03 选中"以数字标记"命令，即可完成标记操作，结果如图 9-19 所示。

备注：
1. 插座以施工单位与业主（甲方）以及设计单位在现场核对确定为准，原有可利用的插座可保留。
2. 在不与承重结构冲突的前提下，布线原则应以最短距离相接为原则，且遵循横平竖直的布线原则，线管内严禁接驳线头，以利于检修。
3. 本平面插座位置仅为示意图，具体插座高度及立面位置参照各立面图所标尺寸位置。

图 9-19　标记操作

04 此外，文字段落的行距过大，可以适当地进行调整。选中文字内容，单击"行距"按钮，在弹出的下拉列表中选择行距系数，如图 9-20 所示。

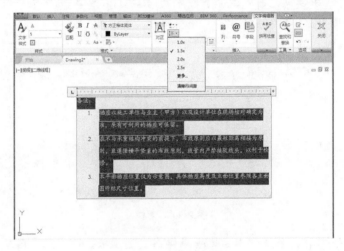

图 9-20　选择行距系数

05 选择"1.0x"选项，完成文字内容和行距调整的结果如图 9-21 所示。

备注：
1. 插座以施工单位与业主（甲方）以及设计单位在现场核对确定为准，原有可利用的插座可保留。
2. 在不与承重结构冲突的前提下，布线原则应以最短距离相接为原则，且遵循横平竖直的布线原则，线管内严禁接驳线头，以利于检修。
3. 本平面插座位置仅为示意图，具体插座高度及立面位置参照各立面图所标尺寸位置。

图 9-21　文字内容和行距调整结果

此外，在"文字格式"对话框中还提供了多行文字对正方式。单击"多行文字对正"按钮，在弹出的下拉列表中可以选择文字的对正方式，如图 9-22 所示。

单击"段落"旁的按钮，系统弹出"段落"对话框，在其中可以对文字段落的具体样式进行设定，如图 9-23 所示。

单击对话框上的"左对齐"按钮、"居中"按钮、"右对齐"按钮、"对正"

按钮及"分布"按钮，可以对选中的文字内容进行编辑修改。

图 9-22　对正列表

图 9-23　"段落"对话框

9.1.6　实例——创建室内装修说明文字

下面介绍调用"多行文字"命令创建室内装修说明文字的操作方法。

01　调用 MT(多行文字)命令，绘制室内装潢设计说明的标题，结果如图 9-24 所示。

星河盛世14栋01户型样板房装饰工程施工图说明

图 9-24　绘制标题

02　重复执行"多行文字"命令，绘制设计说明内容标题，结果如图 9-25 所示。

星河盛世14栋01户型样板房装饰工程施工图说明
适用范围
设计内容
基本说明

图 9-25　绘制内容标题

03　内容标题的字号过大，将其字号调小，比设计说明的标题小一号，如图 9-26 所示。

星河盛世14栋01户型样板房装饰工程施工图说明
适用范围
设计内容
基本说明

图 9-26　调整字体大小

04　在"文字编辑器"面板的"段落"选项卡中单击"项目符号和编号"按钮，为内容标题添加数字编号，如图 9-27 所示。

星河盛世14栋01户型样板房装饰工程施工图说明
1.　　适用范围
2.　　设计内容
3.　　基本说明

图 9-27　添加数字编号

05 在各内容标题下输入设计说明的内容，结果如图 9-28 所示。

06 调整设计说明的标题文字的大小，并将其置为居中对齐，结果如图 9-29 所示。

星河盛世14栋01户型样板房装饰工程施工图说明
1. 适用范围
本施工图适用于一般民用建筑装饰装修及工业建筑装饰装修工程.
2. 设计内容
本施工图包括装饰装修地面、踢脚，内外墙面、墙裙，顶棚，室外绿化、室内绿化、饰品、家私，等部分的饰面效果，结构工艺做法，结构节点大样.
3. 基本说明
本套图为金众·葛兰溪谷14栋01户型户型样板房装饰工程施工图.
本套图纸除特别注明外，标高单位为米，其余尺寸单位为毫米.
施工方在施工前应在现场核对所有图纸内容，发现非常规误差，及旧土建不规范施工所造成的尺寸不符，应及时向设计方反馈，以便设计师制订出合理处理方案，经甲方书面确认后方可施工.
现场施工过程中，由于气候、工期、材料运输加工工艺等原因及设计的合理性、尺寸标注等问题所引起的设计变更，请与设计方沟通、商讨、最后由设计方决定修改设计方案.
本套图纸所涉及的角钢及其它金属构件，非不锈钢部分应作防锈处理，防火处理符合消防防火规范要求.
施工现场必须严格按照国家防火规范及当地政府颁布的防火规范细则进行操作.施工中使用的所有易燃、有毒材料必须符合达到消防、环保要求，经过相应工艺处理方可使用.
相关专业图纸（强电、弱电、给排水、空调、消防等）应与本图纸相配合，施工中各专业工程师应与室内设计师协调，配合.
施工现场必须制定相应的消防、保安、卫生防疫等制度及有效措施，以保证施工顺利进行.
本套图纸的设计或说明如有与中华人民共和国相关法规相抵触的部分，应按国家法规执行.
凡本套图纸未说明的部分，按国家颁布的相应施工规范执行施工.

图 9-28　输入内容

星河盛世14栋01户型样板房装饰工程
施工图说明

1. 适用范围
本施工图适用于一般民用建筑装饰装修及工业建筑装饰装修工程.
2. 设计内容
本施工图包括装饰装修地面、踢脚，内外墙面、墙裙，顶棚，室外绿化、室内绿化、饰品、家私，等部分的饰面效果，结构工艺做法，结构节点大样.
3. 基本说明
本套图为金众·葛兰溪谷14栋01户型户型样板房装饰工程施工图.
本套图纸除特别注明外，标高单位为米，其余尺寸单位为毫米.
施工方在施工前应在现场核对所有图纸内容，发现非常规误差，及旧土建不规范施工所造成的尺寸不符，应及时向设计方反馈，以便设计师制订出合理处理方案，经甲方书面确认后方可施工.
现场施工过程中，由于气候、工期、材料运输加工工艺等原因及设计的合理性、尺寸标注等问题所引起的设计变更，请与设计方沟通、商讨、最后由设计方决定修改设计方案.
本套图纸所涉及的角钢及其它金属构件，非不锈钢部分应作防锈处理，防火处理符合消防防火规范要求.
施工现场必须严格按照国家防火规范及当地政府颁布的防火规范细则进行操作.施工中使用的所有易燃、有毒材料必须符合达到消防、环保要求，经过相应工艺处理方可使用.
相关专业图纸（强电、弱电、给排水、空调、消防等）应与本图纸相配合，施工中各专业工程师应与室内设计师协调，配合.
施工现场必须制定相应的消防、保安、卫生防疫等制度及有效措施，以保证施工顺利进行.
本套图纸的设计或说明如有与中华人民共和国相关法规相抵触的部分，应按国家法规执行.
凡本套图纸未说明的部分，按国家颁布的相应施工规范执行施工.

图 9-29　调整结果

07 在"文字编辑器"面板的"段落"选项卡中单击"项目符号和编号"按钮，为标题"3. 基本说明"的说明内容添加小写字母编号，完成装饰工程施工图说明的创建，如图 9-30 所示。

星河盛世14栋01户型样板房装饰工程
施工图说明

1. 适用范围
本施工图适用于一般民用建筑装饰装修及工业建筑装饰装修工程.
2. 设计内容
本施工图包括装饰装修地面、踢脚，内外墙面、墙裙，顶棚，室外绿化、室内绿化、饰品、家私，等部分的饰面效果，结构工艺做法，结构节点大样.
3. 基本说明
a. 本套图为金众·葛兰溪谷14栋01户型户型样板房装饰工程施工图.
b. 本套图纸除特别注明外，标高单位为米，其余尺寸单位为毫米.
c. 施工方在施工前应在现场对所有图纸内容，发现非常规误差，及旧土建不规范施工所造成的尺寸不符，应及时向设计方反馈，以便设计师制订出合理处理方案，经甲方书面确认后方可施工.
d. 现场施工过程中，由于气候、工期、材料运输加工工艺等原因及设计的合理性、尺寸标注等问题所引起的设计变更，请与设计方沟通、商讨、最后由设计方决定修改设计方案.
e. 本套图纸所涉及的角钢及其它金属构件，非不锈钢部分应作防锈处理，防火处理符合消防防火规范要求.
f. 施工现场必须严格按照国家防火规范及当地政府颁布的防火规范细则进行操作.施工中使用的所有易燃、有毒材料必须符合达到消防、环保要求，经过相应工艺处理方可使用.
g. 相关专业图纸（强电、弱电、给排水、空调、消防等）应与本图纸相配合，施工中各专业工程师应与室内设计师协调，配合.
h. 施工现场必须制定相应的消防、保安、卫生防疫等制度及有效措施，以保证施工顺利进行.
i. 本套图纸的设计或说明如有与中华人民共和国相关法规相抵触的部分，应按国家法规执行.
j. 凡本套图纸未说明的部分，按国家颁布的相应施工规范执行施工.

图 9-30　添加小写字母编号

9.2　使用表格绘制图形

表格可以清晰明了且图文并茂地表达设计内容。在室内装潢制图中，经常以表格的形式来绘制图纸目录表，以列表的方式书写各类图纸名称以及与其相对应的备注说明。本节将介绍绘制和编辑表格的操作方法。

9.2.1　创建表格样式

在绘制表格之前，首先应定义表格的样式，以便按照所定义的样式来创建表格。表格的样式内容包括表格的文字样式、对齐方式、边框样式等。

执行"表格样式"命令的方法有以下几种。

- 使用菜单栏：选择"格式"|"表格样式"命令。
- 使用工具栏：单击"样式"工具栏上的"表格样式"按钮。
- 使用命令行：输入 TABLESTYLE 或 TS 命令并按 Enter 键。
- 使用功能区：在"默认"选项卡中，单击"注释"面板中的"表格样式"按钮。

下面以具体实例来讲解表格样式的创建方法。

【课堂举例 9-6】　创建表格样式

01　执行 TS(表格样式)命令，系统弹出如图 9-31 所示的"表格样式"对话框。其中，Standard 表格样式为系统默认样式，可以修改其参数，但是不可对其执行删除操作。

02　单击"新建"按钮，系统弹出"创建新的表格样式"对话框，在其中可以设置新样式的名称，如图 9-32 所示。

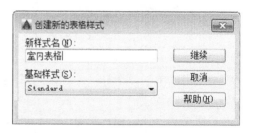

图 9-31　"表格样式"对话框　　　　图 9-32　"创建新的表格样式"对话框

03　单击"继续"按钮，弹出"新建表格样式：室内表格"对话框，切换到"常规"选项卡，设置参数如图 9-33 所示。

04　切换到"文字"选项卡，单击"文字样式"按钮，在弹出的"文字样式"对话框中选择名称为"室内标注样式"的文字样式，并修改其高度参数，如图 9-34 所示。

05　单击"确定"按钮关闭"文字样式"对话框，返回"新建表格样式：室内表格"对话框，如图 9-35 所示。

06 切换到"边框"选项卡，在其中设置表格边框的特性，如图9-36所示。

图9-33 "常规"选项卡

图9-34 "文字样式"对话框

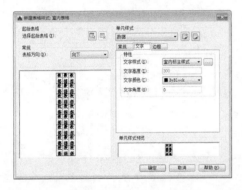

图9-35 "新建表格样式：室内表格"对话框

图9-36 "边框"选项卡

07 单击"确定"按钮关闭该对话框，返回"表格样式"对话框。将"室内表格"样式设置为当前样式，单击"关闭"按钮关闭该对话框，完成表格样式的创建。

9.2.2 绘制表格

设置表格样式之后，就可以根据样式创建所需的表格了。

执行"新建表格"命令的方法有以下几种。

- 使用菜单栏：选择"绘图"|"表格"命令。
- 使用工具栏：单击"绘图"工具栏上的"表格"按钮▦。
- 使用命令行：输入 TABLE 或 TB 命令并按 Enter 键。
- 使用功能区：在"默认"选项卡中，单击"注释"面板中的"表格"按钮▦ 表格。

【课堂举例9-7】 绘制表格

01 执行 TB(表格)命令，系统弹出"插入表格"对话框，在其中设定表格的行数和列数，如图9-37所示。

02 选择表格的插入方式为"指定窗口"，根据命令行提示进行如下操作。

```
命令：TABLE↙
指定第一个角点：
指定第二角点：        //在绘图区中分别指定表格的左上角点和右下角点
```

03　绘制的表格如图 9-38 所示。

图 9-37　"插入表格"对话框

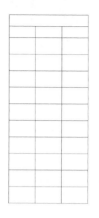

图 9-38　绘制表格

9.2.3　编辑表格

直接创建的表格一般都不能满足要求，用户可以通过修改表格的宽度、高度，或者通过行、列方式删除单元格或者合并相邻单元格，以得到所需的效果。

【课堂举例 9-8】　编辑表格

01　按 Ctrl+O 组合键，打开配套资源中的"素材\第 9 章\编辑表格.dwg"文件。

02　单击选择表格中的单元格，系统弹出如图 9-39 所示的"表格单元"选项板，使用该选项板中的工具，可以对表格进行编辑操作。

图 9-39　"表格单元"选项板

03　框选待合并的单元格，如图 9-40 所示。选择"合并"选项卡中"合并单元"下拉列表中的"合并全部"选项，如图 9-41 所示。

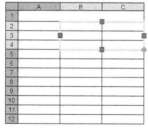

图 9-40　选择合并的单元格

图 9-41　选择"合并全部"选项

04　合并所选全部单元格的结果如图 9-42 所示。图 9-43 所示为使用"按行合并"方式合并单元格的结果。

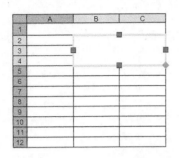

图 9-42 全部合并结果

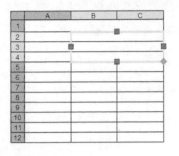

图 9-43 按行合并结果

05 图 9-44 所示为使用"按列"合并方式合并单元格的结果。

06 单击"取消合并单元"按钮，可以取消已执行的合并操作。

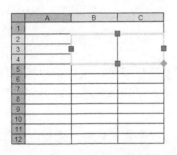

图 9-44 按列合并结果

07 在表格中选定一行后，在"表格单元"选项板中单击"行"选项卡中的"从上方插入"按钮，可以在选定的行上方插入一行，结果如图 9-45 所示。

08 同理，单击"在下方插入行"按钮，可以在选定的行下方插入一行。

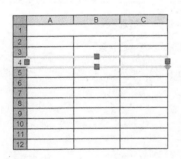
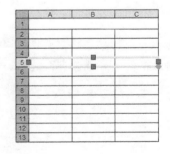

图 9-45 插入行

09 在"表格单元"选项板中单击"列"选项卡中的"在左侧插入列"按钮，可以在选定列的左侧插入一列，结果如图 9-46 所示。

10 同理，单击"在右侧插入列"按钮，可以在选定列的右侧插入一列。

11 单击"删除行"按钮和"删除列"按钮，可以删除选定的表格行或列。

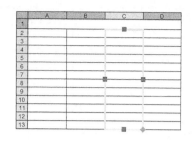

图 9-46　插入列

9.2.4　实例——绘制室内图纸目录

下面将介绍绘制室内图纸目录的操作方法。

01 执行"绘图"|"表格"命令，系统弹出"插入表格"对话框；在其中设置表格参数，如图 9-47 所示。

02 单击"确定"按钮，在绘图区分别指定表格的左上角点和右下角点，绘制表格的结果如图 9-48 所示。

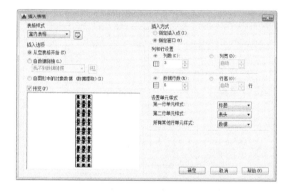

图 9-47　"插入表格"对话框

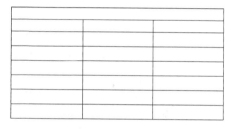

图 9-48　绘制表格

03 双击表格标题栏，打开"文字格式"工具栏；在光标闪烁位置输入图纸目录名称，结果如图 9-49 所示。

星河盛世样板房装饰图纸目录		

图 9-49　输入图纸目录名称

04 输入各栏名称，结果如图 9-50 所示。

星河盛世样板房装饰图纸目录		
序号	图号	图纸名称

图 9-50　输入各栏名称

05 选中表格，单击表格列上的夹点，可以通过移动夹点来调整表格的列宽，结果如图 9-51 所示。

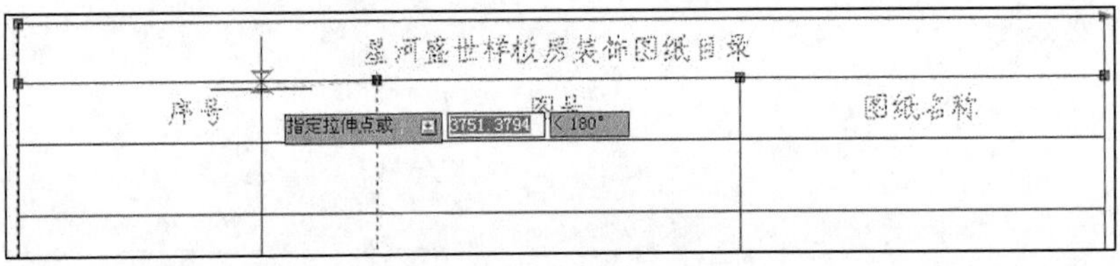

图 9-51　选中夹点

06 调整列宽的结果如图 9-52 所示。

星河盛世样板房装饰图纸目录		
序号	图号	图纸名称

图 9-52　调整列宽

07 输入目录内容，结果如图 9-53 所示。

星河盛世样板房装饰图纸目录		
序号	图号	图纸名称
P.001		图纸封面
P.002		图纸目录
P.003		施工设计说明
P.004	IP-01	原建筑平面图
P.005	IP-02	平面布置图
P.006	IP-03	地材布置图

图 9-53 输入目录内容

9.2.5 实例——绘制建筑制图标题栏

下面将介绍建筑制图中标题栏的绘制方法。

01 单击"绘图"工具栏上的"表格样式"按钮，在弹出的"插入表格"对话框中设置表格的参数，如图 9-54 所示。

02 单击"确定"按钮关闭该对话框，在绘图区分别指定表格的左上角点和右下角点，创建表格，如图 9-55 所示。

图 9-54 "插入表格"对话框

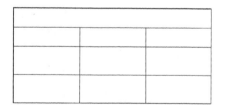

图 9-55 创建表格

03 单击选择表格单元格，系统弹出"表格单元"选项板，使用该工具栏上的工具可以对表格进行编辑操作。选择待合并的单元格，单击"合并单元"按钮，对表格单元格执行合并操作，结果如图 9-56 所示。

04 双击表格，弹出"文字格式"对话框，输入表格内容，结果如图 9-57 所示。

05 选中表格，移动表格夹点，调整单元格的宽高尺寸，结果如图 9-58 所示。

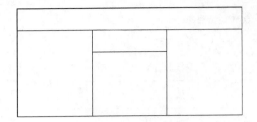

图 9-56　合并单元格 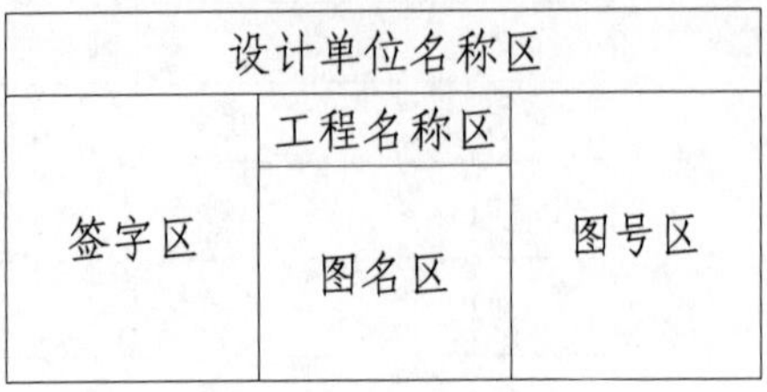　　　　　　　　　　图 9-57　输入表格内容

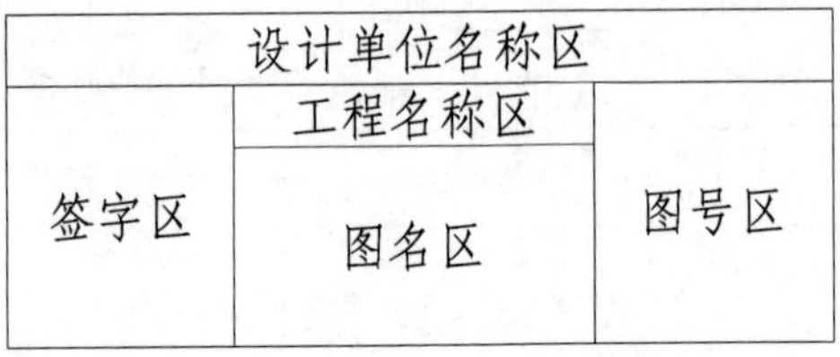

图 9-58　调整尺寸

9.3　思考与练习

选择题

1.　"文字样式"命令的快捷键是(　　)。

    A.　MT　　　　　　B.　ST　　　　　　C.　TX　　　　　　D.　MA

2.　"多行文字"命令相对应的工具按钮是(　　)。

    A.　[A]　　　　　B.　[A]　　　　　C.　[A]　　　　　D.　[A]

3.　表格的单元样式有(　　)种。

    A.　三　　　　　　B.　四　　　　　　C.　五　　　　　　D.　六

4.　表格的插入方式除了指定窗口外，还有(　　)。

    A.　指定宽度　　　B.　指定高度　　　C.　指定颜色　　　D.　指定窗口

5.　(　　)，在弹出的"表格"对话框中可以对表格执行编辑操作。

    A.　单击表格　　　　　　　　　　　　B.　双击表格

    C.　单击表格单元格　　　　　　　　　D.　分解表格

操作题

1.　创建一个新文字样式，样式名称为"黑体样式"，字体为"黑体"，文字高度为300。

2.　沿用在上一小题中创建的文字样式，调用"单行文字"命令，绘制文字标注，如图 9-59 所示。

3.　调用 MT(多行文字)命令，绘制开关插座安装说明，如图 9-60 所示。

4.　调用 TAB(表格)命令，绘制表格，如图 9-61 所示。

5.　在上一小题创建的表格的基础上，调入灯具图块，输入文字说明，并调整表格的列宽，完成灯具图例表的绘制，结果如图 9-62 所示。

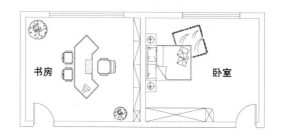

图 9-59　绘制文字标注

注：

1. 开关安装高度1.15m。

2. 插座安装高度0.3m。

3. 厨房操作台插座安装高度1.2m。

4. 卫生间采用防水插座。

图 9-60　绘制安装说明

图 9-61　绘制表格

序号	图形	名称
1		吊灯
2		单管日光灯
3		35X35日光灯
4		换风扇
5		筒灯
6		射灯
7		壁灯

图 9-62　绘制图例表

第 10 章

室内尺寸标注

➡本章导读

文字标注可以表达图形的设计理念，尺寸标注可以标注图形各部分的尺寸，为施工人员施工时提供参考。在绘制尺寸标注之前，应先设置尺寸标注样式，以统一标注的格式和外观。

➡学习目标

➢ 了解和熟悉室内标注的相关规定。

➢ 掌握标注样式的创建和修改方法。

➢ 掌握线性、对齐、角度、半径等常用尺寸的标注方法。

➢ 掌握多重引线标注的方法。

➢ 掌握编辑标注和文字的方法。

10.1 标 注 样 式

标注样式用来控制标注的外观，如箭头样式、文字位置和尺寸公差等。在一个 AutoCAD 文档中，可以同时定义多个不同的标注样式。修改某个样式后，可以自动修改所有用该样式创建的对象。

10.1.1 室内标注的规定

《房屋建筑室内装饰装修制图标准》(JGJ/T 244—2011)规定了尺寸标注的画法，简单介绍如下。

图形的尺寸标注，包括尺寸界线、尺寸线、尺寸起止符号和尺寸数字，如图 10-1 所示。

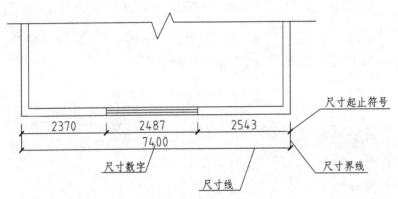

图 10-1 尺寸标注的组成

尺寸界线应用细实线绘制，一般应与被注长度垂直，其一端离开图样轮廓线不应小于 2mm，另一端宜超出尺寸线 2～3mm。图样轮廓线可以用做尺寸界线，如图 10-2 所示。

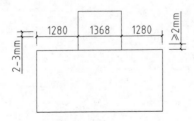

图 10-2 尺寸界线

尺寸线应用细实线绘制，应与被注长度平行。图样本身的任何图线均不得用作尺寸线。

尺寸起止符号一般使用中粗斜短线来绘制，其倾斜方向应与尺寸界线成顺时针 45°角，长度宜为 2～3mm。半径、直径、角度与弧长的尺寸起止符号，宜用箭头来表示，如图 10-3 所示。

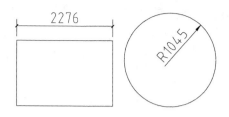

图 10-3　尺寸起止符号

国标规定，工程图样上标注的尺寸，除标高及总平面图以米(m)为单位外，其余尺寸一般以毫米(mm)为单位，图上的尺寸数字不再注写单位。假如使用其他单位，必须予以说明。另外，图样上的尺寸，应以所注尺寸数字为准，不得从图样上直接量取。

10.1.2　创建标注样式

标注样式的创建和编辑通常通过"标注样式管理器"对话框来完成。

打开该对话框有如下几种方法。

- 使用菜单栏：选择"格式"|"标注样式"命令。
- 使用工具栏：单击"样式"工具栏上的"标注样式"按钮 。
- 使用命令行：输入 DIMSTYLE 或 D 命令并按 Enter 键。
- 使用功能区：单击"默认"选项卡中"注释"面板中的"标注样式"按钮 。

执行上述任何一种操作后，都将打开如图 10-4 所示的"标注样式管理器"对话框，在该对话框中可以创建新的尺寸标注样式。对话框内各区域的含义如下。

- "样式"区域：用来显示已创建的尺寸样式列表，其中蓝色背景显示的是当前尺寸样式。
- "列出"下拉列表框：用来控制"样式"区域显示的是"所有样式"还是"正在使用的样式"。
- "预览"区域：用来显示当前样式的预览效果。

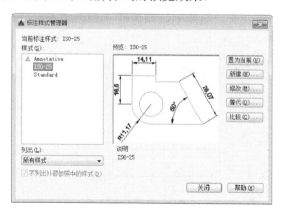

图 10-4　"标注样式管理器"对话框

下面将通过具体实例来讲解标注样式的创建方法。

【课堂举例 10-1】 创建标注样式

01 执行 D(标注样式)命令，打开如图 10-4 所示的"标注样式管理器"对话框。

02 单击"新建"按钮，系统弹出"创建新标注样式"对话框，在其中设置新标注样式的名称，如图 10-5 所示。

03 单击"继续"按钮，弹出"新建标注样式：新标注样式"对话框，单击"确定"按钮关闭该对话框，返回"标注样式管理器"对话框，查看新创建的标注样式，结果如图 10-6 所示。

图 10-5 "创建新标注样式"对话框

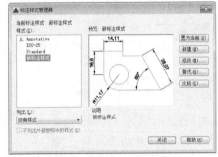

图 10-6 新建尺寸标注样式

10.1.3 修改标注样式

在绘图的过程中，常常需要根据绘图的实际情况对标注样式进行修改。样式修改完成后，用该样式创建的所有尺寸标注对象都将自动被修改。

【课堂举例 10-2】 修改标注样式

01 执行"格式"|"标注样式"命令，调出"标注样式管理器"对话框。选中上一小节创建的标注样式，单击"修改"按钮，弹出"修改标注样式：新标注样式"对话框。

02 切换到"线"选项卡，在其中设置尺寸界线的参数，结果如图 10-7 所示。

03 切换到"符号和箭头"选项卡，设置箭头的样式和大小等参数，结果如图 10-8 所示。

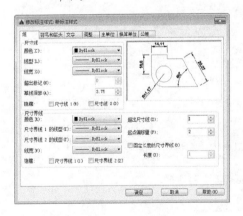

图 10-7 "线"选项卡

图 10-8 "符号和箭头"选项卡

04　切换到"文字"选项卡，设置文字的样式及其他各项参数，结果如图 10-9 所示。

05　切换到"主单位"选项卡，设置标注的精度参数，结果如图 10-10 所示。

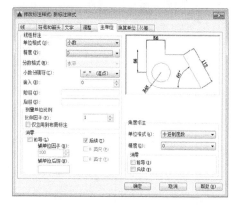

图 10-9　"文字"选项卡　　　　　　　　图 10-10　"主单位"选项卡

06　图 10-11 所示为使用修改后的标注样式所绘制的角度标注的结果。

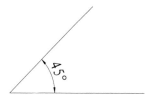

图 10-11　角度标注

10.1.4　替代标注样式

替代标注样式是指在已有的标注样式的基础上，修改某个参数，以创建一个与源标注样式不相同的替代标注样式；创建替代标注样式后，源标注样式不受影响。

值得注意的是，创建替代标注样式的源标注样式，必须是当前正在使用的样式，否则不能执行创建操作。

【课堂举例 10-3】　替代标注样式

01　在命令行中输入 DIMSTYLE 命令并按 Enter 键，打开"标注样式管理器"对话框。单击"替代"按钮，系统弹出"替代当前样式：新标注样式"对话框。

02　切换到"符号和箭头"选项卡，设置箭头的样式及大小，如图 10-12 所示，这里选择了圆点作为箭头。

03　切换到"文字"选项卡，设置文字样式及高度值，如图 10-13 所示。

04　单击"确定"按钮关闭该对话框，返回到"标注样式管理器"对话框，可以查看新创建的"样式替代"标注样式，如图 10-14 所示。使用替代标注样式绘制尺寸标注的结果如图 10-15 所示。

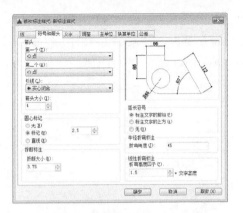

图 10-12 "符号和箭头"选项卡

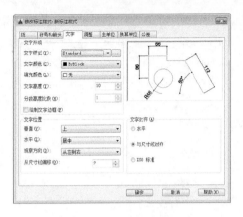

图 10-13 "文字"选项卡

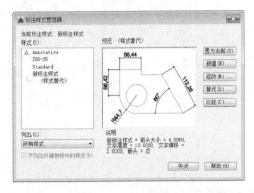

图 10-14 创建结果

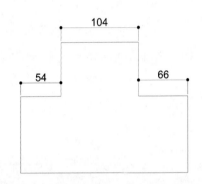

图 10-15 标注尺寸

10.1.5 实例——创建室内尺寸标注样式

下面将介绍创建室内尺寸标注样式的方法。

01 执行"格式"|"标注样式"命令,调出"标注样式管理器"对话框。单击"新建"按钮,弹出"创建新标注样式"对话框,在对话框中设置新标注样式的名称,结果如图 10-16 所示。

02 单击"继续"按钮,打开"新建标注样式:室内标注样式"对话框。切换到"线"选项卡,设置参数如图 10-17 所示。

图 10-16 "创建新标注样式"对话框

图 10-17 "线"选项卡

03 切换到"符号和箭头"选项卡，设置箭头的样式和大小，结果如图 10-18 所示。

04 切换到"文字"选项卡，单击"文字外观"选项组下的"文字样式"选项框后的按钮 ，打开"文字样式"对话框。单击"新建"按钮，打开"新建文字样式"对话框，如图 10-19 所示。

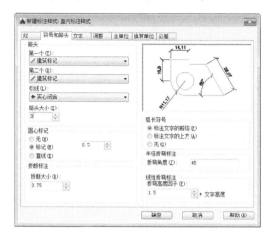

图 10-18 "符号和箭头"选项卡　　　　图 10-19 新建文字样式

05 单击"确定"按钮，返回"文字样式"对话框，设置新文字样式的字体样式、高度值等参数，如图 10-20 所示。

06 单击"应用"按钮，将新文字样式应用至当前设置的尺寸标注样式中。单击"关闭"按钮，关闭该对话框，返回"新建标注样式：室内标注样式"对话框，设置文字的其他参数，结果如图 10-21 所示。

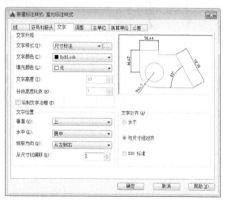

图 10-20 "文字样式"对话框　　　　图 10-21 设置文字的其他参数

07 图 10-22 所示为使用新建的室内标注样式为餐桌绘制尺寸标注的结果。

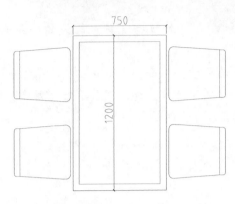

图 10-22　标注结果

10.2　标注图形尺寸

为了方便、快捷地标注图纸中的各个方向和形式的尺寸，AutoCAD 提供了线性标注、对齐标注、角度标注和半径/直径标注等多种标注类型。掌握这些标注方法可以为各种图形灵活添加尺寸标注。

10.2.1　智能标注

智能标注命令为 AutoCAD 2016 的新增功能，可以根据选定的对象类型自动创建相应的标注。可自动创建的标注类型包括垂直标注、水平标注、对齐标注、旋转的线性标注、角度标注、半径标注、直径标注、折弯半径标注、弧长标注、基线标注和连续标注等。如果需要，可以使用命令行选项更改标注类型。

执行智能标注命令有以下两种方式。

- 使用功能区：在"默认"选项卡中，单击"注释"面板中的"标注"按钮。
- 使用命令行：输入 DIM 命令。

使用上面任意一种方式启动智能标注命令，命令行提示如下。

选择对象或指定第一个尺寸界线原点或 [角度(A)/基线(B)/连续(C)/坐标(O)/对齐(G)/分发(D)/图层(L)/放弃(U)]：　　　　　　　　　　　　　　//选择对象或选择指定类型

命令行中各选项的含义说明如下。

- 角度(A)：创建一个角度标注来显示三个点或两条直线之间的角度，操作方法基本同"角度标注"。
- 基线(B)：从上一个或选定标准的第一条界线创建线性、角度或坐标标注，操作方法基本同"基线标注"。
- 连续(C)：从选定标注的第二条尺寸界线创建线性、角度或坐标标注，操作方法基本同"连续标注"。
- 坐标(O)：创建坐标标注，提示选取部件上的点，如端点、交点或对象中心点。
- 对齐(G)：多个平行、同心或同基准的标注对齐到选定的基准标注。

- 分发(D)：指定可用于分发一组选定的孤立线性标注或坐标标注的方法。
- 图层(L)：为指定的图层指定新标注，以替代当前图层。输入 Use Current 或 "."以使用当前图层。

【课堂举例 10-4】 智能标注

01　按 Ctrl+O 组合键，打开配套资源中的 "素材\第 10 章\智能标注.dwg" 文件。

02　执行 DIM(智能标注)命令，分别捕捉端点 A、B、C、D 和线 BC、CD 进行标注。

03　捕捉圆及圆弧进行标注，结果如图 10-23 所示。

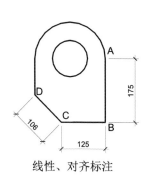
线性、对齐标注

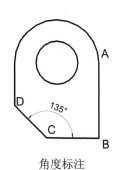
角度标注

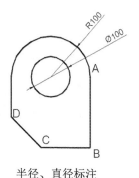
半径、直径标注

图 10-23　智能标注

10.2.2　线性标注

用线性标注命令可以创建水平或垂直的线性标注。

执行线性标注命令的方法有以下几种。

- 使用菜单栏：选择 "标注" | "线性" 命令。
- 使用工具栏：单击 "标注" 工具栏上的 "线性" 按钮。
- 使用命令行：输入 DIMLINEAR 或 DLI 命令并按 Enter 键。
- 使用功能区：在 "默认" 选项卡中，单击 "注释" 面板中的 "线性" 按钮 。

默认情况下，在命令行提示下指定第一条延伸线的原点，并在 "指定第二条延伸线原点："提示下指定第二条延伸线原点后，命令行提示如下。

指定尺寸线位置或[多行文字(M)/文字(T)/角度(A)/水平(H)/垂直(V)/旋转(R)]:

命令行中各选项的含义说明如下。

- 多行文字(M)：选择该选项将进入多行文字编辑模式，可以使用 "多行文字编辑器" 对话框输入并设置标注文字。其中，文字输入窗口中的尖括号(<>)表示系统测量值。
- 文字(T)：以单行文字形式输入尺寸文字。
- 角度(A)：设置标注文字的旋转角度。图 10-24 所示为定义角度参数为 45°时，标注文字的结果。

- ▶ 水平(H)和垂直(V)：标注水平尺寸和垂直尺寸。可以直接确定尺寸线的位置，也可以选择其他选项来指定标注文字的内容或标注文字的旋转角度。

- ▶ 旋转(R)：旋转标注对象的尺寸线。图 10-24 所示为定义旋转角度为 45°时，尺寸线的旋转效果。

旋转标注文字   旋转尺寸线

图 10-24 旋转文字及尺寸线

【课堂举例 10-5】 线性标注

01 按 Ctrl+O 组合键，打开配套资源中的"素材\第 10 章\线性标注.dwg"文件。

02 执行 DLI(线性标注)命令，分别捕捉桌子外轮廓端点，标注桌子的长度和宽度尺度，绘制线性尺寸标注的结果如图 10-25 所示。

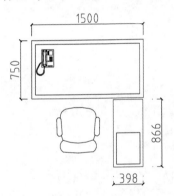

图 10-25 线性标注

10.2.3 对齐标注

在对线段进行标注时，如果该线段的倾斜角度未知，那么使用线性标注的方法将无法得到准确的测量结果，这时可以使用"对齐"命令进行标注。对齐标注可以创建与尺寸界线的原点对齐的线性标注。

执行对齐标注命令的方法有以下几种。

- ◐ 使用菜单栏：选择"标注"|"对齐"命令。
- ◐ 使用工具栏：单击"标注"工具栏上的"对齐"按钮。
- ◐ 使用命令行：输入 DIMALIGNED 或 DAL 命令并按 Enter 键。
- ◐ 使用功能区：在"默认"选项卡中，单击"注释"面板中的"对齐"按钮。

【课堂举例 10-6】 对齐标注

01 按 Ctrl+O 组合键，打开配套资源中的"素材\第 10 章\对齐标注.dwg"文件。

02 单击"注释"面板中的"对齐"按钮 ，标注老板桌各线段的长度，命令行提示如下。

命令：DIMALIGNED↙
指定第一个尺寸界线原点或 <选择对象>：
指定第二条尺寸界线原点：
指定尺寸线位置或[多行文字(M)/文字(T)/角度(A)]：
　　　　　　　　//分别指定尺寸界线的原点及尺寸线的位置
标注文字 = 894

03 绘制对齐标注的结果如图 10-26 所示。

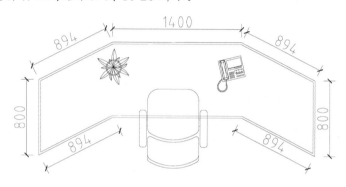

图 10-26　对齐标注

10.2.4 角度标注

角度标注不仅可以标注两条呈一定角度的直线或三个点之间的夹角，还可以标注圆弧的圆心角。

执行角度标注命令的方法有以下几种。

- 使用菜单栏：选择"标注"|"角度"命令。
- 使用工具栏：单击"标注"工具栏上的"角度"按钮。
- 使用命令行：输入 DIMANGULAR 或 DAN 命令并按 Enter 键。
- 使用功能区：在"默认"选项卡中，单击"注释"面板中的"角度"按钮。

【课堂举例 10-7】 角度标注

01 按 Ctrl+O 组合键，打开配套资源中的"素材\第 10 章\角度标注.dwg"文件。

02 执行 DAN(角度标注)命令，标注休闲椅的倾斜角度，命令行提示如下。

命令：DIMANGULAR↙
选择圆弧、圆、直线或 <指定顶点>：
选择第二条直线：　　　　　　　　　　　　　　　　　//选择第一、第二条直线
指定标注弧线位置或 [多行文字(M)/文字(T)/角度(A)/象限点(Q)]：//指定标注位置
标注文字 = 51

03 绘制角度标注的结果如图 10-27 所示。

技巧

在命令行提示"指定标注弧线位置或[多行文字(M)/文字(T)/角度(A)/象限点(Q)]"时，输入 Q，选择"象限点(Q)"选项可以在标注弧线上指定标注数字的位置，结果如图 10-28 所示。

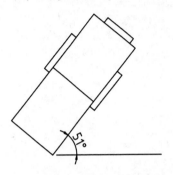

图 10-27 常规标注结果

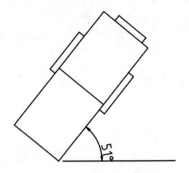

图 10-28 指定象限点

10.2.5 半径/直径标注

1. 半径标注

调用半径标注命令，可以测量选定圆或圆弧的半径，并显示前面带有半径符号的标注文字。

执行半径标注命令的方法有以下几种。

- 使用菜单栏：选择"标注"|"半径"命令。
- 使用工具栏：单击"标注"工具栏上的"半径"按钮。
- 使用命令行：输入 DIMRADIUS 或 DRA 命令并按 Enter 键。
- 使用功能区：单击"注释"面板中的"半径"工具按钮。

执行上述任意一项操作，命令行提示如下。

```
命令: DIMRADIUS↙
选择圆弧或圆:                    //选择待标注的圆形
标注文字 = 600
指定尺寸线位置或 [多行文字(M)/文字(T)/角度(A)]:
```

指定尺寸线的位置，完成半径标注的结果如图 10-29 所示。

2. 直径标注

调用直径标注命令，可以创建圆或圆弧的直径标注。

执行直径标注命令的方法有以下几种。

- 使用菜单栏：选择"标注"|"直径"命令。
- 使用工具栏：单击"标注"工具栏上的"直径"按钮。
- 使用命令行：输入 DIMDIAMETER 或 DDI 命令并按 Enter 键。

● 　使用功能区：单击"注释"面板中的"直径"工具按钮◎直径。

执行上述任意一项操作，命令行提示如下。

```
命令：DIMDIAMETER↵
选择圆弧或圆：
标注文字 = 544
指定尺寸线位置或 [多行文字(M)/文字(T)/角度(A)]：          //指定尺寸线的位置
```

绘制直径标注的结果如图 10-30 所示。

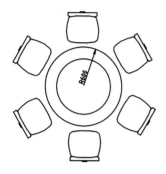

图 10-29　半径标注

图 10-30　直径标注

10.2.6　连续标注

连续标注又称为链式标注或尺寸链，是多个线性尺寸的组合，是指从某一基准尺寸界线开始，按某一方向顺序标注一系列尺寸。相邻的尺寸共用一条尺寸界线，而且所有的尺寸线都在同一直线上。

执行连续标注命令的方法有以下几种。

● 　使用菜单栏：选择"标注"|"连续"命令。

● 　使用工具栏：单击"标注"工具栏上的"连续"按钮|⊢⊣⊢|。

● 　使用命令行：输入 DIMCONTINUE 或 DCO 命令并按 Enter 键。

● 　使用功能区：在"注释"选项卡中，单击"标注"面板中的"连续"按钮|⊢⊣⊢|连续。

【课堂举例 10-8】　连续标注

01　按 Ctrl+O 组合键，打开配套资源中的"素材\第 10 章\连续标注.dwg"文件。

02　执行 DCO(连续)命令，继续标注电视机和音箱的上侧线性尺寸，命令行操作如下。

```
命令：DIMCONTINUE↵
指定第二条尺寸界线原点或 [放弃(U)/选择(S)] <选择>：S↵
                                          //输入 S，选择"选择(S)"线性
选择连续标注：                             //选择标注数字为 222 的线性标注
指定第二条尺寸界线原点或 [放弃(U)/选择(S)] <选择>：
标注文字 = 153
指定第二条尺寸界线原点或 [放弃(U)/选择(S)] <选择>：
标注文字 = 1173
指定第二条尺寸界线原点或 [放弃(U)/选择(S)] <选择>：
标注文字 = 253
指定第二条尺寸界线原点或 [放弃(U)/选择(S)] <选择>：
标注文字 = 222
```

指定第二条尺寸界线原点或 [放弃(U)/选择(S)] <选择>:

//单击点取下一个尺寸界线原点

03 绘制连续标注的结果如图 10-31 所示。

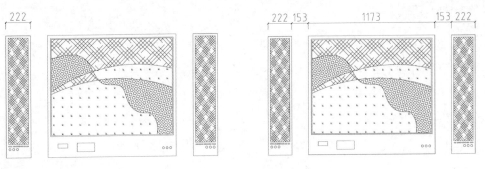

图 10-31 连续标注

10.2.7 基线标注

基线标注是指以同一尺寸界线为基准的一系列尺寸标注,即以从某一点引出的尺寸界线作为第一条尺寸界线,依次进行多个对象的尺寸标注。

执行基线标注命令的方法有以下几种。

- 使用菜单栏:选择"标注"|"基线"命令。
- 使用工具栏:单击"标注"工具栏上的"基线"按钮 。
- 使用命令行:输入 DIMBASELINE 或 DBA 命令并按 Enter 键。
- 使用功能区:在"注释"选项卡中,单击"标注"面板中的"基线"按钮 基线 。

【课堂举例 10-9】 基线标注

01 按 Ctrl+O 组合键,打开配套资源中的"素材\第 10 章\基线标注.dwg"素材文件。执行 DLI(线性标注)命令,绘制线性标注,结果如图 10-32 所示。

02 执行"标注"|"基线"命令,标注基线尺寸,命令行提示如下。

```
命令: DIMBASELINE✓
指定第二条尺寸界线原点或 [放弃(U)/选择(S)] <选择>:          //指定尺寸界线原点
标注文字 = 2743
指定第二条尺寸界线原点或 [放弃(U)/选择(S)] <选择>:
标注文字 = 4663
指定第二条尺寸界线原点或 [放弃(U)/选择(S)] <选择>:
标注文字 = 5486
指定第二条尺寸界线原点或 [放弃(U)/选择(S)] <选择>:
                                      //绘制基线标注的结果如图 10-33 所示
```

> 技巧
>
> 修改基线标注的间距,可以在"标注样式管理器"对话框中单击"修改"按钮,打开"修改标注样式:新标注样式"对话框。切换到"线"选项卡,在"基线间距"选项中定义,如图 10-34 所示。

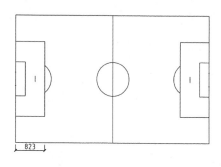

图 10-32　线性标注

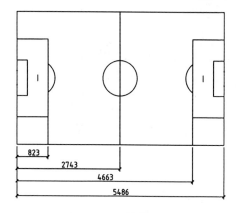

图 10-33　基线标注

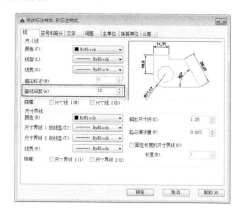

图 10-34　设置基线间距参数

10.2.8　多重引线标注

调用"多重引线"命令，可以创建包含箭头、水平基线、引线或曲线和多行文字对象或块的多重引线对象。

执行"多重引线"标注命令的方法有以下几种。

- 使用菜单栏：选择"标注"|"多重引线"命令。
- 使用工具栏：单击"多重引线"工具栏上的"多重引线"按钮 。
- 使用命令行：输入 MLEADER 或 MLD 命令并按 Enter 键。
- 使用功能区：在"默认"选项卡中，单击"注释"面板中的"引线"按钮 。

执行上述任意一项操作，命令行提示如下。

```
命令：MLEADER↙
指定引线箭头的位置或 [引线基线优先(L)/内容优先(C)/选项(O)] <选项>：
指定引线基线的位置：　　//分别指定引线箭头、引线基线的位置，系统打开"文字格式"工具栏
```

输入标注内容，在"文字格式"工具栏中单击"确定"按钮，关闭该对话框，即可完成多重引线标注，如图 10-35 所示。

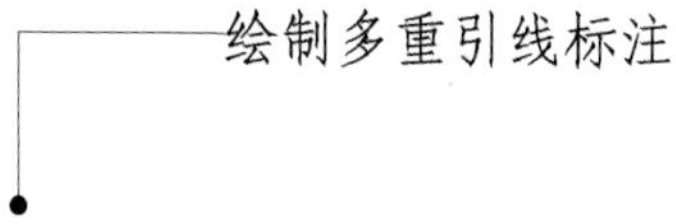

绘制多重引线标注

图 10-35　多重引线标注

10.2.9 实例——标注客厅立面图

下面将介绍调用尺寸标注命令以及"多重引线"命令标注客厅立面图的操作方法。

01 按 Ctrl+O 组合键，打开配套资源中的"素材\第 10 章\实例——标注客厅立面图.dwg"
文件，如图 10-36 所示。

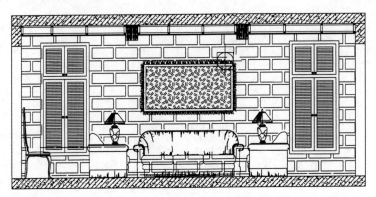

客厅D立面图   1：50

图 10-36 素材

02 尺寸标注。调用 DLI(线性标注)命令，为客厅立面图绘制尺寸标注，结果如
图 10-37 所示。

03 多重引线标注。调用 MLD(多重引线)命令，为立面图绘制材料标注，结果如
图 10-38 所示。

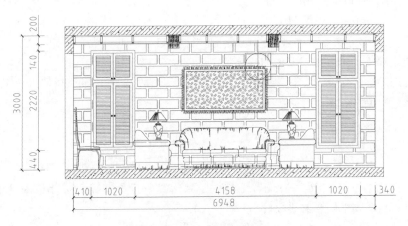

图 10-37 绘制尺寸标注

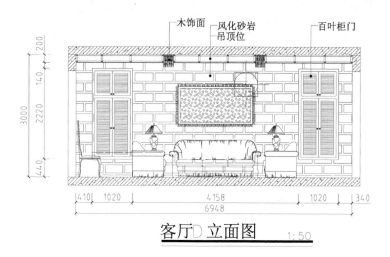

图 10-38 材料标注

10.3 编辑标注及编辑标注文字

尺寸标注绘制完成之后，可以对整个尺寸标注或仅对标注文字进行编辑修改。AutoCAD 分别设置了编辑标注和编辑标注文字两个命令，以方便对标注执行编辑修改操作。

10.3.1 编辑标注

使用"编辑标注"命令可以编辑标注文字或延伸线，包括旋转、修改或恢复标注文字、更改尺寸界线的倾斜角等。

执行"编辑标注"命令的方法有以下两种。

● 使用工具栏：单击"标注"工具栏上的"编辑标注"按钮。

● 使用命令行：输入 DIMEDIT 或 DED 命令并按 Enter 键。

【课堂举例 10-10】 编辑标注

01 按 Ctrl+O 组合键，打开配套资源中的"素材\第 10 章\编辑标注.dwg"文件。

02 执行 DED(编辑标注)命令，根据命令行提示修改标注的数值。

```
命令：DIMEDIT↙
输入标注编辑类型 [默认(H)/新建(N)/旋转(R)/倾斜(O)] <默认>：N↙
    //选择"新建(N)"选项，弹出"文字格式"对话框，在在位编辑框中输入新的尺寸标注文字
选择对象：找到 1 个          //单击"确定"按钮关闭对话框
```

03 尺寸标注文字修改结果如图 10-39 所示。

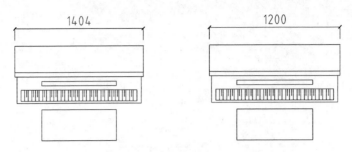

图 10-39 修改尺寸标注文字

在编辑标注时，选择"旋转(R)"选项，可调整标注文字的旋转角度，命令行操作如下。

```
命令：DIMEDIT↙
输入标注编辑类型 [默认(H)/新建(N)/旋转(R)/倾斜(O)] <默认>: R↙
                            //选择"旋转(R)"选项
指定标注文字的角度: 45↙      //设置旋转角度
选择对象：找到 1 个          //选择标注文字，旋转结果如图 10-40 所示
```

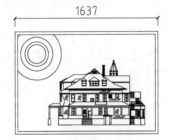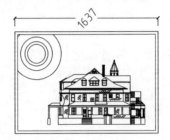

图 10-40 旋转标注文字

在编辑标注时，选择"倾斜(O)"选项，可以倾斜标注，命令行操作如下。

```
命令：DIMEDIT↙
输入标注编辑类型 [默认(H)/新建(N)/旋转(R)/倾斜(O)] <默认>:O↙
                                //选择"倾斜(O)"选项
选择对象：找到 1 个              //选择待编辑的尺寸标注
输入倾斜角度 (按 ENTER 表示无): 120↙   //定义角度参数，倾斜结果如图 10-41 所示
```

图 10-41 倾斜标注

10.3.2 编辑标注文字

使用"编辑标注文字"命令可以改变尺寸文字的放置位置。

执行"编辑标注文字"命令的方法有以下两种。

- 使用工具栏：单击"标注"工具栏上的"编辑标注文字"按钮。
- 使用命令行：输入 DIMTEDIT 命令并按 Enter 键。

【课堂举例 10-11】　编辑标注文字

01　按 Ctrl+O 组合键，打开配套资源中的"素材\第 10 章\编辑标注文字.dwg"文件。

02　单击"标注"工具栏上的"编辑标注文字"按钮，将标注文字移动至标注左侧，命令行提示如下。

```
命令：DIMTEDIT↵
选择标注：                //选择待编辑尺寸标注
为标注文字指定新位置或 [左对齐(L)/右对齐(R)/居中(C)/默认(H)/角度(A)]：L↵
                         //输入 L，选择"左对齐(L)"选项，操作结果如图 10-42 所示
```

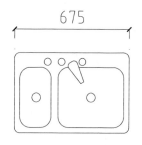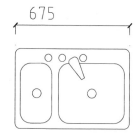

图 10-42　左对齐

 提示

输入 R，选择"右对齐(R)"选项，将得到如图 10-43 所示的文字对齐效果。

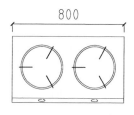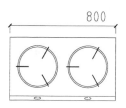

图 10-43　右对齐

10.4　思考与练习

选择题

1. 调出"标注样式管理器"对话框的快捷键是(　　)。
   A. E　　　　　　　B. F　　　　　　　C. D　　　　　　　D. H

2. 与"线性标注"命令相对应的工具按钮是(　　)。
   A. 　　　　　　B. 　　　　　　C. 　　　　　　D.

3. 调用(　　)命令，可以创建与尺寸界线的原点对齐的线性标注。
   A. 线性标注　　　B. 快速标注　　　C. 基线标注　　　D. 对齐标注

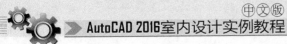
4. 直径标注的前缀是( )。

   A. φ   B. μ   C. π   D. α

5. 对尺寸标注的编辑不包括( )。

   A. 新建   B. 旋转   C. 复制   D. 倾斜

操作题

1. 调用 D(标注样式)命令，创建新标注样式。名称为"习题标注样式"，箭头样式为"倾斜"，文字样式为"黑体"，主单位格式为"小数"，精度为 0。

2. 将上一小题所创建的标注样式置为当前正在使用的样式，调用"线性标注""半径标注"命令，为图形绘制尺寸标注，如图 10-44 所示。

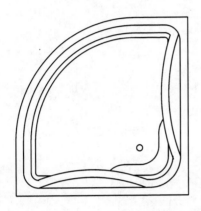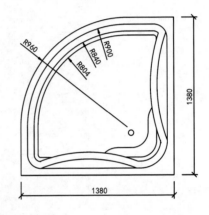

图 10-44　绘制尺寸标注

3. 调用"对齐标注""直径标注"命令，为钢琴平面图绘制尺寸标注，如图 10-45 所示。

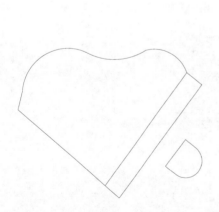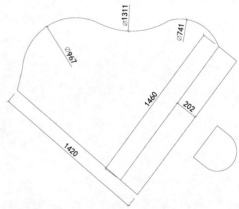

图 10-45　标注结果

4. 调用 MLD(多重引线)命令，绘制立面门的材料标注，如图 10-46 所示。

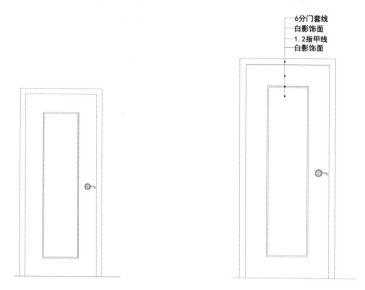

图 10-46　多重引线标注

5.　调用"编辑标注"命令，设置旋转角度为 45°，对标注文字执行旋转操作。设置倾斜角度为 60°、150°，对尺寸线执行倾斜操作，结果如图 10-47 所示。

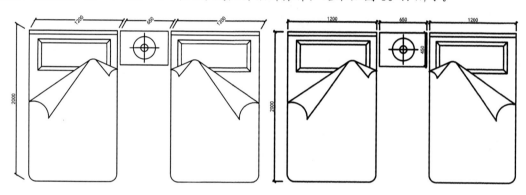

图 10-47　编辑标注

第 11 章

室内常用家具绘制

➲ 本章导读

　　家具的设计和布置是室内装潢设计的重要内容，家具的风格和式样必须与室内环境和谐统一。家具种类繁多，有客厅家具、卧室家具等，本章就来介绍各类常用家具的绘制方法。

➲ 学习目标

➢　了解和熟悉各类室内家具的作用、尺寸和布置方式。

➢　熟悉和掌握常用室内家具的结构和绘制方法。

➢　掌握装潢配景图的绘制方法。

11.1 室内家具平面配景图的绘制

室内家具，如组合沙发、双人床、餐桌、办公桌等，是在客厅、卧室、餐厅、书房等室内区域经常见到的家具，因而在绘制施工图时也是表现设计意图必不可少的元素。

11.1.1 绘制组合沙发和茶几

组合沙发和茶几一般在家庭的公共区域，比如客厅、视听室、活动室等，可以满足多人同时休闲娱乐的需求。

图 11-1 所示为不同样式的组合沙发和茶几的使用效果。

图 11-1 组合沙发和茶几的使用效果

01 绘制三人座沙发。调用 REC(矩形)命令，绘制矩形；调用 F(圆角)命令，对矩形执行圆角操作，结果如图 11-2 所示。

02 调用 X(分解)命令，分解矩形；调用 O(偏移)命令，偏移矩形边，结果如图 11-3 所示。

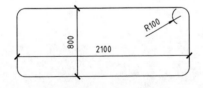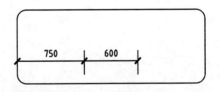

图 11-2 绘制矩形并进行圆角操作　　　　**图 11-3 分解并偏移矩形边**

03 激活偏移得到的线段的夹点，延长线段，结果如图 11-4 所示。

04 调用 F(圆角)命令，设置圆角半径为 100，对线段执行圆角操作，结果如图 11-5 所示。

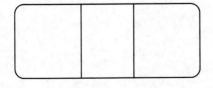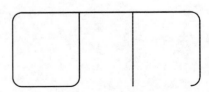

图 11-4 延长线段　　　　　　　　**图 11-5 圆角操作(1)**

05 调用 L(直线)命令，绘制直线，结果如图 11-6 所示。

06 重复调用 F(圆角)命令，对线段执行圆角操作，结果如图 11-7 所示。

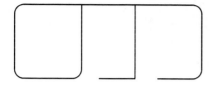

图 11-6　绘制直线　　　　　　　　　图 11-7　圆角操作(2)

07 调用 O(偏移)命令，偏移矩形边；调用 TR(修剪)命令，修剪矩形边，结果如图 11-8 所示。

08 调用 F(圆角)命令，设置圆角半径为 50，对矩形边执行圆角处理，结果如图 11-9 所示。

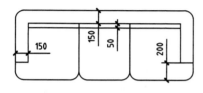 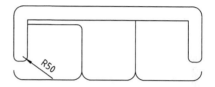

图 11-8　偏移并修剪矩形边　　　　　　图 11-9　圆角操作(3)

09 调用 L(直线)命令，绘制直线，结果如图 11-10 所示。

10 重复调用 F(圆角)命令，对线段执行圆角操作，结果如图 11-11 所示。

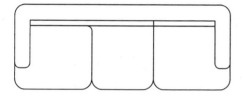 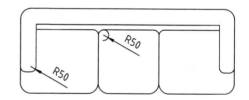

图 11-10　绘制直线　　　　　　　　图 11-11　圆角操作(4)

11 调用 REC(矩形)命令，绘制尺寸为 600×50 的矩形；调用 F(圆角)命令，设置圆角半径为 20，对矩形边进行圆角处理，结果如图 11-12 所示。

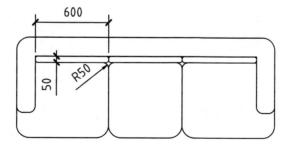

图 11-12　绘制矩形并进行圆角处理

12 重复调用 REC(矩形)命令、X(分解)命令、O(偏移)命令、TR(修剪)命令以及 F(圆角)命令，绘制二人座沙发，结果如图 11-13 所示。

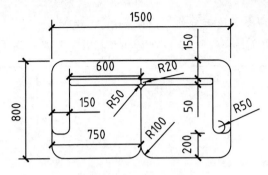

图 11-13　二人座沙发

13 绘制休闲座椅。调用 REC(矩形)命令，绘制矩形；调用 X(分解)命令，分解矩形；调用 O(偏移)命令，偏移矩形边，结果如图 11-14 所示。

14 调用 A(圆弧)命令，绘制圆弧，结果如图 11-15 所示。

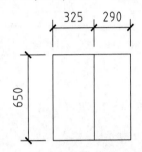

图 11-14　绘制矩形并偏移矩形边

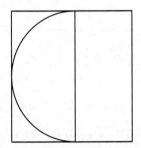

图 11-15　绘制圆弧

15 调用 O(偏移)命令，偏移线段；调用 E(删除)命令及 TR(修剪)命令，删除并修剪线段，结果如图 11-16 所示。

16 调用 A(圆弧)命令，绘制圆弧，完成休闲座椅的绘制，结果如图 11-17 所示。

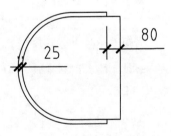

图 11-16　操作结果

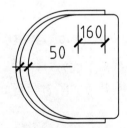

图 11-17　休闲座椅

17 绘制茶几。调用 REC(矩形)命令，绘制矩形；调用 O(偏移)命令，设置偏移距离为 30，向内偏移矩形，结果如图 11-18 所示。

18 填充茶几图案。调用 H(图案填充)命令，再在命令行中输入 T(设置)命令，然后在弹出的"图案填充和渐变色"对话框中设置填充图案的填充比例为 1，如图 11-19 所示。

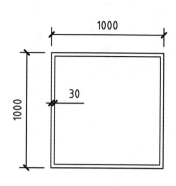

图 11-18　绘制并偏移矩形

图 11-19　"图案填充和渐变色"对话框

19 在绘图区点取填充区域，按 Enter 键返回对话框中，单击"确定"按钮关闭该对话框，完成图案填充操作，结果如图 11-20 所示。

20 绘制台灯底座。调用 REC(矩形)命令，绘制矩形；调用 C(圆)命令，绘制半径为 128 的圆形，结果如图 11-21 所示。

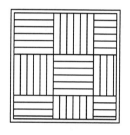

图 11-20　填充茶几图案

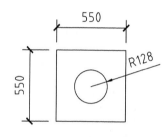

图 11-21　绘制台灯底座

21 调用 O(偏移)命令，设置偏移距离为 64，选择圆形向内偏移；设置偏移距离为 55，选择圆形向外偏移，结果如图 11-22 所示。

22 调用 L(直线)命令，绘制直线；调用 E(删除)命令，删除多余的圆形，结果如图 11-23 所示。

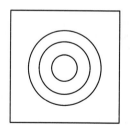

图 11-22　偏移圆形

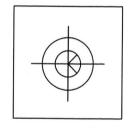

图 11-23　调整图形

23 调用 M(移动)命令，移动绘制完成的各家具图形，结果如图 11-24 所示。

24 绘制地毯。调用 REC(矩形)命令，绘制矩形；调用 O(偏移)命令，偏移矩形，结果如图 11-25 所示。

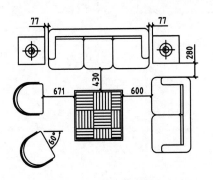

图 11-24   分布图形

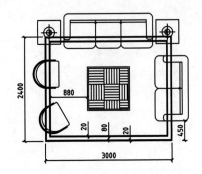

图 11-25   绘制地毯

25 调用 TR(修剪)命令，修剪矩形边，结果如图 11-26 所示。

26 填充地毯图案。调用 H(图案填充)命令，再在命令行中输入 T(设置)命令，然后在弹出的"图案填充和渐变色"对话框中设置填充图案的填充比例为 10，如图 11-27 所示。

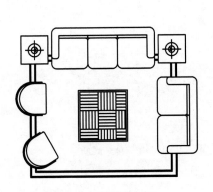

图 11-26   修剪矩形边

图 11-27   设置参数

27 在绘图区中点取填充区域，按 Enter 键返回对话框，单击"确定"按钮关闭该对话框，完成图案填充操作，结果如图 11-28 所示。

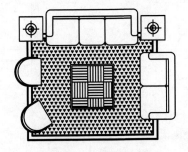

图 11-28   填充结果

11.1.2   绘制组合餐桌和椅子

餐桌和椅子是每个家庭必备的家具之一，常置于餐厅或厨房，为家庭成员用餐的平台。餐桌的大小应根据家庭成员的人数来定，不应买过大或过小的餐桌。

图 11-29 所示为不同样式的餐桌的使用效果。

图 11-29　不同样式的餐桌的使用效果

01　绘制餐桌。调用 REC(矩形)命令，绘制矩形；调用 O(偏移)命令，向内偏移矩形，结果如图 11-30 所示。

02　调用 X(分解)命令，分解偏移得到的矩形；调用 O(偏移)命令，偏移矩形边；调用 TR(修剪)命令，修剪线段，结果如图 11-31 所示。

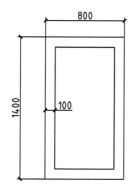

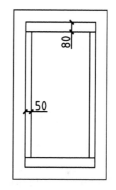

图 11-30　绘制并偏移矩形　　　　图 11-31　偏移矩形边并修剪线段

03　绘制桌脚。单击"绘图"工具栏上的"多边形"按钮，命令行操作如下。

```
命令: polygon↙
输入侧面数 <4>:6              //定义边数
指定正多边形的中心点或 [边(E)]:              //单击指定多边形的中心点
输入选项 [内接于圆(I)/外切于圆(C)] <C>: I   //输入 I，选择"内接于圆(I)"选项
指定圆的半径: 24              //设置圆的半径值，绘制多边形的结果如图 11-32 所示
```

04　调用 CO(复制)命令，移动复制绘制完成的六边形，结果如图 11-33 所示。

05　绘制座椅。调用 REC(矩形)命令，绘制矩形；调用 F(圆角)命令，设置圆角半径为 30，对所绘制的矩形执行圆角操作，结果如图 11-34 所示。

06　绘制扶手及椅背。调用 REC(矩形)命令，绘制矩形，结果如图 11-35 所示。

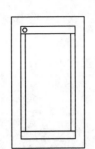

图 11-32　绘制多边形

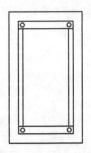

图 11-33　复制多边形

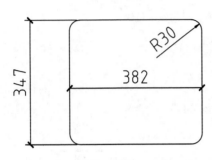

图 11-34　绘制矩形并进行圆角操作

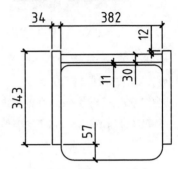

图 11-35　绘制扶手及椅背

07 为坐垫填充图案。调用 H(图案填充)命令，再在命令行中输入 T(设置)命令，然后在弹出的"图案填充和渐变色"对话框中设置填充图案的填充角度为 45°，填充比例为 7，如图 11-36 所示。

08 在对话框中单击"添加：拾取点"按钮，再在绘图区单击拾取填充区域；按 Enter 键返回对话框，单击"确定"按钮关闭该对话框，完成图案填充的操作，结果如图 11-37 所示。

图 11-36　"图案填充和渐变色"对话框

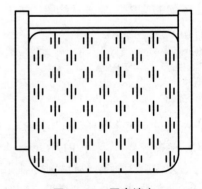

图 11-37　图案填充

09 绘制座椅。调用 REC(矩形)命令及 X(分解)命令，绘制并分解矩形；调用 L(直线)命令，绘制直线，结果如图 11-38 所示。

10 调用 E(删除)命令，删除线段，结果如图 11-39 所示。

11 调用 F(圆角)命令，设置圆角半径为 30，对图形执行圆角操作，结果如图 11-40 所示。

12 绘制靠背。调用 O(偏移)命令，偏移线段；调用 REC(矩形)命令，绘制矩形，结果如图 11-41 所示。

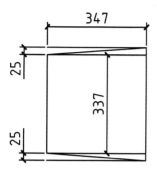

图 11-38 绘制矩形和直线

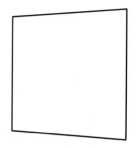

图 11-39 修剪并删除线段

图 11-40 圆角操作

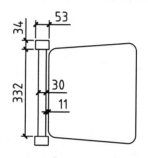

图 11-41 绘制靠背

13 为坐垫填充图案。调用 H(图案填充)命令，再在命令行中输入 T(设置)命令，然后在弹出的"图案填充和渐变色"对话框中设置填充图案的填充角度为 315°，填充比例为 7，如图 11-42 所示。

14 在对话框中单击"添加：拾取点"按钮，再在绘图区单击拾取填充区域；按 Enter 键返回对话框，单击"确定"按钮关闭该对话框，完成图案填充的操作，结果如图 11-43 所示。

图 11-42 设置参数

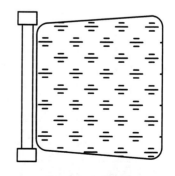

图 11-43 图案填充

15 调用 M(移动)命令，移动家具图形，结果如图 11-44 所示。

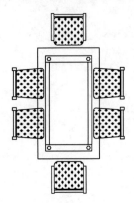

图 11-44 餐桌平面图

11.1.3 绘制组合床与床头柜

床与床头柜是卧室的必备家具，床的大小应该根据房间的面积或使用人数来决定。一般双人床常用的宽度尺寸为 1500、1800、2000，单人床常用的尺寸为 800、1200。床头柜不但具备装饰效果，还起着一定的收纳作用，可以根据房间面积的大小来决定是摆放两个或一个床头柜。

图 11-45 所示为不同样式的床的使用效果。

图 11-45 不同样式的床的使用效果

01 绘制双人床轮廓。调用 REC(矩形)命令，绘制矩形，结果如图 11-46 所示。

02 绘制被子。调用 X(分解)命令，分解矩形；调用 O(偏移)命令，偏移矩形边，结果如图 11-47 所示。

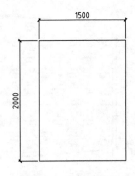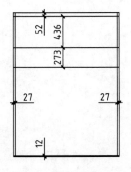

图 11-46 绘制矩形   图 11-47 偏移矩形边

03　调用 F(圆角)命令，设置圆角半径为 20，对线段执行圆角操作，结果如图 11-48 所示。

04　调用 L(直线)命令，绘制直线，结果如图 11-49 所示。

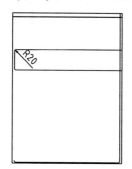

图 11-48　设置圆角半径为 20

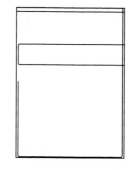

图 11-49　绘制直线

05　重复调用 F(圆角)命令，对线段执行圆角操作，结果如图 11-50 所示。

06　调用 O(偏移)命令，偏移线段，结果如图 11-51 所示。

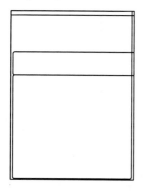

图 11-50　重复圆角操作

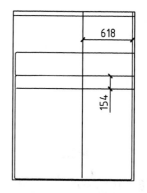

图 11-51　偏移线段

07　调用 L(直线)命令，绘制直线，结果如图 11-52 所示。

08　调用 A(圆弧)命令，绘制圆弧，结果如图 11-53 所示。

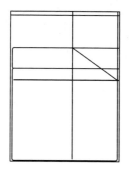

图 11-52　绘制直线

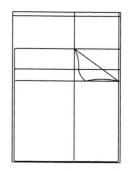

图 11-53　绘制圆弧

09　调用 TR(修剪)命令及 E(删除)命令，修剪并删除线段，结果如图 11-54 所示。

10　绘制床头柜。调用 REC(矩形)命令，绘制矩形，结果如图 11-55 所示。

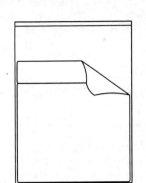

图 11-54　修剪并删除线段

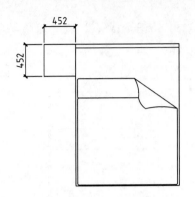

图 11-55　绘制矩形

11 绘制台灯。调用 C(圆形)命令，绘制圆形，结果如图 11-56 所示。

12 调用 L(直线)命令，过圆心绘制直线，结果如图 11-57 所示。

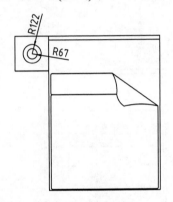

图 11-56　绘制圆形

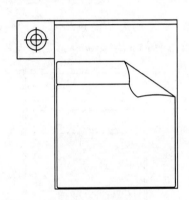

图 11-57　绘制直线

13 调用 MI(镜像)命令，镜像复制床头柜以及台灯图形，结果如图 11-58 所示。

14 调入图块。按 Ctrl+O 组合键，打开配套资源中的"素材\第 11 章\家具图例.dwg"文件，从中复制粘贴枕头图形至当前图形中，结果如图 11-59 所示。

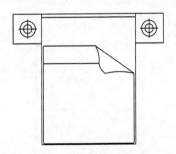

图 11-58　镜像复制结果

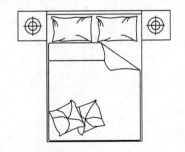

图 11-59　调入图块

11.1.4　绘制组合办公桌

办公桌常置于书房，兼具办公与学习之用。选择办公桌时要考虑多方面的要求，如使用人的需求、居室的风格、书房的面积等。选择恰当的办公桌，可以对工作或学习起到事半功倍的作用。

图 11-60 所示为不同种类的组合办公桌的使用效果。

图 11-60 不同种类的组合办公桌的使用效果

01 绘制办公桌轮廓线。调用 PL(多段线)命令，命令行操作如下。

```
命令：PLINE↙
指定起点：
当前线宽为 0
指定下一个点或 [圆弧(A)/半宽(H)/长度(L)/放弃(U)/宽度(W)]：836
                    //鼠标向上移动，输入距离参数
指定下一点或 [圆弧(A)/闭合(C)/半宽(H)/长度(L)/放弃(U)/宽度(W)]：1824
                    //鼠标向右移动，输入距离参数
指定下一点或 [圆弧(A)/闭合(C)/半宽(H)/长度(L)/放弃(U)/宽度(W)]：1289
                    //鼠标向右下角移动，输入距离参数
指定下一点或 [圆弧(A)/闭合(C)/半宽(H)/长度(L)/放弃(U)/宽度(W)]：1094
                    //鼠标向下移动，输入距离参数
指定下一点或 [圆弧(A)/闭合(C)/半宽(H)/长度(L)/放弃(U)/宽度(W)]：522
                    //鼠标向左移动，输入距离参数
指定下一点或 [圆弧(A)/闭合(C)/半宽(H)/长度(L)/放弃(U)/宽度(W)]：774
                    //鼠标向上移动，输入距离参数
指定下一点或 [圆弧(A)/闭合(C)/半宽(H)/长度(L)/放弃(U)/宽度(W)]：556
                    //鼠标向左上角移动，输入距离参数
指定下一点或 [圆弧(A)/闭合(C)/半宽(H)/长度(L)/放弃(U)/宽度(W)]：C
                    //输入C，选择"闭合(C)"选项，绘制结果如图 11-61 所示
```

02 调用 O(偏移)命令，设置偏移距离为 20，向内偏移轮廓线，结果如图 11-62 所示。

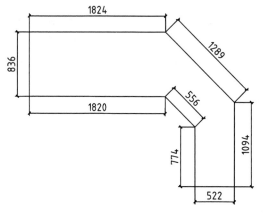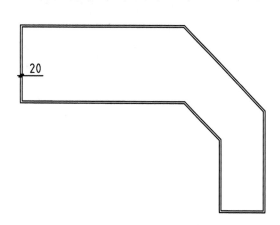

图 11-61 绘制圆弧　　　　　　　　　　图 11-62 偏移轮廓线

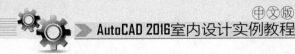

03 绘制台灯灯罩。调用 C(圆)命令，分别绘制半径为 273、94、35 的圆形，结果如图 11-63 所示。

04 调用 L(直线)命令，绘制直线，结果如图 11-64 所示。

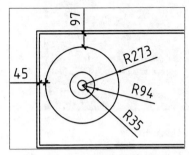

图 11-63　绘制台灯灯罩

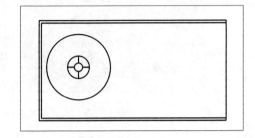

图 11-64　绘制直线

05 绘制办公区域。调用 L(直线)命令，绘制直线；调用 O(偏移)命令，偏移直线，结果如图 11-65 所示。

06 填充皮质图案。调用 H(图案填充)命令，再在命令行中输入 T(设置)命令，然后在弹出的"图案填充和渐变色"对话框中设置填充图案的填充比例为 25，结果如图 11-66 所示。

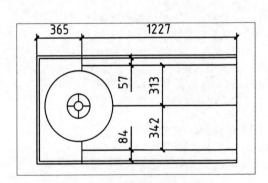

图 11-65　绘制并偏移直线

图 11-66　"图案填充和渐变色"对话框

07 在对话框中单击"添加：拾取点"按钮，在绘图区单击拾取填充区域；按 Enter 键返回对话框，单击"确定"按钮关闭该对话框，完成图案填充的操作，结果如图 11-67 所示。

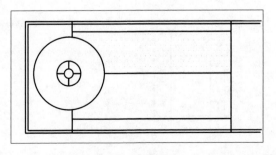

图 11-67　图案填充

08　调入图块。按 Ctrl+O 组合键，打开配套资源中的"素材\第 11 章\家具图例.dwg"文件，从中复制粘贴办公椅及计算机等图形至当前图形中。调用 TR(修剪)命令，修剪线段，结果如图 11-68 所示。

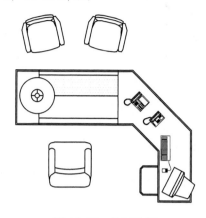

图 11-68　绘制结果

11.2　室内电器配景图的绘制

电器满足人们平时的使用需求，因而成为除家具外不可或缺的居室装潢物品。常用的室内电器有洗衣机、电冰箱、电视机等，本节就来介绍室内常用电器配景图的绘制方法。

11.2.1　绘制平面洗衣机

洗衣机一般放置于卫生间或阳台，以满足日常洗涤需求。洗衣机的大小可根据家庭人口来确定，过小不能满足使用需求，过大则造成浪费。

图 11-69 所示为将洗衣机置于不同场合的效果。

图 11-69　将洗衣机置于不同场合的效果

01　绘制洗衣机外轮廓。调用 REC(矩形)命令，绘制矩形；调用 O(偏移)命令，设置偏移距离为 40，向内偏移矩形，结果如图 11-70 所示。

02　调用 F(圆角)命令，设置圆角半径为 50，对外层矩形执行圆角操作，结果如图 11-71 所示。

03　调用 X(分解)命令，分解矩形；调用 O(偏移)命令，偏移矩形边；调用 L(直线)命令，绘制直线；调用 TR(修剪)命令，修剪线段，结果如图 11-72 所示。

04 调用 F(圆角)命令，设置圆角半径为 10，对外矩形执行圆角操作，结果如图 11-73 所示。

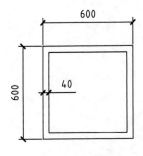

图 11-70 偏移矩形

图 11-71 设置圆角半径为 50

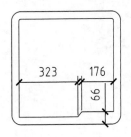

图 11-72 修剪线段

图 11-73 设置圆角半径为 10

05 绘制洗衣机的上盖。调用 O(偏移)命令，偏移线段，结果如图 11-74 所示。

06 绘制按钮。调用 REC(矩形)命令，分别绘制尺寸为 89×10、34×167 的矩形，结果如图 11-75 所示。

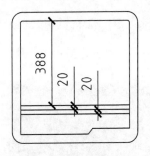

图 11-74 绘制洗衣机的上盖

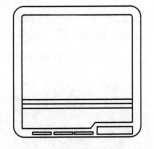

图 11-75 绘制按钮

11.2.2 绘制立面冰箱

冰箱兼具冷藏和存储的作用，可以储藏物品、保持食物的新鲜，为家居生活不可或缺。根据居室的特点，冰箱可以置于餐厅或厨房，要看具体要求来定。

图 11-76 所示为将冰箱置于不同场合的效果。

01 绘制冰箱外轮廓。调用 REC(矩形)命令，绘制矩形，结果如图 11-77 所示。

02 调用 X(分解)命令，分解偏移得到的矩形；调用 O(偏移)命令，偏移矩形边；调用 TR(修剪)命令，修剪线段，结果如图 11-78 所示。

图 11-76 将冰箱置于不同场合的效果

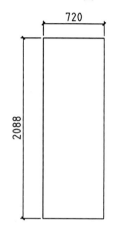

图 11-77 绘制冰箱外轮廓矩形

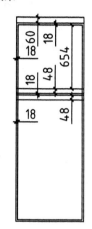

图 11-78 偏移矩形边

03 绘制商标。调用 REC(矩形)命令，分别绘制尺寸为 7×163、14×43 的矩形，结果如图 11-79 所示。

04 调用 REC(矩形)命令，绘制尺寸为 31×31 的矩形，结果如图 11-80 所示。

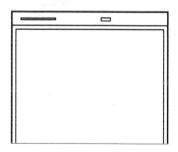

图 11-79 绘制商标矩形

图 11-80 绘制小矩形

05 绘制把手。调用 REC(矩形)命令，绘制尺寸为 49×149 的矩形；调用 O(偏移)命令，设置偏移距离为 7，向内偏移矩形，结果如图 11-81 所示。

06 绘制机脚。调用 REC(矩形)命令，绘制尺寸为 42×22 的矩形，结果如图 11-82 所示。

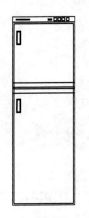

图 11-81　绘制把手　　　　　　　　　　　　　　图 11-82　绘制机脚

11.2.3　绘制立面电视

电视机作为家庭必不可少的娱乐设施，已成为家庭电器的主角，所以在室内装饰装潢中，电视背景墙的装饰设计也相应地成为重点。电视机可以放在客厅、视听室、起居室、娱乐室、卧室等区域。

图 11-83 所示为将电视机置于不同区域的使用效果。

图 11-83　将电视机置于不同区域的使用效果

01　绘制电视机外轮廓。调用 REC(矩形)命令，绘制矩形；调用 F(圆角)命令，设置圆角半径为 25，对矩形执行圆角操作，结果如图 11-84 所示。

02　绘制喇叭。调用 X(分解)命令，分解矩形；调用 O(偏移)命令，偏移矩形边；调用 L(直线)命令，绘制直线；调用 TR(修剪)命令，修剪线段，结果如图 11-85 所示。

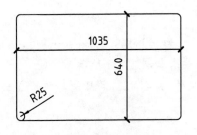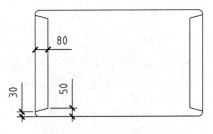

图 11-84　绘制电视机外轮廓　　　　　　　　　　图 11-85　绘制喇叭部分

03　调用 F(圆角)命令，设置圆角半径为 10，对线段执行圆角操作，结果如图 11-86 所示。

04　填充喇叭图案。调用 H(图案填充)命令，再在命令行中输入 T（设置）命令，然后在弹出的"图案填充和渐变色"对话框中设置填充图案的填充角度为 45°，填充比例为 15，如图 11-87 所示。

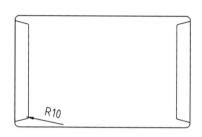

图 11-86　喇叭的圆角操作

图 11-87　设置参数

05　在对话框中单击"添加：拾取点"按钮，在绘图区单击拾取填充区域；按 Enter 键返回对话框，单击"确定"按钮关闭该对话框，完成图案填充的操作，结果如图 11-88 所示。

06　绘制屏幕。调用 O(偏移)命令，偏移线段；调用 F(圆角)命令，设置圆角半径为 0，修剪线段，结果如图 11-89 所示。

图 11-88　填充喇叭图案

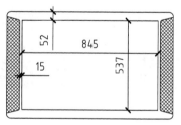

图 11-89　绘制屏幕

07　调用 O(偏移)命令，设置偏移距离为 6，向内偏移线段；调用 F(圆角)命令，设置圆角半径为 0，修剪线段的结果如图 11-90 所示。

08　调用 F(圆角)命令，设置圆角半径为 6，对外矩形执行圆角操作，结果如图 11-91 所示。

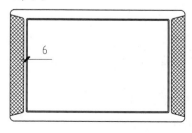

图 11-90　偏移矩形

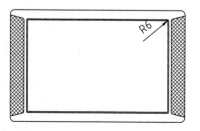

图 11-91　屏幕的圆角操作

09 绘制标识。调用 MT(多行文字)命令、C(圆)命令及 REC(矩形)命令，绘制电视机的标识，结果如图 11-92 所示。

10 填充喇叭图案。调用 H(图案填充)命令，再在命令行中输入 T(设置)命令，然后在弹出的"图案填充和渐变色"对话框中设置填充图案的填充角度为 45°，填充比例为 25，如图 11-93 所示。

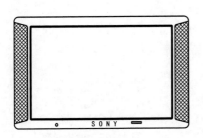

图 11-92　绘制标识

图 11-93　"图案填充和渐变色"对话框

11 在对话框中单击"添加：拾取点"按钮，在绘图区单击拾取填充区域；按下 Enter 键返回对话框，单击"确定"按钮关闭该对话框，完成图案填充的操作，结果如图 11-94 所示。

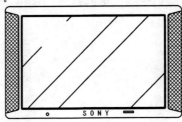

图 11-94　填充屏幕图案

11.2.4　绘制立面饮水机

饮水机因其便利及实用等特性已逐渐成为家庭的新宠。根据使用习惯或居室交通流线的设计，饮水机可以被放置于不同的地方，包括客厅、餐厅等区域的角落。

图 11-95 所示为将饮水机置于不同区域的使用效果。

图 11-95　将饮水机置于不同区域的使用效果

01 绘制饮水机轮廓线。调用 REC(矩形)命令，绘制矩形，结果如图 11-96 所示。

02 调用 X(分解)命令，分解矩形；调用 O(偏移)命令，偏移矩形边，结果如图 11-97 所示。

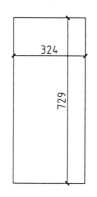

图 11-96　绘制饮水机轮廓

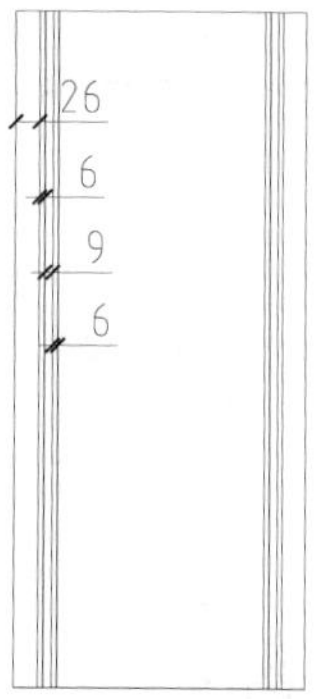

图 11-97　分解并偏移矩形边

03 调用 O(偏移)命令，偏移矩形边；调用 TR(修剪)命令，修剪线段，结果如图 11-98 所示。

04 绘制水流开关。调用 REC(矩形)命令，绘制矩形，结果如图 11-99 所示。

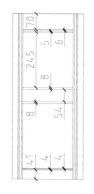

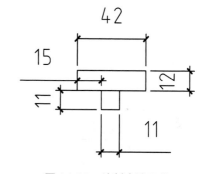

图 11-98　偏移并修剪线段

图 11-99　绘制水流开关

05 按下 Enter 键，重复调用 REC(矩形)命令，绘制矩形，结果如图 11-100 所示。

06 调用 EL(椭圆)命令，绘制椭圆，结果如图 11-101 所示。

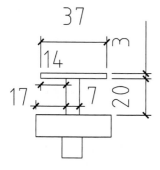

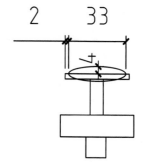

图 11-100　绘制矩形

图 11-101　绘制椭圆

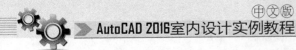
07 调用 TR(修剪)命令，修剪图形，结果如图 11-102 所示。

08 调用 CO(复制)命令，移动复制绘制完成的开关图形，结果如图 11-103 所示。

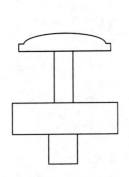

图 11-102　修剪图形

图 11-103　移动复制开关图形

09 绘制水桶。调用 REC(矩形)命令，绘制矩形；调用 F(圆角)命令，设置圆角半径为 4，对矩形执行圆角操作，结果如图 11-104 所示。

10 调用 REC(矩形)命令，绘制矩形；调用 F(圆角)命令，设置圆角半径为 3，对矩形执行圆角操作，结果如图 11-105 所示。

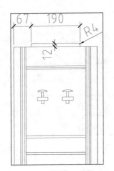

图 11-104　绘制水桶

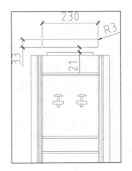

图 11-105　绘制矩形并进行圆角处理

11 调用 L(直线)命令，绘制直线，结果如图 11-106 所示。

12 调用 O(偏移)命令，偏移线段；调用 TR(修剪)命令，修剪线段，结果如图 11-107 所示。

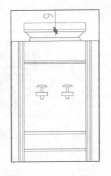

图 11-106　绘制直线

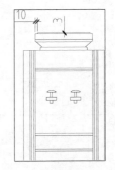

图 11-107　偏移并修剪线段

13 调用 A(圆弧)命令，绘制圆弧；调用 TR(修剪)命令，修剪线段，结果如图 11-108 所示。

14 调用 REC(矩形)命令，绘制矩形，结果如图 11-109 所示。

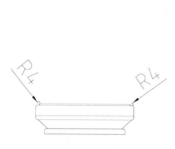

图 11-108　绘制圆弧

图 11-109　绘制矩形

15 调用 MI(镜像)命令，镜像复制图形；调用 E(删除)命令，删除多余直线，结果如图 11-110 所示。

16 饮水机立面图形的绘制结果如图 11-111 所示。

图 11-110　镜像复制

图 11-111　饮水机立面图

11.3　室内洁具与厨具配景图的绘制

室内洁具与厨具是日常生活必需的盥洗和烹饪用具，在使用上要求方便、洁净，以满足人们的使用要求。本节介绍室内洁具和厨具配景图的绘制方法。

11.3.1　绘制平面洗碗槽

洗碗槽是厨房必备的厨具之一，现在市场上的洗涤槽一般都为不锈钢材质，因为其具备了耐腐蚀、易清洗等特点。

图 11-112 所示为洗碗槽不同样式的使用效果。

图 11-112　洗碗槽不同样式的使用效果

01　绘制洗碗槽外轮廓。调用 REC(矩形)命令，绘制矩形；调用 F(圆角)命令，设置
　　圆角半径为 53，对矩形执行圆角操作；调用 O(偏移)命令，向内偏移矩形，结果如
　　图 11-113 所示。

02　调用 REC(矩形)命令，绘制矩形；调用 F(圆角)命令，设置圆角半径为 46，对矩
　　形执行圆角操作，结果如图 11-114 所示。

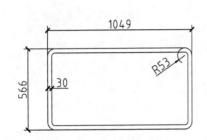

图 11-113　绘制洗碗槽外轮廓

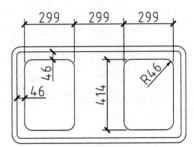

图 11-114　绘制矩形并进行圆角处理

03　调用 REC(矩形)命令，绘制尺寸为 276×207 的矩形；调用 F(圆角)命令，设置圆
　　角半径为 46，对矩形执行圆角操作，结果如图 11-115 所示。

04　调用 C(圆)命令，绘制半径为 35 的圆形，表示流水孔；绘制半径 23 的圆形，表
　　示水流开关，结果如图 11-116 所示。

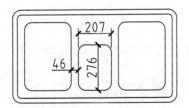

图 11-115　绘制 276×207 的矩形

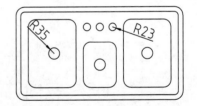

图 11-116　绘制流水孔和水流开关

05　调用 C(圆)命令，绘制半径为 11 的圆形，结果如图 11-117 所示。

06　调用 L(直线)命令，绘制直线，结果如图 11-118 所示。

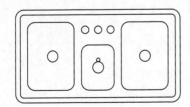

图 11-117　绘制半径为 11 的圆形

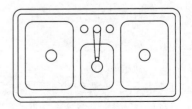

图 11-118　绘制直线

07 调用 TR(修剪)命令，修剪线段，结果如图 11-119 所示。

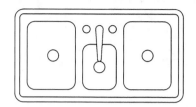

图 11-119　修剪线段

11.3.2　绘制平面燃气灶

常用的燃气灶多为两眼燃气灶，也有一些家庭使用三眼、四眼燃气灶。

图 11-120 所示为不同样式燃气灶的对比。

图 11-120　不同样式燃气灶的对比

01 绘制燃气灶外轮廓。调用 REC(矩形)命令，绘制矩形；调用 X(分解)命令，分解矩形；调用 O(偏移)命令，偏移矩形边，结果如图 11-121 所示。

02 绘制灶眼。调用 REC(矩形)命令，绘制矩形；调用 O(偏移)命令，偏移矩形，结果如图 11-122 所示。

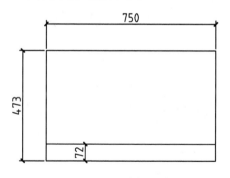

图 11-121　绘制燃气灶外轮廓

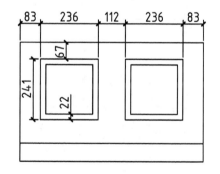

图 11-122　绘制灶眼

03 调用 F(圆角)命令，设置圆角半径为 22，对矩形执行圆角处理，结果如图 11-123 所示。

04 调用 C(圆)命令，分别绘制半径为 89、34 的同心圆形，结果如图 11-124 所示。

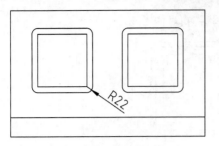

图 11-123　圆角处理

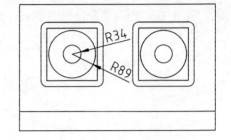

图 11-124　绘制圆形

05　调用 L(直线)命令，绘制辅助线，结果如图 11-125 所示。

06　调用 REC(矩形)命令，绘制尺寸为 35×10 的矩形，结果如图 11-126 所示。

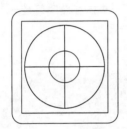

图 11-125　绘制辅助线

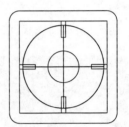

图 11-126　绘制 35×10 的矩形

07　调用 TR(修剪)命令，修剪线段，结果如图 11-127 所示。

08　绘制开关。调用 C(圆)命令，绘制半径为 18 的圆形，结果如图 11-128 所示。

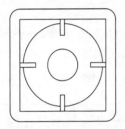

图 11-127　修剪线段

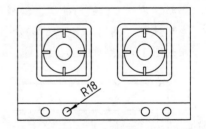

图 11-128　绘制开关

09　调用 REC(矩形)命令，绘制尺寸为 42×10 的矩形；调用 TR(修剪)命令，修剪线段，结果如图 11-129 所示。

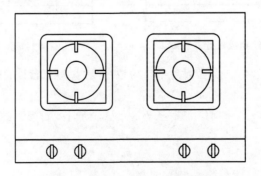

图 11-129　修剪矩形修剪线段

11.3.3　绘制平面洗脸盆

洗脸盆是必备的洗涤用具，一般置于卫生间、洗漱间等盥洗场所。洗脸盆的材质多为瓷质，形状多种多样，有圆形、椭圆形、方形等，可根据个人的喜好来选购。

图 11-130 所示为不同样式洗脸盆的对比。

01 绘制洗脸盆外轮廓。调用 EL(椭圆)命令，根据图示的尺寸分别绘制椭圆，结果如图 11-131 所示。

02 调用 O(偏移)命令，设置偏移距离为 8，向外偏移圆形，结果如图 11-132 所示。

图 11-130　不同样式洗脸盆的对比

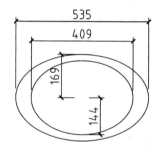

图 11-131　绘制洗脸盆外轮廓

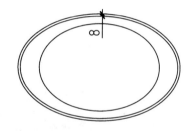

图 11-132　偏移圆形

03 调用 EL(椭圆)命令，绘制长轴为 285，短轴为 65 的椭圆，结果如图 11-133 所示。

04 调用 TR(修剪)命令，修剪椭圆，结果如图 11-134 所示。

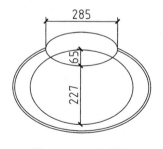

图 11-133　绘制椭圆

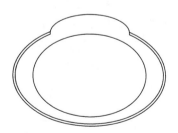

图 11-134　修剪椭圆

05 绘制水流开关。调用 C(圆)命令，绘制半径为 16 的圆形，结果如图 11-135 所示。

06 绘制流水孔。调用 C(圆)命令，分别绘制半径为 24、16 的圆形，结果如图 11-136 所示。

07 调用 L(直线)命令，绘制直线，结果如图 11-137 所示。

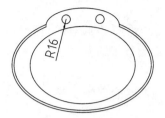

图 11-135　绘制水流开关

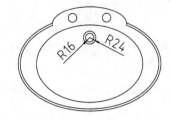

图 11-136　绘制流水孔

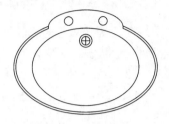

图 11-137　绘制直线

11.4　室内其他装潢配景图的绘制

　　室内其他装潢配景可以起到辅助装饰装修的作用，如地面瓷砖的图案、墙砖的拼贴、植物花卉的种植等都属于室内配景的范围。本节就来介绍室内装潢配景图的绘制方法。

11.4.1　绘制地板砖

　　地板砖的装饰图案可以自由拼贴，也可由专业人员根据居室风格来进行设计。在进行瓷砖拼贴时，要注意瓷砖的切割，以免浪费材料。

　　图 11-138 所示为墙砖拼贴与地砖拼贴的效果。

图 11-138　墙砖拼贴与地砖拼贴的效果

01 绘制地板砖外轮廓。调用 REC(矩形)命令，绘制矩形；调用 X(分解)命令，分解矩形；调用 O(偏移)命令，偏移矩形边，结果如图 11-139 所示。

02 绘制地砖拼贴图案。调用 C(圆)命令，分别绘制半径为 375、175、140 的圆形，结果如图 11-140 所示。

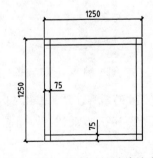

图 11-139　绘制地板砖外轮廓

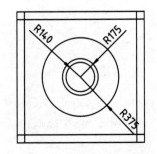

图 11-140　绘制地砖拼贴图案

03 调用 L(直线)命令，绘制对角线，结果如图 11-141 所示。

04 调用 TR(修剪)命令，修剪线段，结果如图 11-142 所示。

05 调用 L(直线)命令，绘制直线；调用 TR(修剪)命令，修剪线段，结果如图 11-143 所示。

06 按下 Enter 键重复调用 L(直线)命令，绘制辅助线，结果如图 11-144 所示。

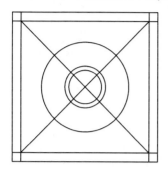

图 11-141　绘制对角线

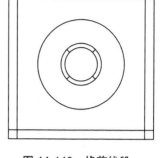

图 11-142　修剪线段

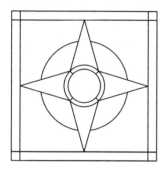

图 11-143　绘制直线

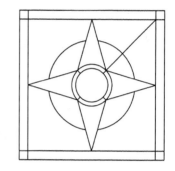

图 11-144　绘制辅助线

07 调用 RO(旋转)命令，设置旋转角度为 11°，旋转复制辅助线，结果如图 11-145 所示。

08 调用 E(删除)命令，删除辅助线；调用 L(直线)命令，绘制直线；调用 TR(修剪)命令，修剪线段，结果如图 11-146 所示。

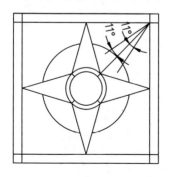

图 11-145　旋转复制辅助线

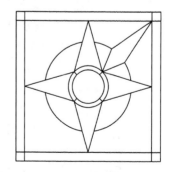

图 11-146　绘制直线并修剪线段

09 调用 MI(镜像)命令，镜像复制绘制完成的图形；调用 TR(修剪)命令，修剪线段，结果如图 11-147 所示。

10 填充地砖图案。调用 H(图案填充)命令，再在命令行中输入 T(设置)命令，然后在弹出的"图案填充和渐变色"对话框中设置图案填充的比例为 8，如图 11-148 所示。

11 在绘图区点取待填充图案的区域，按下 Enter 键返回对话框。单击"确定"按钮关闭该对话框，完成图案填充的操作结果如图 11-149 所示。

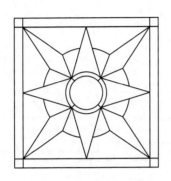

图 11-147 镜像图形并修剪线段   图 11-148 "图案填充和渐变色"对话框

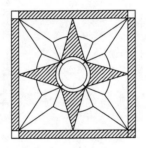

图 11-149 图案填充

11.4.2 绘制盆景

盆景花卉可以增加室内氧离子、净化空气、吸收噪声，因此为大多数家庭所青睐。室内盆景不宜过大，否则会阻碍视觉及行动路线。

图 11-150 所示为在不同场合摆放盆景的效果。

图 11-150 不同场合摆放盆景的效果

01 绘制枝条。调用 L(直线)命令，绘制直线，结果如图 11-151 所示。

02 调用 PL(多段线)命令，绘制树叶，结果如图 11-152 所示。

03 调用 L(直线)命令，绘制盆景的分枝，结果如图 11-153 所示。

04 调用 PL(多段线)命令，绘制分枝上的叶子，结果如图 11-154 所示。

图 11-151　绘制枝条

图 11-152　绘制树叶

图 11-153　绘制分枝

图 11-154　绘制结果

注意

盆景的绘制大小没有明确的限制，在不同的使用场合，可以使用 SC(缩放)命令，改变盆景的大小，如图 11-155 和图 11-156 所示。

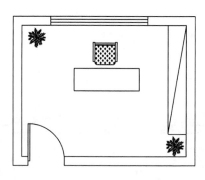

图 11-155　盆景室内尺寸

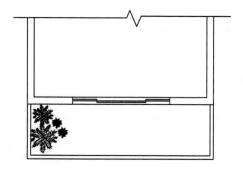

图 11-156　盆景室外尺寸

11.4.3　绘制室内装饰画

室内装饰画可以彰显居室的装饰风格以及主人的品位，因此在选择装饰画时应格外注意。图 11-157 所示为不同场合使用装饰画进行装饰的效果。

图 11-157　装饰效果

01 绘制画框。调用 REC(矩形)命令，绘制尺寸为 1127×711 的矩形；调用 O(偏移)命令，设置偏移距离分别为 16、12、23、12，向内偏移矩形，结果如图 11-158 所示。

02 绘制画布。调用 O(偏移)命令，设置偏移距离为 69，向内偏移矩形，结果如图 11-159 所示。

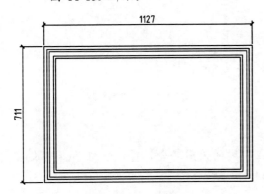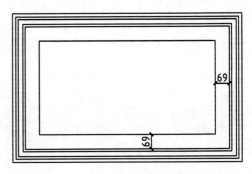

图 11-158　绘制画框 　　　　　　　　　　图 11-159　绘制画布

03 调用 X(分解)命令，分解矩形；调用 O(偏移)命令，偏移矩形边，结果如图 11-160 所示。

04 调用 L(直线)命令，绘制直线；调用 C(圆)命令，绘制半径为 107 的圆形，结果如图 11-161 所示。

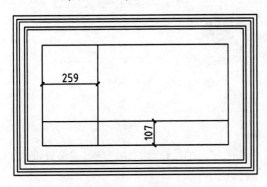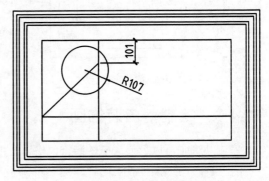

图 11-160　偏移矩形边 　　　　　　　　图 11-161　绘制直线和矩形

05 调用 O(偏移)命令，偏移矩形边；调用 TR(修剪)命令，修剪矩形边，结果如图 11-162 所示。

06 调用 A(圆弧)命令，绘制圆弧；调用 TR(修剪)命令，修剪线段，结果如图 11-163 所示。

07 调用 REC(矩形)命令，分别绘制尺寸为 150×146、229×211 的矩形，结果如图 11-164 所示。

08 调用 C(圆形)命令，绘制半径为 28 的圆形，结果如图 11-165 所示。

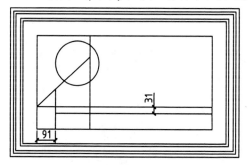

图 11-162　偏移并修剪矩形边

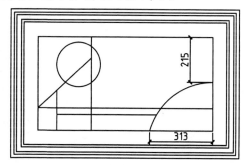

图 11-163　绘制圆弧并修剪线段

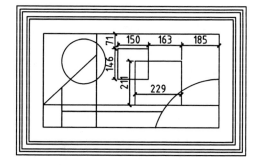

图 11-164　绘制矩形

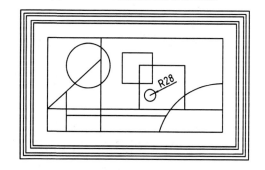

图 11-165　绘制圆形

09 填充地砖图案。调用 H(图案填充)命令，再在命令行中输入 T（设置）命令，然后在弹出的"图案填充和渐变色"对话框中设置图案填充的角度为 90°，填充比例为 2，如图 11-166 所示。

10 在绘图区点取待填充图案的区域，按 Enter 键返回对话框。单击"确定"按钮关闭该对话框，完成图案填充的操作结果如图 11-167 所示。

图 11-166　"图案填充和渐变色"对话框

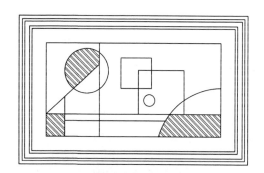

图 11-167　填充地砖图案

11 填充地砖图案。调用 H(图案填充)命令，再在命令行中输入 T(设置)命令，然后在弹出的"图案填充和渐变色"对话框中设置图案填充的比例为 0.2，如图 11-168 所示。

12 在绘图区点取待填充图案的区域，按 Enter 键返回对话框。单击"确定"按钮关闭该对话框，完成图案填充的操作结果如图 11-169 所示。

图 11-168　设置参数

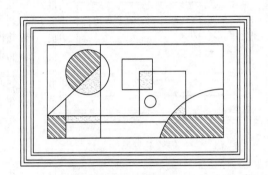

图 11-169　填充结果

11.5　上 机 操 作

1．绘制组合沙发立面图。调用 L(直线)、O(偏移)、TR(修剪)、F(圆角)等绘制命令或者编辑命令，绘制如图 11-170 所示的立面图。

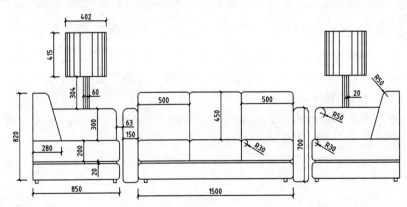

图 11-170　绘制组合沙发立面图

2．绘制洗衣机立面图。调用 REC(矩形)、C(圆)、L(直线)等绘制或编辑命令，绘制如图 11-171 所示的立面图。

3．绘制坐便器立面图。调用 L(直线)、A(圆弧)、F(圆角)、TR(修剪)等绘制或编辑命令，绘制如图 11-172 所示的立面图。

4．绘制盆景立面图。调用 L(直线)、A(圆弧)、O(偏移)、TR(修剪)等绘制或者编辑命令，绘制如图 11-173 所示的立面图。

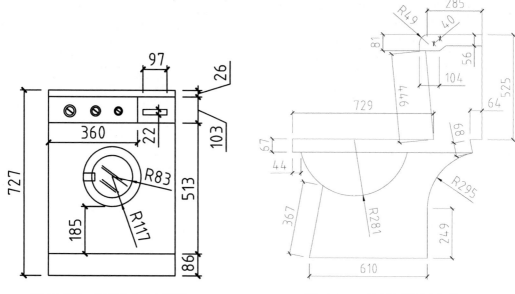

图 11-171　绘制洗衣机立面图

图 11-172　绘制坐便器立面图

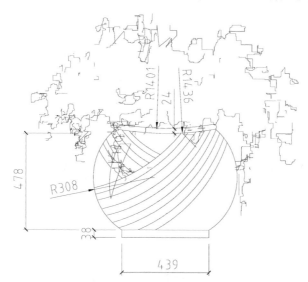

图 11-173　绘制盆景立面图

第 12 章

住宅室内平面图绘制

⊙ 本章导读

　　住宅室内设计即为满足人们生活的要求而有意识地营造理想化、舒适化的内部空间。同时，住宅室内设计是建筑设计的有机组成部分，是建筑设计的深化和再创造。

　　住宅平面图可以表明建筑平面布局、装饰空间及功能区域的划分，表明家具的布置、绿化及陈设的摆置等，是定义平面空间装饰尺度的主要依据。本章通过一套四室二厅的户型，讲解住宅平面设计的相关知识以及绘制住宅平面图的方法。

⊙ 学习目标

➤ 了解和熟悉室内平面图的形成、识读等基础知识。

➤ 了解和熟悉住宅室内空间设计的基础知识。

➤ 掌握室内户型平面图的绘制方法。

➤ 掌握室内平面布置图的绘制方法。

➤ 掌握地面布置图的绘制方法。

12.1　住宅室内平面设计概述

住宅平面图是根据一定的投影原理及设计理念形成的，其表达、识读、画法都有一定的规定。本节介绍住宅平面图的形成与表达、识读等方面的知识。

12.1.1　室内平面图的形成与表达

室内平面图是假想用一个水平剖切平面，沿着建筑物每层的门窗洞口位置进行水平剖切，移去剖切线以上的部分，对剖切线以下的部分所做的水平正投影图，又称为建筑平面图。

剖切线的位置应选择在每层门窗洞口的高度范围内，剖切位置如没有特别的需要，可以不在立面设计图中标明。

建筑平面图与平面布置图一样，都是一种水平剖面图，习惯上都称为平面布置图，常用 1∶100 的比例绘制。

被剖切到的墙、柱轮廓线在平面布置图中用粗实线表示，未被剖切到的图形，比如家具、地面分格、楼梯台阶灯等，则使用细实线来表示。

在平面布置图中应表示门的开启方向，开启方向线应使用细实线表示。

图 12-1 所示为绘制完成的平面布置图。

图 12-1　平面布置图

12.1.2　室内平面图的识读

现以图 12-1 所示的四居室平面布置图为例，介绍建筑平面图的识读步骤。

(1) 浏览平面布置图中各房间的功能布局、图样比例等，了解图的基本内容。从图中可以看到，室内的主要布局：北向为客厅、南向为餐厅、玄关及厨房；左侧为次卧室、卫生间、书房兼客房；右侧为主卧室、主卫及书房。玄关与餐厅相连，房屋中间为水吧休闲区。绘图比例为 1∶100。

(2) 注意各功能区域的平面尺寸、地面标高、家具及陈设布局。客厅是住宅中的主要空间，图 12-1 中客厅开间为 4584mm，进深为 5080mm，布置有组合沙发、盆景、电视机、电视柜、空调等，并有台阶与水吧休闲区相连。在平面布局中，家具、陈设等都应该按照比例来绘制，不应过大或过小，一般选用细实线来绘制。

餐厅与水吧休闲区以玻璃推拉门相隔，与玄关共用一个区域。玄关右边是厨房，餐厅与厨房相连，可以增加使用的便利性。

(3) 理解平面布置图中的内视符号。在图 12-1 中，水吧休闲区绘制了四面墙面的内视符号，表示以该符号为站点，分别以 A、B、C、D 四个方向观看所指的墙面，且以该字母命名所指墙面立面图的编号。

12.1.3　室内平面图的图示内容

室内装潢设计平面布置图应包含以下内容。

(1) 墙体、标准柱及定位轴线、房间布局与名称等。另外，门窗位置及编号、门的样式及开启方向等也要进行标识。

(2) 室内各区域的地面标高。

(3) 室内固定家具、活动家具以及基本家用电器的位置。

(4) 室内装饰、陈设、绿化、美化等的位置及图例符号。

(5) 室内立面图的内视投影符号，按照顺时针方向从上至下在圆圈中进行编号。

(6) 房屋的外围尺寸。

(7) 详图索引符号、图名及必要的设计说明等。

12.1.4　室内平面图的画法

建筑平面图的一般绘制方法如下。

(1) 绘制定位轴线。

(2) 绘制墙体、柱子。

(3) 确定门窗洞口的位置。

(4) 绘制门窗图形。

(5) 绘制阳台、台阶灯等附属设施。

(6) 绘制各功能区域布置图。

(7) 绘制尺寸标注、标高标注、文字标注以及图名标注。

12.2　住宅室内空间设计

住宅室内根据使用功能的不同，可以划分为不同的空间，主要有客厅、餐厅、卧室等。由于每个功能区的功能不同，因而其设计理念也有相应的区别。本节介绍住宅室内各空间的设计理念。

12.2.1　客厅的设计

客厅为会客及休闲娱乐的场所，是居室装饰装修的重点，所以客厅的色彩、风格应有一个基调，一般以淡雅色或偏冷色为主。

客厅里的家具和陈设要协调统一，细节处可摆放一两件出挑一点的小物件，大局强调统一、完整；要体现风格特点，注意搭配要和谐；对于不同风格的混搭，则应注重比例和轻重。图 12-2 所示为客厅装饰设计的制作效果。

图 12-2　客厅装饰设计的制作效果

12.2.2　餐厅的设计

餐厅是用餐的区域，在设计时首先要考虑它的使用功能。一般餐厅会与厨房毗邻，目前大多数家庭都用封闭式隔断或墙体将餐厅与厨房隔开，以防止油烟气体的挥发，造成干扰和污染。

在美式风格装饰中，厨房多为开放式。开放式的厨房不做隔断，与客餐厅连成一体。这种设计方法比较适合复式或别墅式房型，因为卧室一般在二楼，不会受到油烟的影响。

餐厅的陈设主要是组合餐桌椅，在选择餐桌椅时要和整体居室风格相配。例如，实木餐桌体现自然、稳健；金属、透明玻璃充满现代感。图 12-3 所示为餐厅装饰设计的制作效果。

图 12-3　餐厅装饰设计的制作效果

12.2.3　厨房的设计

厨房的设计要点包括以下方面。

(1) 足够的操作空间。厨房兼具烹饪、洗涤等职能，所以各操作职能之间的流线要清晰，不受阻碍，为烹饪、洗涤提供充足的空间。

(2) 要有较大的存储空间。厨房里烹饪、洗涤用具很多，所以需要有丰富的储存空间。家庭厨房多采用组合式吊柜、吊架，组合橱柜经常使用下面部分来储存较重、较大的瓶、罐、米等物品；操作台前可设置能伸缩的存放油、酱料、糖等调味品及餐具的柜、架等。另外，煤气灶、水槽下方都是可利用的储物空间。

(3) 要有充分的活动空间。应将炉灶、冰箱和洗涤池组成一个三角形，洗涤槽和炉灶间的距离调整为 1.22～1.83m 较为合理。

与厅、室相连的敞开式厨房要搞好间隔，可用吊柜、立柜制作隔断，装上玻璃推拉门，尽量使油烟不渗入厅、室。

吊柜下、工作台上面的照明最好用日光灯，就餐时用作照明则使用明亮的白炽灯。颜色在厨房中的应用也是很重要的，淡白色或白色的瓷砖墙面，有利于清除污垢。

图 12-4 所示为厨房装饰设计的制作效果。

图 12-4　厨房装饰设计的制作效果

12.2.4　卫生间的设计

卫生间的装饰设计要讲究实用，并考虑卫生用具和整体装饰效果的协调性。在卫生间内可安装取暖、照明、排气三合一的"浴霸"，既可以节约成本，又可以减少顶面空间的占用。

墙面和地面可以铺贴瓷砖，可采用白色、浅绿色等色彩。有时也可将卫生洁具作为主色调，与墙面、地面形成对比，可以使卫生间呈现立体感。卫生洁具的选择应从整体上考虑，尽量与整体布置相协调。

顶面可以制作防水吊顶，现在大多数居室选择制作铝扣板吊顶，因其具有经济实惠、易清洗等优点。

地漏安装于卫生间的地面上，用以排除地面污水或积水，但应防止垃圾流入管子，堵塞管道。地漏的表面采用花格式漏孔板与地面平齐，中间还可有一活络孔盖；取出活络孔盖，可插入洗衣机的排水管。

图 12-5 所示为卫生间装饰设计的制作效果。

图 12-5　卫生间装饰设计的制作效果

12.2.5　卧室的设计

卧室内的颜色宜静，比如米灰、淡蓝；有利于营造温和、闲适、愉悦、宁静的氛围，从而保证睡眠质量。而橘红、草绿等过于亮丽的颜色，属于兴奋型的颜色，不适合在卧室里使用。

卧室应保证其私密性，所选用的窗帘应厚实、颜色较深、遮光性强。床头灯最好配有调光的开关。如果居室内的空间允许，可以另外制作衣帽间存放衣物；卧室内还应置放轻便的矮橱，以存储常用的物品。

另外，卧室内电视机的尺寸要根据房间的大小来选用，不应过大。

图 12-6 所示为卧室装饰设计的制作效果。

图 12-6 卧室装饰设计的制作效果

12.3 绘制户型平面图

本节以住宅平面布置图为例,介绍绘制户型平面图的操作方法,主要内容包括轴网、墙体、门窗以及附属设施等图形的绘制。

12.3.1 绘制轴网

轴网为绘制墙体提供定位功能,所以在绘制平面图之前,首先应绘制轴网,为后续的绘图工作打下基础。

01 调用 L(直线)命令,分别绘制垂直直线和水平直线,结果如图 12-7 所示。

02 调用 O(偏移)命令,偏移直线,结果如图 12-8 所示。

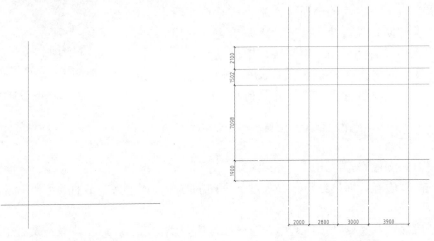

图 12-7 绘制直线   **图 12-8 偏移直线**

12.3.2 绘制墙体

墙体是主要的建筑构件,用于明确划分居室的开间和进深。在轴网的基础上绘制墙体,可以准确定位,以保证墙体位置的准确性。

01 执行 O(偏移)命令，设置偏移距离为 100，选择上一小节所绘制的各条轴线，分别向两侧偏移，结果如图 12-9 所示。

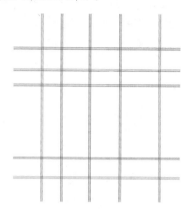

图 12-9　偏移轴线

02 调用 E(删除)命令，隐藏位于中间的轴线，结果如图 12-10 所示。

03 调用 TR(修剪)命令，修剪轴线；调用 L(直线)命令，绘制直线，绘制墙体的结果如图 12-11 所示(墙体的宽度均为 200)。

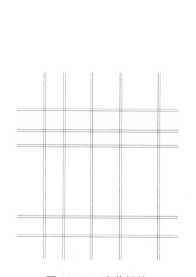

图 12-10　隐藏轴线

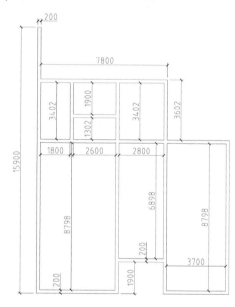

图 12-11　绘制墙体

04 完善墙体图形。调用 L(直线)命令，绘制墙线；调用 TR(修剪)命令，修剪墙线，结果如图 12-12 所示。

05 绘制隔墙。调用 O(偏移)命令及 TR(修剪)命令，偏移并修剪墙线，结果如图 12-13 所示。

06 绘制多边形房间墙体。调用 L(直线)命令，绘制直线；调用 O(偏移)命令，偏移直线，绘制结果如图 12-14 所示。

07 调用 L(直线)命令、O(偏移)命令及 TR(修剪)命令，对墙线进行编辑修改，结果如图 12-15 所示。

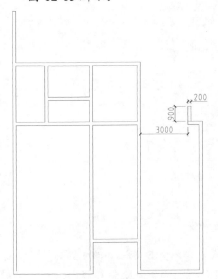

图 12-12　修剪墙线

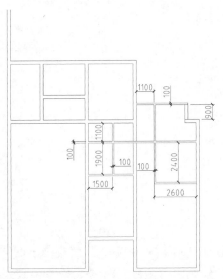

图 12-13　绘制隔墙

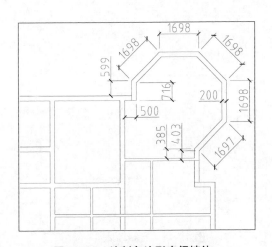

图 12-14　绘制多边形房间墙体

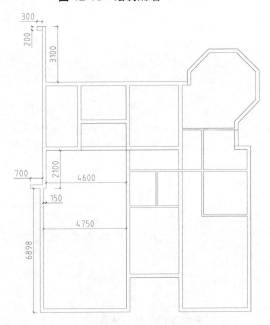

图 12-15　编辑结果

08 绘制承重墙。调用 L(直线)命令，绘制直线；调用 O(偏移)命令，偏移直线，绘制结果如图 12-16 所示。

09 填充图案。调用 H(图案填充)命令，再在命令行中输入 T(设置)命令，系统弹出"图案填充和渐变色"对话框。在该对话框中设置图案填充的参数，如图 12-17 所示。

10 单击"添加：拾取点"按钮，在绘图区中拾取填充区域；按 Enter 键返回对话

框，单击"确定"按钮，关闭该对话框，完成图案填充的操作，结果如图 12-18
所示。

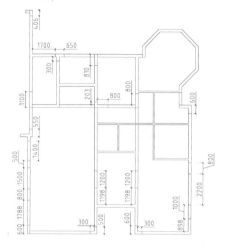

图 12-16　绘制承重墙

图 12-17　"图案填充和渐变色"对话框

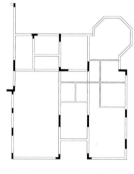

图 12-18　填充结果

12.3.3　绘制门窗

门窗兼具通风和采光的功能，是主要的建筑构件之一。在绘制门窗图形之前应先确定门窗洞的位置，再在该基础上绘制居室的门窗。

01 绘制门窗洞。调用 L(直线)命令，绘制直线；调用 TR(修剪)命令，修剪墙线，结果如图 12-19 所示。

02 绘制入户子母门。调用 REC(矩形)命令，分别绘制尺寸为 850×50、350×50 的矩形，结果如图 12-20 所示。

03 调用 A(圆弧)命令，绘制圆弧，结果如图 12-21 所示。

04 绘制推拉门。调用 REC(矩形)命令，分别绘制尺寸为 850×50、750×50 的矩形；调用 L(直线)命

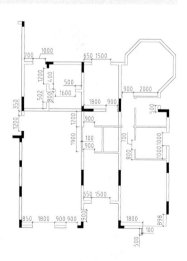

图 12-19　绘制门窗洞

令，绘制直线，结果如图 12-22 所示。

05 绘制平开窗。调用 L(直线)命令，绘制直线；调用 O(偏移)命令，偏移直线，结果如图 12-23 所示。

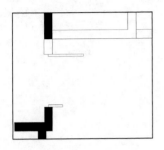

图 12-20 绘制矩形

图 12-21 绘制圆弧

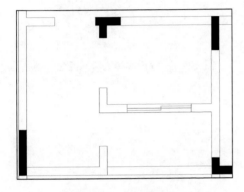

图 12-22 绘制推拉门

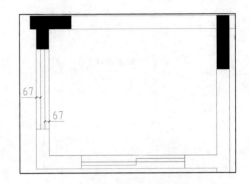

图 12-23 绘制平开窗

06 绘制飘窗。调用 PL(多段线)命令，绘制多段线；调用 O(偏移)命令，偏移多段线，结果如图 12-24 所示。

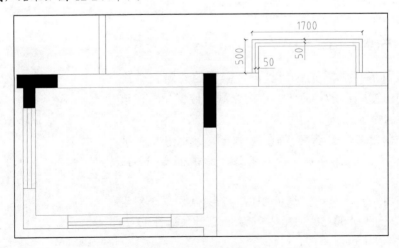

图 12-24 绘制飘窗

07 绘制扶手。调用 O(偏移)命令及 TR(修剪)命令，偏移并修剪线段，结果如图 12-25 所示。

08 重复操作，继续绘制门窗图形，结果如图 12-26 所示。

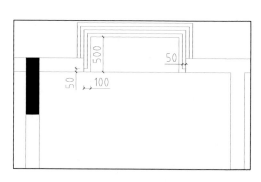

图 12-25　绘制扶手

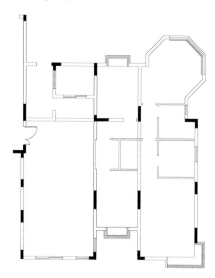

图 12-26　绘制结果

12.3.4　绘制阳台

阳台拓展了居室的室内空间，属于居室的建筑面积的范围之一。阳台可以提供休闲娱乐、眺望等功能，对阳台进行合理的规划设计，可以提升阳台的使用功能。

01 绘制直线。调用 L(直线)命令，绘制直线；调用 O(偏移)命令，偏移直线，结果如图 12-27 所示。

02 绘制阳台和天台轮廓。调用 PL(多段线)命令，绘制多段线；调用 O(偏移)命令，偏移多段线，结果如图 12-28 所示。

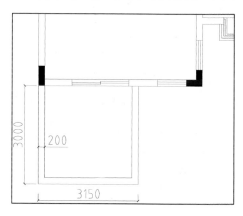

图 12-27　偏移直线

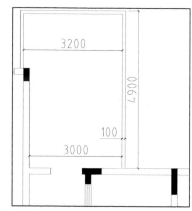

图 12-28　绘制阳台和天台轮廓

03 划分阳台与天台区域。调用 L(直线)命令，绘制直线；调用 O(偏移)命令，偏移直线，结果如图 12-29 所示。

04 调用 PL(多段线)命令，绘制折断线，结果如图 12-30 所示。

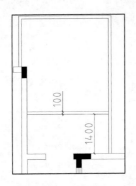

图 12-29　偏移直线

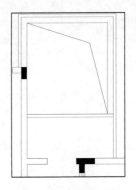

图 12-30　绘制折断线

12.3.5　绘制附属设施

附属设施包括飘窗、空调位、楼梯踏步等。附属设施可以延伸房屋的功能，是完善房屋使用功能不可或缺的。例如，飘窗经过设计改造，可以增大房间的使用面积；空调位用来放置空调的外机等。

01 绘制主卧室飘窗外沿设施。调用 PL(多段线)命令，绘制多段线；调用 O(偏移)命令，偏移多段线，结果如图 12-31 所示。

02 绘制空调位。调用 PL(多段线)命令及 O(偏移)命令，绘制并偏移多段线，结果如图 12-32 所示。

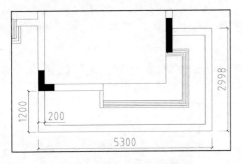

图 12-31　偏移多段线

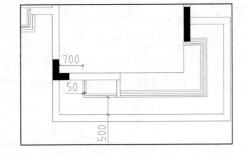

图 12-32　绘制空调位

03 调用 L(直线)命令，绘制直线；调用 O(偏移)命令，偏移直线，结果如图 12-33 所示。

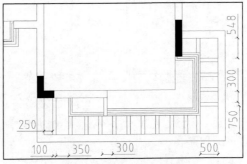

图 12-33　绘制并偏移直线

04 调用 L(直线)命令及 O(偏移)命令, 绘制并偏移直线; 调用 PL(多段线)命令, 绘制折断线, 结果如图 12-34 所示。

05 绘制楼梯踏步。调用 L(直线)命令, 绘制直线; 调用 O(偏移)命令, 偏移直线, 结果如图 12-35 所示。

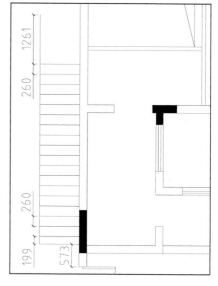

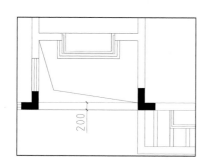

图 12-34 绘制结果 图 12-35 绘制楼梯踏步

06 绘制指示箭头。调用 PL(多段线)命令, 命令行提示如下。

```
命令: PLINE↙
指定起点:                          //指定多段线的起点
当前线宽为 0
指定下一个点或 [圆弧(A)/半宽(H)/长度(L)/放弃(U)/宽度(W)]:
                                  //向上移动鼠标, 单击指定第二点
指定下一点或 [圆弧(A)/闭合(C)/半宽(H)/长度(L)/放弃(U)/宽度(W)]: W
                                  //输入 W, 选择"宽度"选项
指定起点宽度 <0>: 50
指定端点宽度 <50>: 0              //分别指定起点和端点的宽度
指定下一点或 [圆弧(A)/闭合(C)/半宽(H)/长度(L)/放弃(U)/宽度(W)]:
指定下一点或 [圆弧(A)/闭合(C)/半宽(H)/长度(L)/放弃(U)/宽度(W)]:
                                  //指定箭头的起点和终点, 绘制指示箭头的结果如图 12-36 所示
```

07 尺寸标注。调用 DLI(线性标注)命令, 绘制原始结构图的开间和进深尺寸标注, 结果如图 12-37 所示。

08 图名标注。调用 MT(多行文字)命令, 在绘图区指定文字的输入范围; 在弹出的在位文字编辑框中输入图名标注文字; 调用 L(直线)命令, 在文字标注下面绘制两根下划线, 并将其中一根下划线的线宽更改为 0.4mm, 绘制结果如图 12-38 所示。

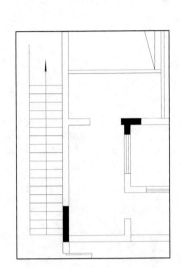

图 12-36　绘制指示箭头

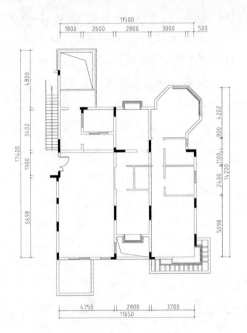

图 12-37　尺寸标注

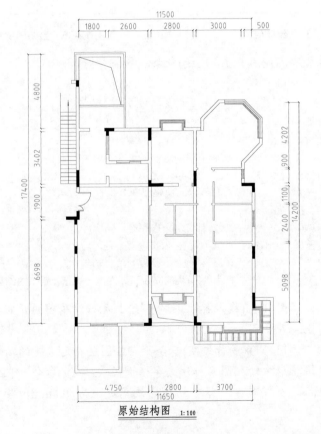

原始结构图　1:100

图 12-38　图名标注

12.4　住宅室内平面布置图设计

住宅室内各功能区域经过设计改造后，更符合人们的使用需求。本节介绍住宅内平面布置图的绘制方法。

12.4.1　绘制拆改平面图

在对房屋的原始结构进行设计改造时，有时需要对墙体等设施进行拆除重建，以便符合设计要求。拆改平面图就是表示房屋中被拆除的构件与新建造的构件的图示。

原餐厅的墙体除承重墙外，全部进行拆除；厨房的墙体部分拆除。墙体拆除后，可以布置开放式厨房，并与餐厅连在一起，充分利用改造后得到的空间。

客厅新建对称的墙体，方便制作立面造型。主卧衣帽间的墙体往南移动，可以增大过道的空间。

01 划分待拆墙体范围。调用 O(偏移)命令，偏移墙线；调用 TR(修剪)命令，修剪墙线，结果如图 12-39 所示。

02 将待拆墙体的线型更改为虚线，结果如图 12-40 所示。

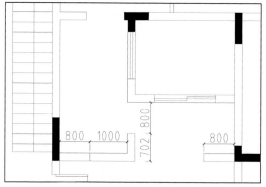

图 12-39　修剪墙线

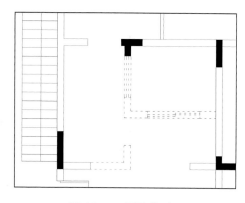

图 12-40　更改线型

03 调用 H(图案填充)命令，再在命令行中输入 T(设置)命令，系统弹出"图案填充和渐变色"对话框。选择名称为 ANSI32 的图案，设置填充比例为 10，对待拆墙体绘制图案填充，结果如图 12-41 所示。

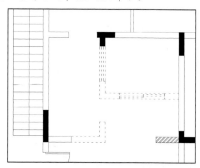

图 12-41　填充图案

04 绘制拆改平面图。调用 L(直线)、O(偏移)、TR(修剪)等命令，绘制拆改平面图，结果如图 12-42 所示。

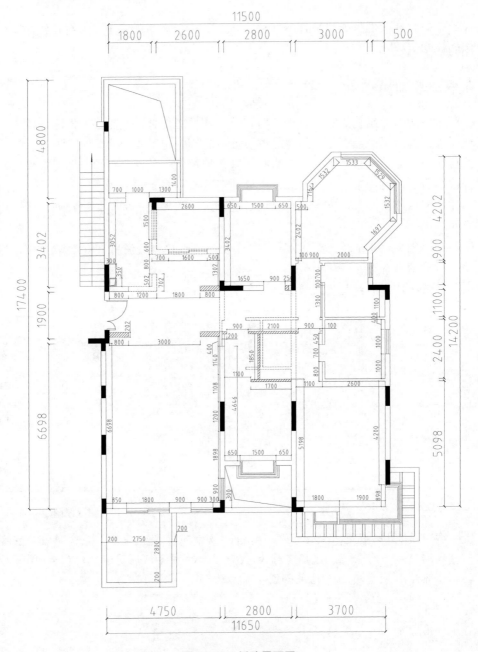

图 12-42　拆改平面图

05 绘制图例表。调用 REC(矩形)命令，绘制矩形；调用 X(分解)命令，分解矩形；调用 O(偏移)命令，偏移矩形边，结果如图 12-43 所示。

06 调用 REC(矩形)命令及 H(图案填充)命令，绘制图例；调用 MT(多行文字)命令，绘制文字标注，结果如图 12-44 所示。

图 12-43　绘制图例表

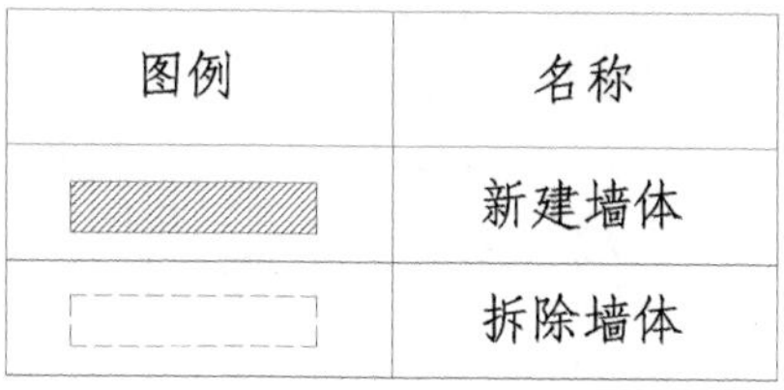

图例	名称
	新建墙体
	拆除墙体

图 12-44　绘制图例及文字标注

12.4.2　布置客厅和阳台

客厅和阳台通常相邻，所以在对这两个区域进行设计改造时，可以一起考虑两个功能区之间的互补性。客厅需满足会客、娱乐等要求，而阳台则可作为客厅的拓展空间，将会客、休闲娱乐的功能延伸至其中。

01　整理图形。调用 E(删除)命令，删除待拆除的墙体，整理图形的结果如图 12-45 所示。

02　调用 E(删除)命令，删除新建墙体的填充图案，方便绘制平面布置图，结果如图 12-46 所示。

图 12-45　整理结果

图 12-46　删除图案

03　绘制客厅背景墙装饰。调用 L(直线)命令，绘制直线，结果如图 12-47 所示。

04　填充背景墙图案。调用 H(图案填充)命令，再在命令行中输入 T(设置)命令，系统弹出"图案填充和渐变色"对话框。设置图案填充的参数，结果如图 12-48 所示。

05　单击"添加：拾取点"按钮，在绘图区中拾取填充区域。按 Enter 键返回对话框，单击"确定"按钮，关闭该对话框，完成图案填充的操作，结果如图 12-49 所示。

06　绘制壁炉位。调用 REC(矩形)命令，绘制矩形，结果如图 12-50 所示。

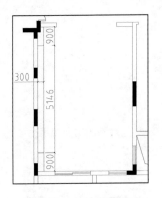

图 12-47 绘制直线

图 12-48 "图案填充和渐变色"对话框

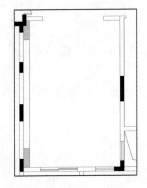

图 12-49 填充结果

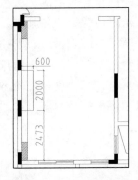

图 12-50 绘制壁炉位

07 插入图块。按 Ctrl+O 组合键，打开配套资源中的"素材\第 12 章\家具图例.dwg"文件，将其中的组合沙发、休闲桌椅、盆景等图块复制粘贴至当前图形中，结果如图 12-51 所示。

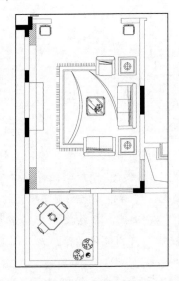

图 12-51 插入图块

12.4.3　布置餐厅和厨房

餐厅和厨房作为功能互补的两个空间，在进行设计改造的时候，要考虑两个区域间的连贯性。本例中的厨房为开放式，与餐厅相连；在充分利用空间的同时也兼顾了厨房的实用性。

01　绘制橱柜台面线。调用 L(直线)命令，绘制直线，结果如图 12-52 所示。

02　绘制矮柜。调用 REC(矩形)命令，绘制矩形；调用 O(偏移)命令，偏移墙线，结果如图 12-53 所示。

03　调用 L(直线)命令，绘制对角线；调用 H(图案填充)命令，选择名称为 ANSI31 的图案，填充比例为 15，绘制图案填充，结果如图 12-54 所示。

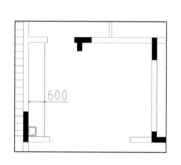

图 12-52　绘制橱柜台面线

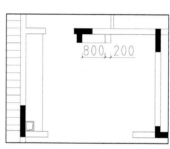

图 12-53　绘制矮柜

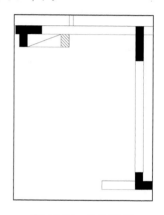

图 12-54　绘制结果

04　绘制餐边柜。调用 REC(矩形)命令，绘制矩形；调用 L(直线)命令，绘制对角线，结果如图 12-55 所示。

05　绘制平开门。调用 REC(矩形)命令，绘制尺寸为 1000×50 的矩形；调用 A(圆弧)命令，绘制圆弧，结果如图 12-56 所示。

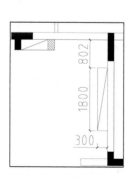

图 12-55　绘制餐边柜

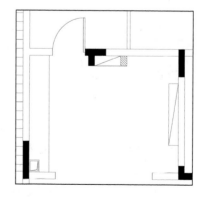

图 12-56　绘制平开门

06　插入图块。按 Ctrl+O 组合键，打开配套资源中的"素材\第 12 章\家具图例.dwg"文件，将其中的餐桌、厨具等图块复制粘贴至当前的图形中，结果如图 12-57 所示。

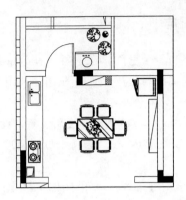

图 12-57　插入图块

12.4.4　布置书房

书房的主要功能为学习或工作。本例中书房的面积较小，因而仅配备了必需的办公桌和书柜。面积较大的书房可以酌情增加其他的使用物品，比如休闲沙发供阅读用，盆栽用于净化空气、美化环境，等等。

01　绘制书柜。调用 O(偏移)命令，偏移墙线；调用 L(直线)命令，绘制对角线，结果如图 12-58 所示。

02　填充图案。调用 H(图案填充)命令，再在命令行中输入 T(设置)命令，系统弹出"图案填充和渐变色"对话框，设置图案填充的参数，如图 12-59 所示。

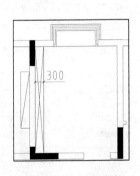

图 12-58　绘制书柜

图 12-59　"图案填充和渐变色"对话框

03　单击"添加：拾取点"按钮，在绘图区拾取填充区域。按 Enter 键返回对话框，单击"确定"按钮，关闭该对话框，完成图案填充的操作，结果如图 12-60 所示。

04　绘制平开门。调用 REC(矩形)命令，绘制尺寸为 900×50 的矩形；调用 A(圆弧)命令，绘制圆弧，结果如图 12-61 所示。

05　插入图块。按 Ctrl+O 组合键，打开配套资源中的"素材\第 12 章\家具图例.dwg"文件，将其中的书桌图块复制粘贴至当前图形中，结果如图 12-62 所示。

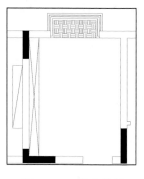

图 12-60　填充结果

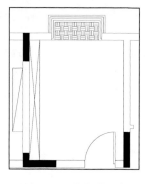

图 12-61　绘制平开门

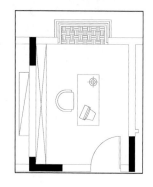

图 12-62　插入图块

12.4.5　布置主卫

主卫的使用者为两个人，所以应考虑到两个人需要同时使用的情况。本例中的主卫面积较大，因此可以同时设置淋浴器和浴缸，以满足不同的使用需求。两个洗脸盆是为了避免需要同时使用时起冲突。

01　绘制淋浴间。调用 O(偏移)命令，偏移墙线；调用 TR(修剪)命令，修剪墙线，结果如图 12-63 所示。

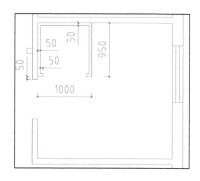

图 12-63　绘制淋浴间

02　填充图案。调用 H(图案填充)命令，再在命令行中输入 T(设置)命令，系统弹出"图案填充和渐变色"对话框，设置图案填充的参数，如图 12-64 所示。

03　单击"添加：拾取点"按钮，在绘图区拾取填充区域。按 Enter 键返回对话框，单击"确定"按钮，关闭该对话框，完成图案填充的操作，结果如图 12-65 所示。

04　绘制木桶洗浴区和洗手台。调用 L(直线)命令，绘制直线；调用 REC(矩形)命令，绘制矩形，结果如图 12-66 所示。

05　绘制平开门。调用 REC(矩形)命令，绘制尺寸为 700×50 的矩形；调用 A(圆弧)命令，绘制圆弧，结果如图 12-67 所示。

图 12-64 "图案填充和渐变色"对话框

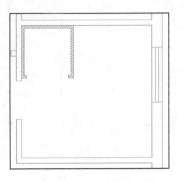

图 12-65 填充图案

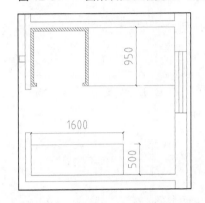

图 12-66 绘制木桶洗浴区和洗手台

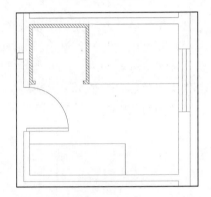

图 12-67 绘制平开门

06 插入图块。按 Ctrl+O 组合键,打开配套资源中的"素材\第 12 章\家具图例.dwg"文件,将其中的洁具图块复制粘贴至当前图形中,结果如图 12-68 所示。

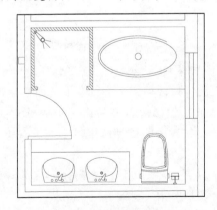

图 12-68 插入图块

12.4.6 布置主卧

卧室的主要功能为休息,但是随着现代生活节奏的加快,卧室的功能得到延伸,视听、阅读等行为也开始在卧室中完成。因此,卧室的设计理念需要进行必要的更改,以满足这些要求。

本例主卧室较大，可以兼具视听、学习、阅读等功能。

01 绘制电视柜、书桌。调用 REC(矩形)命令，绘制尺寸为 1800×300 的矩形，作为电视柜；绘制尺寸为 1200×450 的矩形，作为书桌，结果如图 12-69 所示。

02 填充图案。调用 H(图案填充)命令，再在命令行中输入 T(设置)命令，系统弹出"图案填充和渐变色"对话框。选择名称为 EARTH 的图案，设置填充比例为 20，绘制图案填充的结果如图 12-70 所示。

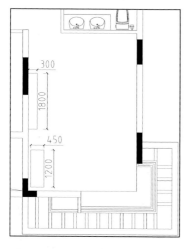

图 12-69　绘制电视柜、书桌

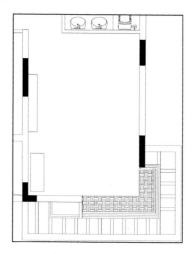

图 12-70　填充图案

03 绘制平开门。调用 REC(矩形)命令，绘制尺寸为 900×50 的矩形；调用 A(圆弧)命令，绘制圆弧，结果如图 12-71 所示。

04 绘制衣柜。调用 REC(矩形)命令，绘制矩形；调用 L(直线)命令，绘制直线，结果如图 12-72 所示。

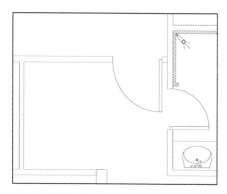

图 12-71　绘制平开门

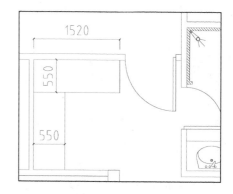

图 12-72　绘制衣柜

05 插入图块。按 Ctrl+O 组合键，打开配套资源中的"素材\第 12 章\家具图例.dwg"文件，将其中的双人床、电视机等图块复制粘贴至当前图形中，结果如图 12-73 所示。

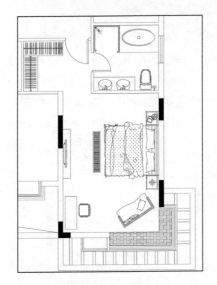

图 12-73　插入图块

12.4.7　绘制尺寸标注和文字标注

为平面图绘制尺寸标注，表明开间、进深尺寸是必需的，这有助于读图和施工。文字标注可以弥补尺寸标注的不足，为图纸做进一步的设计说明。

01　沿用上述的绘制方法，继续绘制其他区域的平面布置图，绘制结果如图 12-74 所示。

02　绘制文字标注。调用 MT(多行文字)命令，在绘图区中指定文字输入区域的对角点；在弹出的在位编辑框中输入文字标注，如图 12-75 所示。

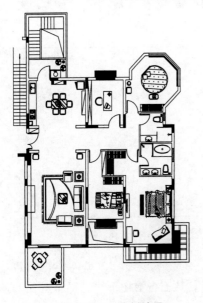

图 12-74　绘制结果

图 12-75　输入文字标注

03 在"文字格式"工具栏中单击"确定"按钮,即可完成文字标注的操作,结果如图 12-76 所示。

04 重复操作,绘制其他区域的文字标注,结果如图 12-77 所示。

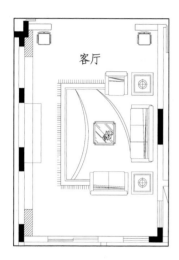

图 12-76　标注结果

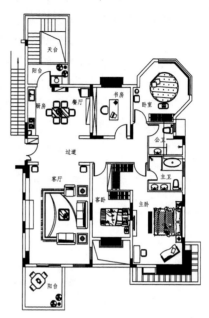

图 12-77　绘制结果

05 绘制尺寸标注。调用 DLI(线性标注)命令,为平面布置图绘制尺寸标注,结果如图 12-78 所示。

06 图名标注。调用 MT(多行文字)命令,在绘图区指定文字的输入范围,并在弹出的在位文字编辑框中输入图名标注文字;调用 L(直线)命令,在文字标注下面绘制两根下划线,并将其中一根下划线的线宽更改为 0.4mm,绘制结果如图 12-79 所示。

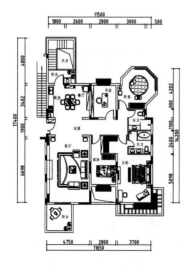

图 12-78　尺寸标注

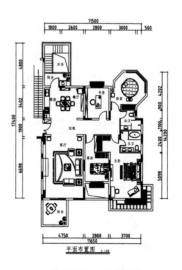

图 12-79　图名标注

12.5　绘制地面布置图

地面布置图可以表明室内各区域地面制作的使用材料、铺贴方式等，成为室内装修设计图纸中不可缺少的一项。本例地面布置所用到的材料主要有木地板、地毯、石材等，应根据不同区域的不同使用功能来选择相应的材料及制作方法。

01　整理图形。调用 CO(复制)命令，移动复制一份绘制完成的平面布置图至一旁；调用 E(删除)命令，删除多余的图形，结果如图 12-80 所示。

02　调用 L(直线)命令，在门洞处绘制门槛线，结果如图 12-81 所示。

图 12-80　整理图形　　　　　　　　图 12-81　绘制门槛线

03　填充客餐厅地面图案。调用 H(图案填充)命令，再在命令行中输入 T(设置)命令，系统弹出"图案填充和渐变色"对话框，设置图案填充的参数，如图 12-82 所示。

04　单击"添加：拾取点"按钮💠，在绘图区拾取填充区域。按 Enter 键返回对话框，单击"确定"按钮，关闭该对话框，完成图案填充的操作，结果如图 12-83 所示。

05　填充卧房地面图案。调用 H(图案填充)命令，再在命令行中输入 T(设置)命令，系统弹出"图案填充和渐变色"对话框。设置图案填充参数，如图 12-84 所示。

06　单击"添加：拾取点"按钮💠，在绘图区拾取填充区域。按 Enter 键返回对话框，单击"确定"按钮，关闭该对话框，完成图案填充的操作，结果如图 12-85 所示。

图 12-82　"图案填充和渐变色"对话框

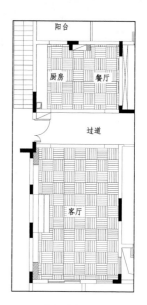

图 12-83　填充客餐厅地面

图 12-84　设置参数

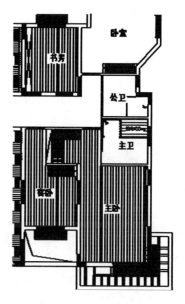

图 12-85　填充卧室地面

07 填充主卫地面图案。按 Enter 键，调出"图案填充和渐变色"对话框，更改"角度"参数为 0，绘制图案填充的结果如图 12-86 所示。

08 填充阳台、公卫地面图案。调用 H(图案填充)命令，再在命令行中输入 T(设置)命令，系统弹出"图案填充和渐变色"对话框，设置图案填充的参数，如图 12-87 所示。

图 12-86　填充主卫地面图案　　　　　　　图 12-87　设置参数

09 单击"添加：拾取点"按钮，在绘图区拾取填充区域。按 Enter 键返回对话框，单击"确定"按钮，关闭该对话框，完成图案填充的操作，结果如图 12-88 所示。

10 填充过道地面图案。调用 H(图案填充)命令，再在命令行中输入 T(设置)命令，系统弹出"图案填充和渐变色"对话框，设置图案填充的参数，如图 12-89 所示。

图 12-88　填充阳台和公卫地面图案　　　　　图 12-89　设置参数

11 单击"添加：拾取点"按钮 ⊞，在绘图区拾取填充区域。按下 Enter 键返回对话框，单击"确定"按钮，关闭该对话框，完成图案填充的操作，结果如图 12-90 所示。

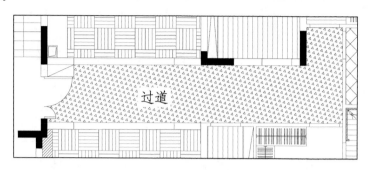

图 12-90　填充过道地面图案

12 填充壁炉前方地面图案。调用 H(图案填充)命令，再在命令行中输入 T(设置)命令，系统弹出"图案填充和渐变色"对话框，设置图案填充的参数，如图 12-91 所示。

13 在对话框中单击"添加：拾取点"按钮 ⊞，在绘图区拾取填充区域。按 Enter 键返回对话框，单击"确定"按钮，关闭该对话框，完成图案填充的操作，结果如图 12-92 所示。

图 12-91　"图案填充和渐变色"对话框

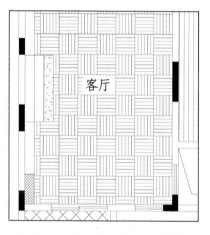

图 12-92　填充壁炉前方地面图案

14 填充门槛线图案。调用 H(图案填充)命令，再在命令行中输入 T(设置)命令，系统弹出"图案填充和渐变色"对话框，设置图案填充的参数，如图 12-93 所示。

15 在对话框中单击"添加：拾取点"按钮 ⊞，在绘图区拾取填充区域。按 Enter 键返回对话框，单击"确定"按钮，关闭该对话框，完成图案填充的操作，结果如图 12-94 所示。

16 地面图案绘制完成的结果如图 12-95 所示。

图 12-93　设置参数

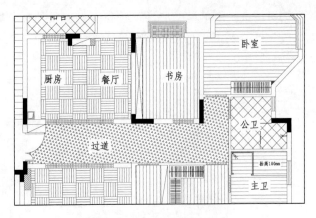

图 12-94　填充门槛线图案

图 12-95　绘制结果

17 绘制材料标注。调用 MLD(多重引线)命令，在绘图区分别指定引线箭头、引线基线的位置，在弹出的在位编辑框中输入文字标注。在"文字格式"对话框中单击"确定"按钮，关闭该对话框，完成材料标注操作，结果如图 12-96 所示。

18 绘制尺寸标注、图名标注。调用 DLI(线性标注)、MT(多行文字)及 L(直线)命令，绘制尺寸标注和图名标注，结果如图 12-97 所示。

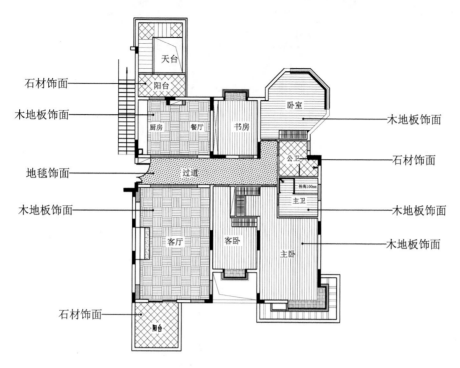

图 12-96 绘制材料标注

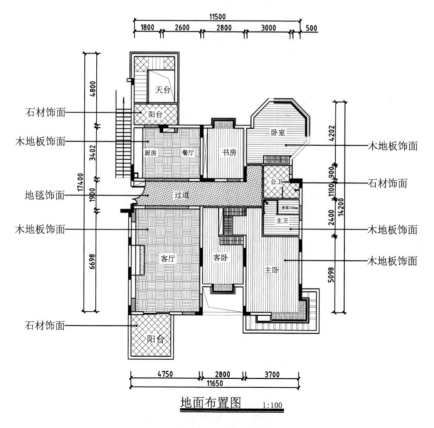

地面布置图 1:100

图 12-97 绘制尺寸和图名标注

12.6　上机操作

1. 沿用本章介绍的方法，绘制如图 12-98 所示的别墅一层原始结构图。

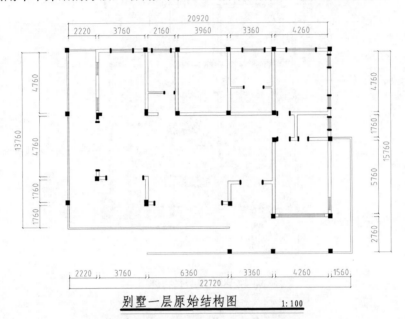

别墅一层原始结构图　　　1∶100

图 12-98　别墅一层原始结构图

2. 沿用本章介绍的方法，绘制如图 12-99 所示的别墅一层平面布置图。

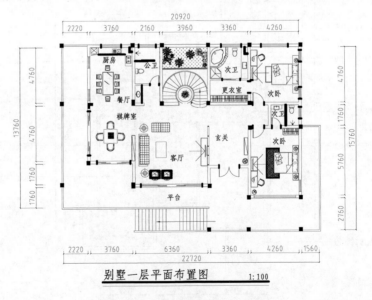

别墅一层平面布置图　　　1∶100

图 12-99　别墅一层平面布置图

3.　沿用本章介绍的方法，绘制如图 12-100 所示的别墅一层地面布置图。

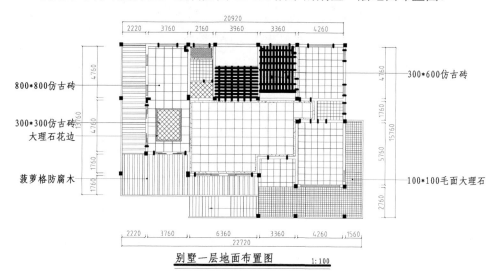

图 12-100　别墅一层地面布置图

第 13 章

住宅顶棚布置图绘制

本章导读

顶棚图是以镜像投影法画出的反映顶棚平面形状、灯具位置、材料选用、尺寸标高以及构造做法等内容的水平镜像投影图，是室内设计装饰装修施工图的主要图样之一。

本章首先介绍室内顶棚平面图的相关知识，然后通过具体实例讲解顶棚图的绘制方法与操作步骤。

● **学习目标**

➤ 了解和熟悉室内顶棚平面图的形成、识读等基础知识。

➤ 掌握顶棚图的绘制流程和方法。

➤ 了解和熟悉顶棚设计的方法和内容。

➤ 了解顶棚图的相关施工工艺。

13.1 住宅顶棚平面图概述

住宅顶棚要依据室内空间、居室装饰风格等进行设计改造，本节介绍顶棚图的形成、表达与绘制等内容。

13.1.1 室内顶棚图的形成与表达

住宅顶棚布置图是使用镜像投影法画出的反映顶棚平面形状、灯具位置、材料选用、尺寸标高以及构造做法等内容的水平镜像投影图。

住宅顶棚布置图常用 1∶100 的比例来绘制。在顶棚平面中剖切到的墙柱用粗实线，未剖切到的但是能看到的顶棚造型、灯具、风口等使用细实线来表示。

图 13-1 所示为绘制完成的居室顶棚布置图。

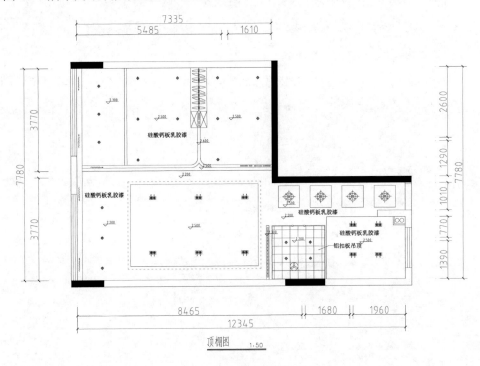

图 13-1 居室顶棚布置图

13.1.2 室内顶棚图的识读

下面以图 13-1 所示的顶棚布置图为例，介绍顶棚图的识读方法。

在识读顶棚图之前，应先了解顶棚所在的房间平面布置的基本情况。因为在装饰设计中，平面布置图的功能分区、交通流线及尺度等与顶棚的形式、顶面标高、选材等有着密切的关系。只有在了解平面布置图的基础上，才能够读懂顶棚布置图。

识读顶棚造型、灯具布置及其底面标高。顶棚的底面标高是指顶棚造型制作完成后的表面高度,相当于该部分的建筑标高。为了方便施工和识图,习惯上都将顶棚底面标高以所在楼层底面完成面为起点进行标注。例如,图 13-1 中的 2.500 标高就是指客厅一层地面到顶棚最高处(即直接顶棚)的距离,单位为 m,2.500 标高处为吊顶做法。

明确顶棚的尺寸、做法。在图 13-1 中客厅 2.500 标高为吊顶顶棚标高,此处吊顶宽为351mm,做法为轻钢龙骨纸面石膏板饰面、刮白后罩白色乳胶漆。内侧虚线代表隐藏的灯槽板,其中设有日光灯带。餐厅吊顶也为轻钢龙骨纸面石膏板做法,预留窗帘盒,饰面为白色乳胶漆。卧室为平顶。

卫生间为铝扣板吊顶,中间安装浴霸。厨房也为铝扣板吊顶,中间安装防雾灯。

注意图中各窗口有无窗帘及窗帘盒做法,并明确其尺寸。在图 13-1 中,客厅、餐厅、卧室等都设计制作了窗帘盒。

识读图中有无与吊顶相连接的吊柜、壁柜等家具。在图 13-1 中,与主卫门口相对的位置有壁柜,在图中用打叉符号来表示。

13.1.3 室内顶棚图的图示内容

室内顶棚图的图示内容如下。

(1) 门窗洞口、门绘制门边线即可,不画门扇及开启线。

(2) 室内顶棚的造型、尺寸、做法及说明。

(3) 室内顶棚灯具符号及具体位置。

(4) 室内各种顶棚的完成面标高,按照每一层楼地面为±0.000 标注顶棚装饰面标高,这也是实际施工中常用的方法。

(5) 与顶棚相接的家具、设备的位置及尺寸。

(6) 窗帘及窗帘盒的位置、尺寸等。

(7) 空调送风口位置、消防自动报警及与吊顶有关的音频设备的平面位置形式及安装位置。

(8) 图外标注开间、进深、总长、总宽等尺寸。

(9) 标注索引符号、说明文字、图名及比例等。

13.1.4 室内顶棚图的画法

顶棚图需要在平面布置图的基础上绘制。首先应复制一份已绘制完成的平面布置图,将平面布置图上的活动家具、门图形删除,保留固定的吊柜、壁柜等家具。在门洞处绘制门口线,划分各功能分区的吊顶区域。在所划分的吊顶区域内绘制顶面造型,填充顶面装饰材料的图案。

绘制灯带,调入灯具图块。标注顶面尺寸,绘制标高标注。标注顶棚图外部尺寸,绘制图名标注及比例,完成室内顶棚图的绘制。

13.2　绘制各空间顶棚图

为室内各空间的顶面设计制作装饰造型，可以满足装饰需求，体现居室风格。本节介绍住宅各空间顶棚图的绘制方法。

13.2.1　绘制客餐厅顶棚

顶棚图需要在平面布置图的基础上绘制。复制一份平面布置图，将平面图上多余的家具图形删除，以免影响顶面造型的表现。

客餐厅作为住宅中主要的活动区域，其顶面装饰当然也不能含糊。由于客餐厅距离较近，因此其顶棚的设计制作要注意整体性。本例中的客餐厅在顶棚设计制作了木质梁，梁间使用木材饰面，既富有整体性又体现了居室风格。具体操作如下。

01　调用 CO(复制)命令，复制一份平面布置图；调用 E(删除)命令，删除多余图形；调用 L(直线)命令，绘制门槛线，结果如图 13-2 所示。

02　绘制壁炉吊顶位。调用 REC(矩形)命令，绘制矩形，结果如图 13-3 所示。

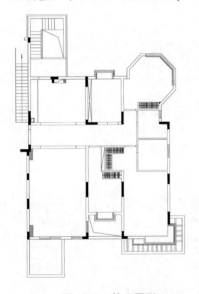

图 13-2　整理图形

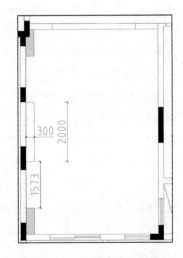

图 13-3　绘制壁炉吊顶位

03　绘制客厅吊顶木结构。调用 O(偏移)命令，偏移墙线，结果如图 13-4 所示。

04　绘制餐厅吊顶木结构。调用 O(偏移)命令，偏移橱柜台面线，结果如图 13-5 所示。

05　填充顶面图案。调用 H(图案填充)命令，再在命令行中输入 T(设置)命令，弹出"图案填充和渐变色"对话框。在其中定义填充图案的参数，结果如图 13-6 所示。

06　选择"添加：拾取点"填充方式，在绘图区中选择填充区域，然后单击"确定"按钮，绘制图案填充的结果如图 13-7 所示。

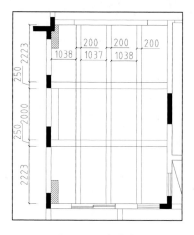

图 13-4 偏移墙线

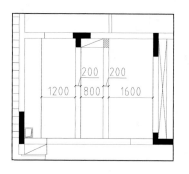

图 13-5 偏移橱柜台面线

图 13-6 "图案填充和渐变色"对话框

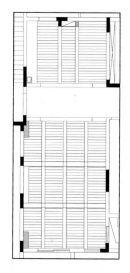

图 13-7 填充顶面图案

13.2.2 绘制卧室顶棚

由于居室选用的是田园装饰风格，所以卧室顶面的装饰风格沿袭了客餐厅的装饰风格，即也使用木材饰面的制作方法。

01 绘制主卧和客卧吊顶木结构。调用 O(偏移)命令，偏移墙线，结果如图 13-8 所示。

02 填充卧室顶面图案。调用 H(图案填充)命令，参照图 13-6 所示的"图案填充和渐变色"对话框中的填充参数，为顶面绘制填充图案，结果如图 13-9 所示。

03 绘制多边形卧室圆形吊顶。调用 C(圆形)命令，分别绘制半径为 1200、1000、950 的圆形，结果如图 13-10 所示。

04 填充顶面图案。调用 H(图案填充)命令，再在命令行中输入 T(设置)命令，弹出"图案填充和渐变色"对话框。在其中定义填充图案的参数，结果如图 13-11 所示。

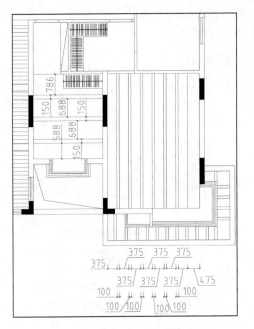

图 13-8   绘制主卧和客卧吊顶木结构

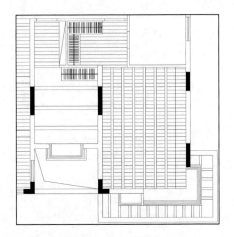

图 13-9   填充顶面图案

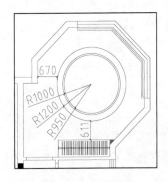

图 13-10   绘制圆形

图 13-11   "图案填充和渐变色"对话框

05 选择"添加：拾取点"填充方式，在绘图区中选择填充区域，然后单击"确定"
按钮，绘制图案填充的结果如图 13-12 所示。

06 绘制过道吊顶。调用 O(偏移)命令，偏移墙线；调用 TR(修剪)命令，修剪墙线，
绘制过道吊顶木结构的结果如图 13-13 所示。

07 填充顶面图案。调用 H(图案填充)命令，再在命令行中输入 T(设置)命令，打开
"图案填充和渐变色"对话框，在其中定义填充图案的参数，结果如图 13-14
所示。

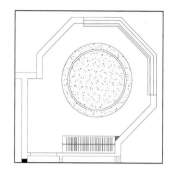

图 13-12　图案填充

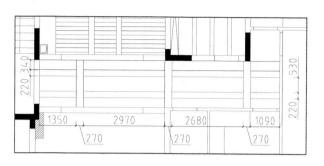

图 13-13　绘制结果

图 13-14　设置参数

08 选择"添加：拾取点"填充方式，在绘图区中选择填充区域，然后单击"确定"按钮，绘制图案填充的结果如图 13-15 所示。

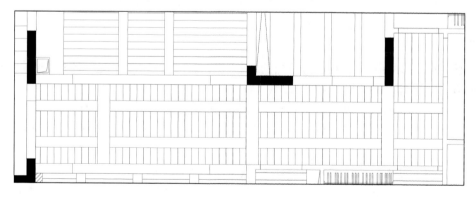

图 13-15　填充结果

09 重复上述操作，继续绘制卫生间以及阳台的顶面装饰图案，结果如图 13-16 所示。

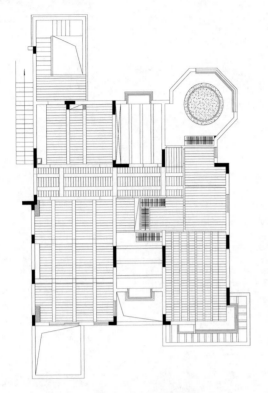

图 13-16   绘制结果

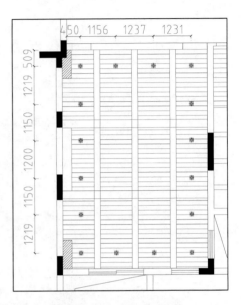

图 13-17   布置客厅灯具

13.3   布置灯具和标注

在设计制作完成吊顶造型后，就需要在顶面上安装灯具，以完善顶面造型的实用功能。本节介绍在居室顶面中设计安装灯具及绘制尺寸、文字标注的操作方法。

13.3.1   布置顶棚灯具

各区域由于功能不同，所以其顶面的灯具种类也不同。一般都是吸顶灯、吊灯作为主要照明灯具，射灯、筒灯提供辅助照明。

01 布置客厅灯具。按 Ctrl+O 组合键，打开配套资源中的"素材\第 13 章\灯具图例.dwg"文件，将其中的斗胆射灯图形复制粘贴至当前图形中，结果如图 13-17所示。

02 调用 L(直线)命令，绘制辅助线，结果如图 13-18 所示。

03 从"第 13 章\灯具图例.dwg"文件中复制吊灯图形，将其置于辅助线的中点上，结果如图 13-19 所示。

04 沿用上述操作，继续为其他区域布置灯具图形，结果如图 13-20 所示。

05 绘制灯具图例表。调用 REC(矩形)命令，绘制尺寸为 3924×3349 的矩形；调用 X(分解)命令，分解矩形；调用 O(偏移)命令，偏移矩形边，结果如图 13-21 所示。

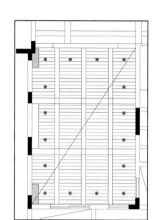

图 13-18　绘制辅助线

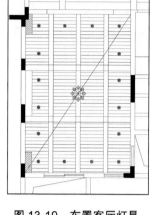

图 13-19　布置客厅灯具

图 13-20　布置结果

图 13-21　绘制结果

06 调用 CO(复制)命令，从顶面布置图中移动复制灯具图例至表格中，结果如图 13-22 所示。

07 调用 MT(多行文字)命令，在表格中绘制灯具种类的文字标注，结果如图 13-23 所示。

图 13-22　复制灯具图例

图例	
✳	吊灯
⊗	吸顶灯
≋	客厅出风口
✴	斗胆射灯

图 13-23　文字标注

13.3.2 标注标高和文字

顶面的标高有助于了解顶面造型的距地高度，通过高度的差别，可以表现顶面造型之间的落差关系。另外，顶面材料的文字标注也是必要的，有助于了解顶面造型材料的种类，为施工提供指导。

01 插入标高图块。调用 I(插入)命令，系统弹出"插入"对话框，在其中选择"标高"图块，如图 13-24 所示。

02 单击"确定"按钮，命令行如下。

```
命令：INSERT↙
指定插入点或 [基点(B)/比例(S)/旋转(R)]：S
指定 XYZ 轴的比例因子 <1>：2
                          //在绘图区中单击标高标注的插入点，系统弹出"编辑属性"对话框
```

03 在"编辑属性"对话框中输入标高值，如图 13-25 所示。

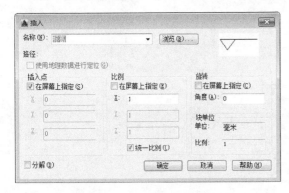

图 13-24　"插入"对话框

图 13-25　文字标注

04 单击"确定"按钮，绘制标高标注的结果如图 13-26 所示。

05 重复操作，绘制吊顶区域的标高标注，结果如图 13-27 所示。

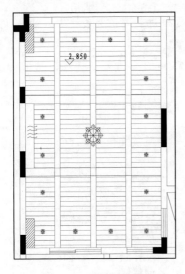

图 13-26　绘制结果

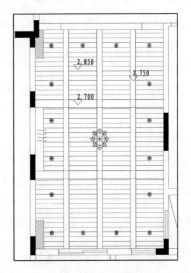

图 13-27　标注结果

06 继续执行 I(插入)命令，绘制标高标注的结果如图 13-28 所示。

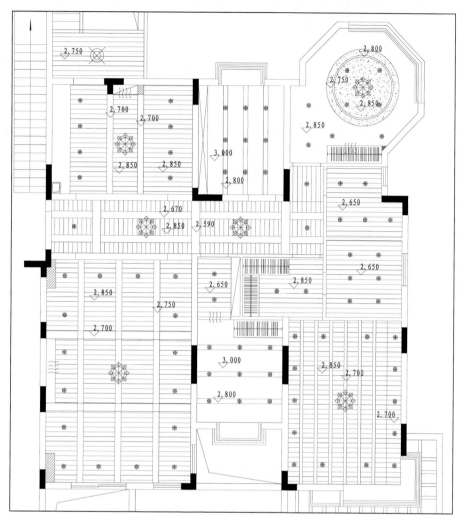

图 13-28　标高标注

07 绘制吊顶材料标注。执行 MLD(多重引线)命令，绘制顶面装饰材料的文字标注，结果如图 13-29 所示。

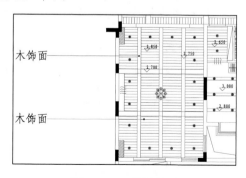

图 13-29　绘制结果

08 重复操作，绘制其他区域顶面的材料标注，结果如图 13-30 所示。

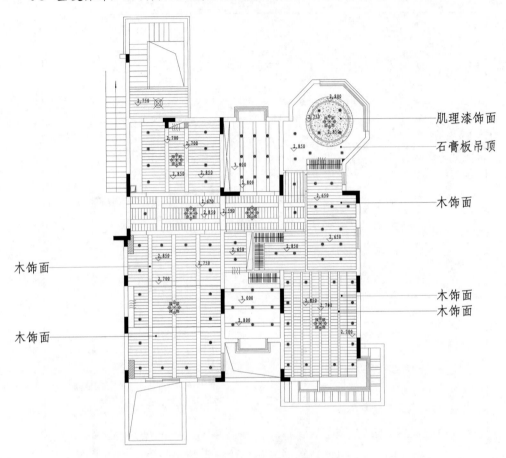

图 13-30 材料标注

13.3.3 标注图名

顶面图绘制完成后，需要绘制图名和比例，以表达该图纸所表现的范围和内容。

01 绘制图名和比例标注。调用 MT(多行文字)命令，在绘图区分别指定文字输入区域的对角点，并在弹出的文字在位编辑框中输入文字。在"文字格式"对话框中单击"确定"按钮，绘制文字标注的结果如图 13-31 所示。

顶面布置图 1:100

图 13-31 文字标注

02 调用 REC(矩形)命令，绘制尺寸为 5219×29 的矩形，结果如图 13-32 所示。

图 13-32 绘制矩形

03　填充图案。调用 H(图案填充)命令，选择名称为 SOLID 的图案，对矩形进行图案填充，结果如图 13-33 所示。

图 13-33　图案填充

04　调用 M(移动)命令，将填充图案后的矩形移动至图名和比例标注的下面；调用 L(直线)命令，在矩形下面绘制同等长度的直线，结果如图 13-34 所示。

顶面布置图 1:100

图 13-34　操作结果

05　尺寸标注。调用 DLI(线性标注)命令，为顶面图绘制尺寸标注，结果如图 13-35 所示。

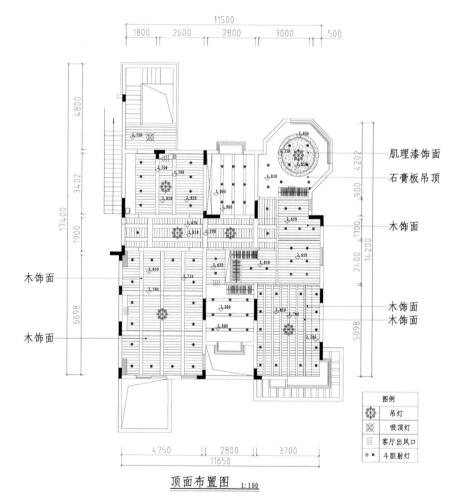

顶面布置图 1:100

图 13-35　尺寸标注

13.4　上机操作

使用本章所介绍的方法，绘制如图 13-36 所示的别墅一层顶面布置图。

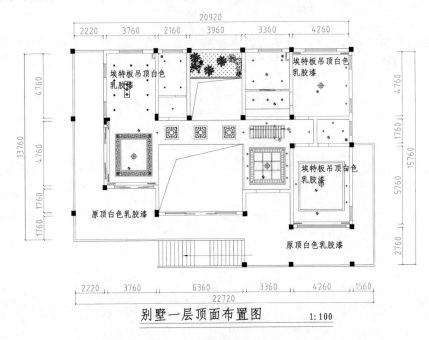

别墅一层顶面布置图　　　　1:100

图 13-36　别墅一层顶面布置图

第 14 章

住宅立面图绘制

▶本章导读

　　室内立面图是将房屋的室内墙面按内视符号的指向，向直立投影面所做的正投影图。立面图用于反映室内垂直空间垂直方向的装饰设计形式、尺寸与做法、材料与色彩的选用等内容，是装饰工程施工图中的主要图样之一，是确定墙面做法的主要依据。

▶学习目标

➤ 了解和熟悉室内立面图的形成、识读、画法等基本知识。

➤ 了解和熟悉客厅、卧室等室内空间常见立面设计方法。

➤ 了解和熟悉墙体立面装饰的材料和施工工艺。

➤ 掌握室内各空间立面图的绘制流程和方法。

14.1 室内装潢设计立面图概述

室内墙立面的设计效果表达了居室的装饰风格，成为居室装饰装潢的重点。本节介绍室内装潢设计立面图的相关理论知识，包括立面图的形成、表达、画法等。

14.1.1 室内立面图的形成与表达方式

室内立面图是将房屋的室内墙面按照内视投影符号的指向，向直立投影面所做的正投影图，用来反映室内空间垂直方向上的装饰设计形式、尺寸与做法、材料与色彩等内容，是确定墙面做法的主要依据。

室内立面图除了需要表达非固定家具、装饰构件等的情况外，还应包括投影方向可见的室内轮廓线和装饰构造、门窗、墙面做法、固定家具、灯具等内容以及必要的尺寸和标高。

在绘制室内顶棚轮廓线时，可以依据实际情况，选择只表达吊顶或同时表达吊顶及结构顶棚。

室内立面图一般不绘制虚线，立面图的外轮廓线用粗实线来表示，墙面上的门窗及凹凸于墙面的造型用中实线来表示，另外的图示内容、尺寸标注、引出线等用细实线来表示。

室内立面图的常用绘制比例为1∶50。图14-1所示为绘制完成的室内立面图。

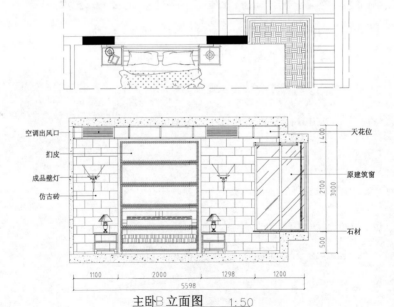

图 14-1 室内立面图

14.1.2　室内立面图的识读

下面以图 14-1 所示的室内立面图为例，介绍识读立面图的方法。

首先确定要识读的室内立面图所在的房间位置，按照房间的顺序识读室内立面图。根据平面布置图中内视符号的指向编号为立面图命名。

在平面布置图中明确该墙面位置有哪些固定家具和室内陈设，注意其定形、定位尺寸，做到对所读的墙柱面位置的家具、陈设有一个基本的了解。如图 14-1 所示，背景墙小方格造型长宽尺寸为 120mm，相距 180mm，与地面相距 560mm，与顶面相距 400mm。

浏览待识读的室内立面图，了解所识读立面的装饰形式及变化。如图 14-1 所示的立面图反映了从左到右客厅墙面及相连的台阶、阳台 D 方向的全貌。

识读室内立面图，注意墙面装饰造型及装饰面的尺寸、范围、选材、颜色及相应的做法。从图 14-1 中可以看到，电视背景墙的主要制作材料为机理纹墙纸，上下设计制作漫反射软管灯带，富有动感。左边台阶墙面制作方格造型墙面，白色哑光漆饰面。吊顶位的造型石膏板吊顶封面白色乳胶漆，制作嵌入式筒灯。

查看立面标高、其他细部尺寸、索引符号等。客厅顶棚最高为 2800mm。

14.1.3　室内立面图的图示内容

室内立面图的图示内容如下。

(1) 室内立面轮廓线，顶棚有吊顶时可以画出吊顶、叠级、灯槽等剖切轮廓线，用粗实线来表示；墙面与吊顶的收口形式，可见的灯具投影图等。

(2) 墙面装饰造型及陈设，比如壁挂、工艺品、门窗造型及分隔、墙面灯具等装饰内容。

(3) 装饰材料的名称、立面的尺寸、标高以及必要的做法说明。图外标注一至两道垂直和水平方向的尺寸，以及楼地面、顶棚等的装饰标高；图内需标注主要装饰造型的定形、定位尺寸。做法标注需要用带箭头的细实线引出。

(4) 绘制附墙的固定家具及造型。

(5) 绘制索引符号、图名和比例。

14.1.4　室内立面图的画法

在平面图上确定立面图所要表现的墙面，根据室内顶棚标高及墙面的宽度，绘制立面轮廓线。在轮廓线内绘制墙面各装饰造型的轮廓线，在轮廓线内绘制装饰造型。绘制图案填充，初步展现立面装饰效果。往立面图中调入立面家具图块，绘制立面尺寸标注、材料标注以及简要的做法说明。

绘制索引符号、图名比例标注，完成室内立面图的绘制。

14.2 客厅 A 立面图的绘制

客厅 A 立面图表达了连接客厅与餐厅过道口立面的装饰效果。由于居室的装饰风格为田园风格，因此过道口制作成了拱形，并使用仿古砖饰面，体现了风格装饰元素。

01 定义立面区域。调用 REC(矩形)命令，在平面布置图中框选待绘制立面图的区域；调用 CO(复制)命令，将选定的区域移动复制至一旁，结果如图 14-2 所示。

图 14-2 定义立面区域

02 绘制立面轮廓。调用 REC(矩形)命令，绘制尺寸为 5000×3400 的矩形；调用 X(分解)命令，分解矩形；调用 O(偏移)命令，偏移矩形边；调用 TR(修剪)命令，修剪线段，结果如图 14-3 所示。

03 填充墙体图案。调用 H(图案填充)命令，再在命令行中输入 T(设置)命令，系统弹出"图案填充和渐变色"对话框。在该对话框中设置图案填充的参数，如图 14-4 所示。

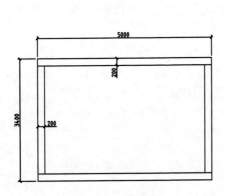

图 14-3 绘制结果

图 14-4 设置参数

04 在"边界"选项组下单击"添加：拾取点"按钮⊞，在绘图区单击点取墙体轮廓。按 Enter 键返回到对话框，单击"确定"按钮关闭该对话框，完成图案填充的操作，结果如图 14-5 所示。

05 调用 H(图案填充)命令，再在命令行中输入 T(设置)命令，系统弹出"图案填充和渐变色"对话框。在该对话框中设置图案填充的参数，如图 14-6 所示。

06 选择"添加：拾取点"填充方式，在绘图区中选择墙体轮廓作为填充区域，绘制图案填充的结果如图 14-7 所示。

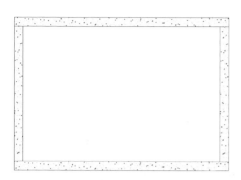

图 14-5　填充结果

图 14-6　设置参数

图 14-7　填充图案

07　绘制吊顶位。调用 O(偏移)命令，偏移墙体轮廓线；调用 TR(修剪)命令，修剪线段，结果如图 14-8 所示。

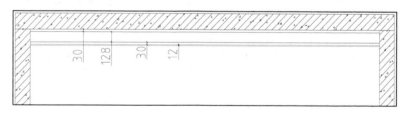

图 14-8　修剪线段

08　调用 REC(矩形)命令，绘制尺寸为 250×200 的矩形；调用 TR(修剪)命令，修剪多余线段，结果如图 14-9 所示。

09　绘制木龙骨。调用 L(直线)命令，绘制直线，结果如图 14-10 所示。

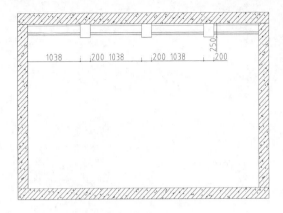

图 14-9　修剪多余线段

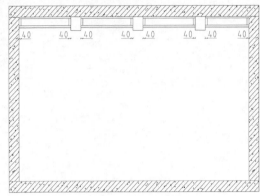

图 14-10　绘制直线

10 调用 REC(矩形)命令，绘制尺寸为 30×40 的矩形，结果如图 14-11 所示。

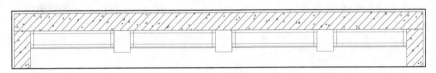

图 14-11　绘制矩形

11 调用 L(直线)命令，在矩形中绘制对角线，结果如图 14-12 所示。

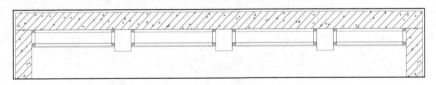

图 14-12　绘制对角线

12 绘制造型拱门。调用 O(偏移)命令及 TR(修剪)命令，偏移并修剪墙线；调用 REC(矩形)命令，绘制尺寸为 2438×200 的矩形，结果如图 14-13 所示。

13 调用 A(圆弧)命令，绘制圆弧，结果如图 14-14 所示。

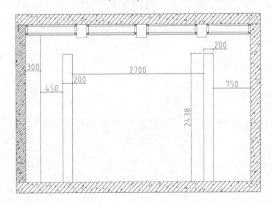

图 14-13　绘制结果

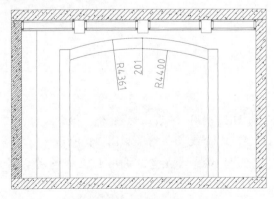

图 14-14　绘制圆弧

14　填充木饰面图案。调用 H(图案填充)命令，再在命令行中输入 T(设置)命令，然后在弹出的"图案填充和渐变色"对话框中选择填充图案并设置填充参数，如图 14-15 所示。

15　在"边界"选项组下单击"添加：拾取点"按钮，再在绘图区单击点取填充轮廓。按 Enter 键返回到对话框，单击"确定"按钮关闭该对话框，完成图案填充的操作，结果如图 14-16 所示。

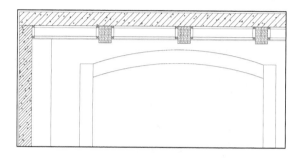

图 14-15　"图案填充和渐变色"对话框　　　　图 14-16　填充结果

16　填充风化砂岩图案。调用 H(图案填充)命令，再在命令行中输入 T(设置)命令，然后在弹出的"图案填充和渐变色"对话框中选择填充图案并设置填充参数，如图 14-17 所示。

17　选择"添加：拾取点"填充方式，在绘图区中选择墙体轮廓作为填充区域，绘制图案填充的结果如图 14-18 所示。

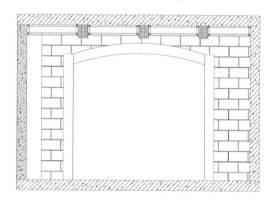

图 14-17　设置参数　　　　　　　　　图 14-18　图案填充

18　调用 H(图案填充)命令，再在命令行中输入 T(设置)命令，然后在弹出的"图案填充和渐变色"对话框中选择名称为 ANSI31 的图案，设置填充比例为 13；在绘图区中选择填充区域，绘制图案填充的结果如图 14-19 所示。

19　填充仿古砖图案。调用 H(图案填充)命令，再在命令行中输入 T(设置)命令，然后在弹出的"图案填充和渐变色"对话框中选择填充图案并设置填充参数，如

图 14-20 所示。

20 在"边界"选项组下单击"添加: 拾取点"按钮⊞, 再在绘图区单击点取填充轮廓。按 Enter 键返回到对话框, 单击"确定"按钮关闭该对话框, 完成图案填充的操作, 结果如图 14-21 所示。

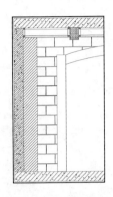

图 14-19　填充结果

图 14-20　"图案填充和渐变色"对话框

21 绘制仿古砖填充图案。调用 L(直线)命令, 绘制直线; 调用 O(偏移)命令, 偏移直线, 结果如图 14-22 所示。

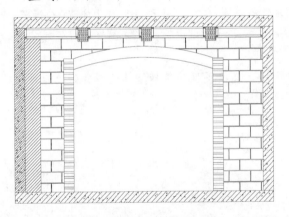

图 14-21　图案填充

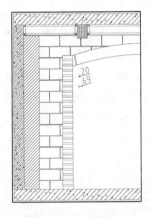

图 14-22　偏移直线

22 调用 AR(阵列)命令, 命令行提示如下。

```
命令: ARRAY↙
选择对象: 指定对角点: 找到 2 个                    //选择上一步骤所绘制的直线
选择对象:   输入阵列类型 [矩形(R)/路径(PA)/极轴(PO)] <路径>: PA
                                                //选择"路径(PA)"选项

类型 = 路径   关联 = 是
选择路径曲线:                                    //选择下方的弧线
选择夹点以编辑阵列或 [关联(AS)/方法(M)/基点(B)/切向(T)/项目(I)/行(R)/层(L)/对齐
项目(A)/Z 方向(Z)/退出(X)] <退出>: I            //选择"项目(I)"选项
指定沿路径的项目之间的距离或 [表达式(E)] <91>: 135
最大项目数 = 21
指定项目数或 [填写完整路径(F)/表达式(E)] <21>: 20
选择夹点以编辑阵列或 [关联(AS)/方法(M)/基点(B)/切向(T)/项目(I)/行(R)/层(L)/对齐
```

项目(A)/Z 方向(Z)/退出(X)] <退出>：*取消*

　　　　　　　　//按下回车键退出命令的操作，结果如图 14-23 所示

23 调用 PL(多段线)命令，绘制折断线，结果如图 14-24 所示。

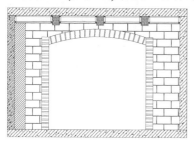

图 14-23　阵列结果

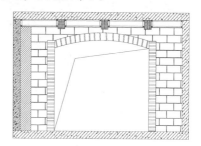

图 14-24　绘制折断线

24 插入图块。按 Ctrl+O 组合键，打开配套资源中的"素材\第 14 章\家具图例.dwg"文件，将其中的吊灯、组合沙发等图形复制粘贴至当前图形中，结果如图 14-25 所示。

25 尺寸标注。调用 DLI(线性标注)命令，在绘图区中分别指定第一、二个尺寸界线原点，绘制尺寸标注的结果如图 14-26 所示。

图 14-25　插入图块

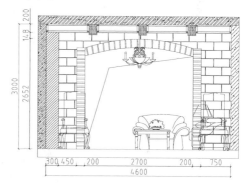

图 14-26　尺寸标注

26 材料标注。调用 MLD(多重引线)命令，为立面图绘制立面材料标注，结果如图 14-27 所示。

图 14-27　材料标注

27 图名标注。调用 MT(多行文字)命令，绘制图名和比例；调用 L(直线)命令，在图名和比例下方绘制两道下划线，并将其中一直线的宽度更改为 0.3mm，结果如图 14-28 所示。

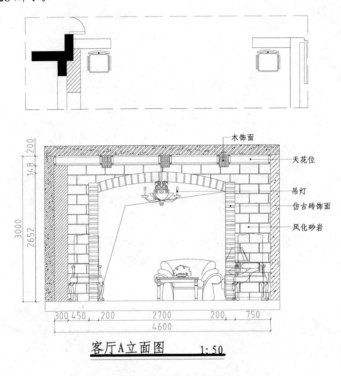

客厅A立面图   1：50

图 14-28   图名标注

14.3   绘制主卧 B 立面图

主卧室 B 立面图表示双人床背景墙的制作效果。卧室立面图的制作继续继承田园装饰风格，使用仿古砖为主要的装饰材料。另外还设计制作了扣皮软包饰面，古典风格与现代风格在这里碰撞，成为居室的装饰亮点。

01 定义立面区域。调用 REC(矩形)命令，在平面布置图中框选待绘制立面图的区域；调用 CO(复制)命令，将选定的区域移动复制至一旁，结果如图 14-29 所示。

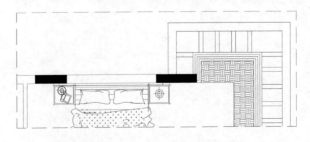

图 14-29   定义立面区域

02 绘制立面轮廓。调用 PL(多段线)命令，绘制多段线，结果如图 14-30 所示。

03 绘制墙体。调用 X(分解)命令，分解多段线；调用 O(偏移)命令，偏移多段线；调用 TR(修剪)命令，修剪线段，结果如图 14-31 所示。

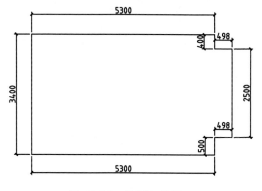

图 14-30　绘制多段线

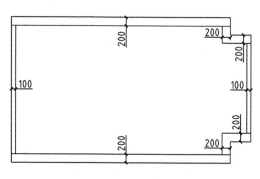

图 14-31　绘制墙体

04 填充墙体图案。调用 H(图案填充)命令，再在命令行中输入 T(设置)命令，然后在弹出的"图案填充和渐变色"对话框中选择名称为 AR-CONC 的图案，设置填充比例为 1，为墙体填充图案的结果如图 14-32 所示。

图 14-32　填充墙体图案

05 绘制吊顶位。调用 O(偏移)命令及 TR(修剪)命令，偏移并修剪墙线，结果如图 14-33 所示。

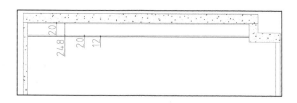

图 14-33　偏移并修剪墙线

06 绘制木龙骨。调用 L(直线)命令，绘制直线；调用 O(偏移)命令，偏移直线，结果如图 14-34 所示。

07 调用 REC(矩形)命令，绘制尺寸为 20×30 的矩形；调用 L(直线)命令，在矩形内绘制对角线，结果如图 14-35 所示。

08 重复调用 REC(矩形)命令及 L(直线)命令，绘制矩形和对角线，结果如图 14-36 所示。

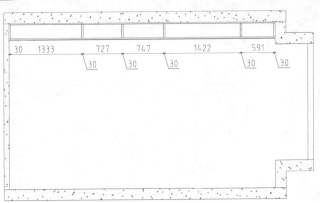

图 14-34　绘制多段线

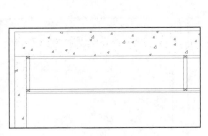

图 14-35　绘制对角线

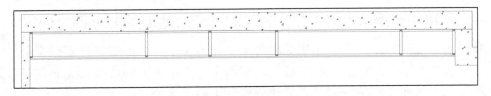

图 14-36　绘制结果

09 绘制原建筑窗。调用 O(偏移)命令，偏移墙线；调用 TR(修剪)命令，修剪墙线，结果如图 14-37 所示。

10 绘制窗台。调用 REC(矩形)命令，绘制尺寸为 1245×30 的矩形；调用 F(圆角)命令，设置圆角半径为 15，对矩形执行圆角操作，结果如图 14-38 所示。

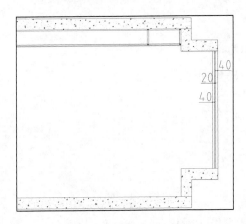

图 14-37　绘制原建筑窗

图 14-38　绘制窗台

11 填充石材图案。调用 H(图案填充)命令，再在命令行中输入 T(设置)命令，然后在弹出的"图案填充和渐变色"对话框中选择填充图案并设置填充参数，如图 14-39 所示。

12 在该对话框"边界"选项组下单击"添加：拾取点"按钮 ⊞，再在绘图区单击点取填充轮廓。按 Enter 键返回对话框，单击"确定"按钮关闭该对话框，完成图案填充的操作，结果如图 14-40 所示。

图 14-39　"图案填充和渐变色"对话框

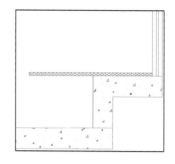

图 14-40　图案填充

13 绘制窗台上方的吊顶。调用 REC(矩形)命令，绘制尺寸为 1080×80 的矩形；调用 X(分解)命令，分解矩形；调用 O(偏移)命令，偏移矩形边；调用 TR(修剪)命令，修剪矩形边，结果如图 14-41 所示。

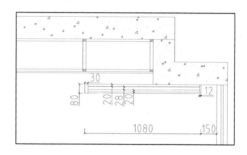

图 14-41　绘制结果

14 调用 L(直线)命令，绘制直线；调用 TR(修剪)命令，修剪线段，结果如图 14-42 所示。

15 绘制木龙骨。调用 REC(矩形)命令，绘制尺寸为 20×30 的矩形；调用 L(直线)命令，绘制对角线，结果如图 14-43 所示。

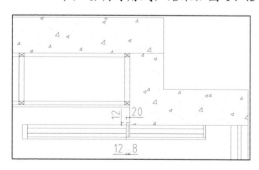

图 14-42　修剪线段

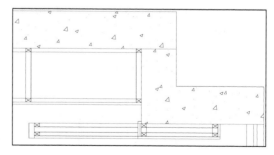

图 14-43　绘制木龙骨

16 绘制立面窗。调用 O(偏移)命令及 TR(修剪)命令，偏移并修剪墙线，结果如图 14-44 所示。

17 填充玻璃窗图案。调用 H(图案填充)命令，再在命令行中输入 T(设置)命令，然后在弹出的"图案填充和渐变色"对话框中选择填充图案并设置填充参数，如图 14-45 所示。

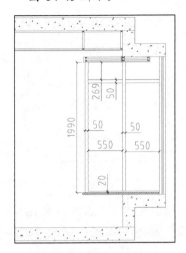

图 14-44　偏移并修剪墙线

图 14-45　"图案填充和渐变色"对话框

18　在"边界"选项组下单击"添加：拾取点"按钮，再在绘图区单击点取填充轮廓。按 Enter 键返回对话框，单击"确定"按钮关闭该对话框，完成图案填充的操作，结果如图 14-46 所示。

19　绘制背景墙轮廓。调用 REC(矩形)命令，绘制尺寸为 2000×2700 的矩形；调用 O(偏移)命令，设置偏移距离为 60，向内偏移矩形，结果如图 14-47 所示。

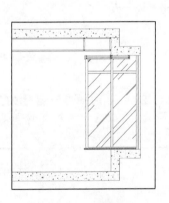

图 14-46　图案填充

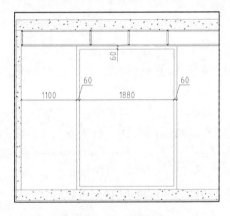

图 14-47　绘制结果

20　绘制背景墙装饰。调用 X(分解)命令，分解偏移得到的矩形；调用 O(偏移)命令，偏移矩形边，结果如图 14-48 所示。

21　调用 O(偏移)命令，偏移线段；调用 TR(修剪)命令，对偏移得到的线段执行修剪处理，结果如图 14-49 所示。

22　填充背景墙图案。调用 H(图案填充)命令，再在命令行中输入 T(设置)命令，然后在弹出的"图案填充和渐变色"对话框中选择名称为 HONEY 的图案，设置填充比例为 5，绘制背景墙的图案填充，结果如图 14-50 所示。

23 调用 X(分解)命令，分解填充图案；调用 E(删除)命令，删除填充轮廓线，结果如图 14-51 所示。

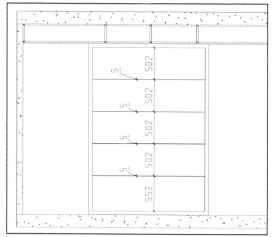

图 14-48　偏移矩形边

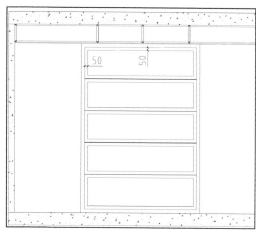

图 14-49　修剪线段

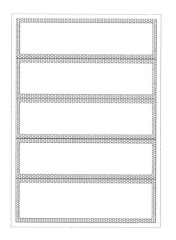

图 14-50　填充背景墙图案

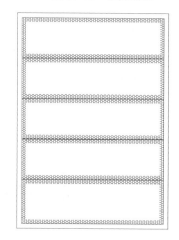

图 14-51　删除填充轮廓线

24 填充仿古砖图案。调用 H(图案填充)命令，再在命令行中输入 T(设置)命令，然后在弹出的"图案填充和渐变色"对话框中选择填充图案并设置填充参数，如图 14-52 所示。

25 在"边界"选项组下单击"添加：拾取点"按钮，再在绘图区单击点取填充轮廓。按 Enter 键返回对话框，单击"确定"按钮关闭该对话框，完成图案填充的操作，结果如图 14-53 所示。

26 插入图块。按 Ctrl+O 组合键，打开配套资源中的"素材\第 14 章\家具图例.dwg"文件，将其中的吊灯、组合沙发等图形复制粘贴至当前图形中，结果如图 14-54 所示。

27 尺寸标注。调用 DLI(线性标注)命令，在绘图区中分别指定第一、第二个尺寸界线原点，绘制尺寸标注的结果如图 14-55 所示。

图 14-52　设置填充参数

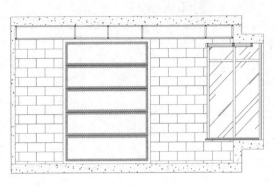

图 14-53　填充结果

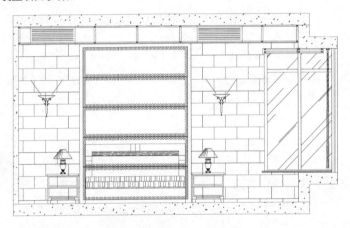

图 14-54　插入图块

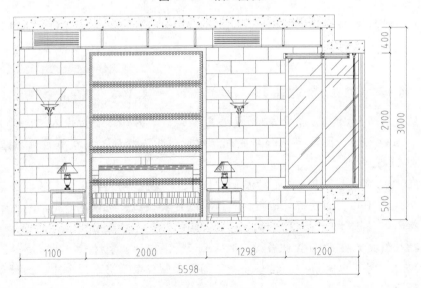

图 14-55　尺寸标注

28 材料标注。调用 MLD(多重引线)命令，为立面图绘制立面材料标注，结果如图 14-56 所示。

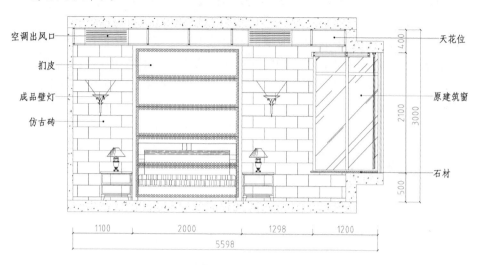

图 14-56　材料标注

29 图名标注。调用 MT(多行文字)命令，绘制图名和比例；调用 L(直线)命令，在图名和比例下方绘制两道下划线，并将其中一直线的宽度更改为 0.3mm，结果如图 14-57 所示。

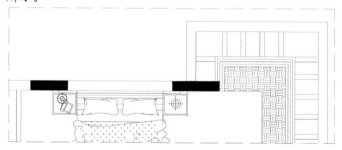

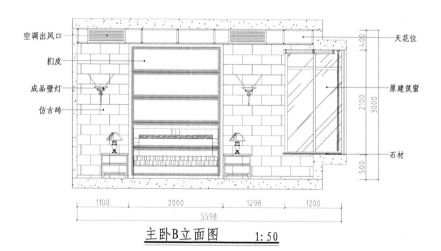

主卧B立面图　　　1：50

图 14-57　图名标注

14.4 绘制厨房 D 立面图

厨房 D 立面图表示橱柜的制作效果。厨房墙面沿袭了客厅墙面的装饰式样，使用风化砂岩来装饰。另外，橱柜的材料选用的是实木，突出了居室田园风格的装饰元素。

01 定义立面区域。调用 REC(矩形)命令，在平面布置图中框选待绘制立面图的区域；调用 CO(复制)命令，将选定的区域移动复制至一旁，结果如图 14-58 所示。

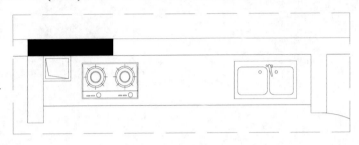

图 14-58　定义立面区域

02 绘制立面轮廓。调用 REC(矩形)、X(分解)、O(偏移)及 TR(修剪)命令，绘制立面轮廓；调用 H(图案填充)命令，对立面轮廓进行图案填充，结果如图 14-59 所示。

03 绘制吊顶位。调用 O(偏移)命令，向下偏移墙线，结果如图 14-60 所示。

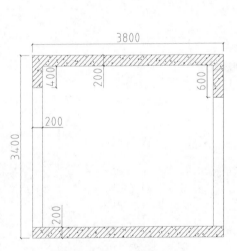

图 14-59　绘制立面轮廓

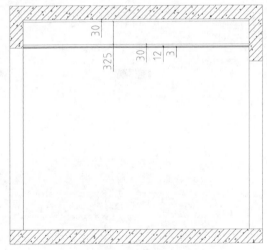

图 14-60　绘制吊顶位

04 绘制木龙骨。调用 O(偏移)命令及 TR(修剪)命令，偏移并修剪墙线；调用 REC(矩形)命令，绘制尺寸为 40×30 的矩形；调用 L(直线)命令，绘制对角线，结果如图 14-61 所示。

05 绘制橱柜轮廓线。调用 O(偏移)命令，偏移墙线；调用 TR(修剪)命令，修剪墙线，结果如图 14-62 所示。

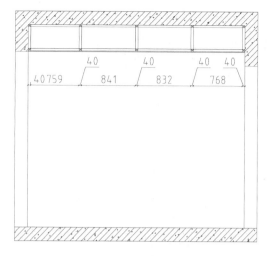

图 14-61　绘制木龙骨

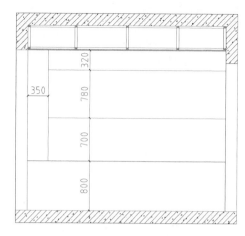

图 14-62　绘制橱柜轮廓线

06　绘制橱柜。调用 L(直线)命令，绘制直线；调用 O(偏移)命令，偏移直线，结果如图 14-63 所示。

07　绘制橱柜门造型线。调用 O(偏移)命令，选择橱柜轮廓线向内偏移；调用 F(圆角)命令，设置圆角半径为 0，对所偏移的轮廓线执行圆角处理，结果如图 14-64 所示。

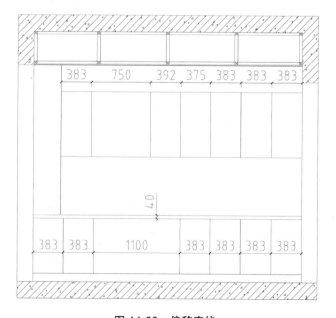

图 14-63　偏移直线

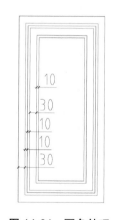

图 14-64　圆角处理

08　调用 L(直线)命令，绘制对角线，结果如图 14-65 所示。

09　重复操作，沿用上述的偏移距离，向内偏移橱柜轮廓线。调用 F(圆角)命令，对偏移得到的线段进行圆角处理，结果如图 14-66 所示。

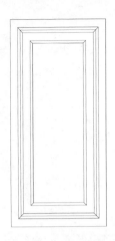

图 14-65　绘制对角线

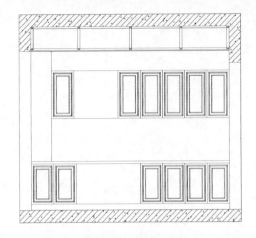

图 14-66　绘制结果

10 绘制柜门把手。调用 C(圆形)命令，绘制半径为 13 的圆形，结果如图 14-67 所示。

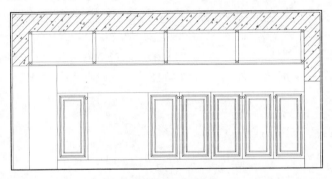

图 14-67　绘制圆形

11 绘制柜门开启方向线。调用 PL(多段线)命令，绘制对角线，并将线段的线型设置为虚线，结果如图 14-68 所示。

12 绘制碗橱。调用 REC(矩形)命令，绘制尺寸为 210×867 的矩形；调用 O(偏移)命令，设置偏移距离为 20，向内偏移矩形，结果如图 14-69 所示。

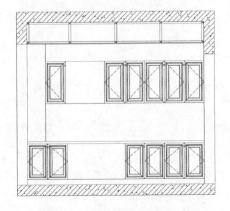

图 14-68　绘制柜门开启方向线

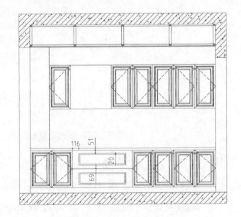

图 14-69　绘制碗橱

13 插入图块。按 Ctrl+O 组合键，打开配套资源中的 "素材\第 14 章\家具图例.dwg" 文件，将其中的厨具图形复制粘贴至当前图形中，结果如图 14-70 所示。

14 填充马赛克图案。调用 H(图案填充)命令，再在命令行中输入 T(设置)命令，然后在弹出的 "图案填充和渐变色" 对话框中选择填充图案并设置填充参数，如图 14-71 所示。

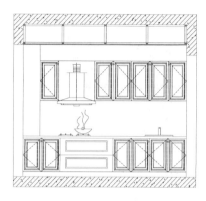

图 14-70 插入图块

图 14-71 设置填充参数

15 在 "边界" 选项组下单击 "添加：拾取点" 按钮，再在绘图区单击点取填充轮廓。按 Enter 键返回对话框，单击 "确定" 按钮关闭该对话框，完成图案填充的操作，结果如图 14-72 所示。

16 填充风化砂岩图案。调用 H(图案填充)命令，再在命令行中输入 T(设置)命令，然后在弹出的 "图案填充和渐变色" 对话框中选择名称为 AR-B816C 的图案，设置填充比例为 1，对墙体执行图案填充操作，结果如图 14-73 所示。

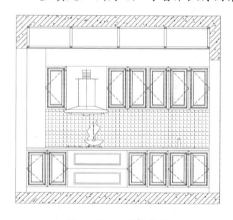

图 14-72 图案填充

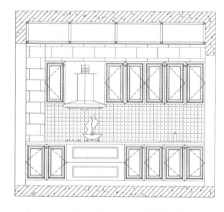

图 14-73 填充风化砂岩图案

17 尺寸标注。调用 DLI(线性标注)命令，在绘图区中分别指定第一、第二个尺寸界线原点，绘制尺寸标注的结果如图 14-74 所示。

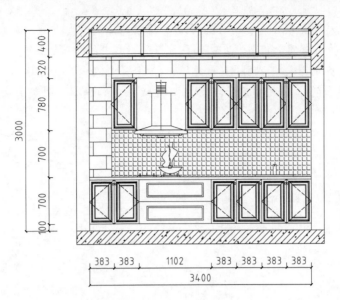

图 14-74　尺寸标注

18 材料标注。调用 MLD(多重引线)命令，为立面图绘制立面材料标注，结果如图 14-75 所示。

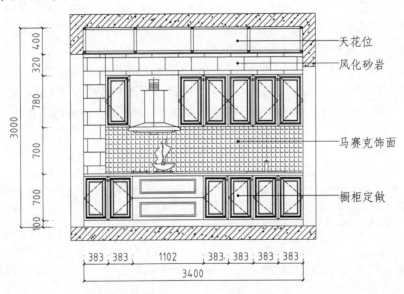

图 14-75　材料标注

19 图名标注。调用 MT(多行文字)命令，绘制图名和比例；调用 L(直线)命令，在图名和比例下方绘制两根下划线，并将其中一直线的宽度更改为 0.3mm，结果如图 14-76 所示。

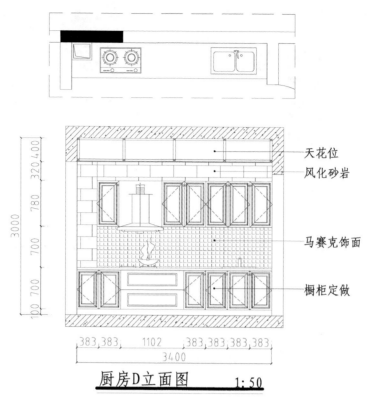

图 14-76　图名标注

14.5　绘制公卫 B 立面图

公卫 B 立面图表现的是淋浴器和马桶所在的墙面。卫生间的墙面装饰材料为马赛克，不仅可以与客餐厅等区域相区别，又没有脱离田园装饰风格范畴。

01　定义立面区域。调用 REC(矩形)命令，在平面布置图中框选待绘制立面图的区域；调用 CO(复制)命令，将选定的区域移动复制至一旁，结果如图 14-77 所示。

02　绘制立面轮廓。调用 REC(矩形)命令，绘制尺寸为 3400×2400 的矩形；调用 X(分解)命令，分解矩形；调用 O(偏移)命令，向内偏移矩形边；调用 TR(修剪)命令，修剪矩形边。

03　调用 H(图案填充)命令，再在命令行中输入 T(设置)命令，然后在弹出的"图案填充和渐变色"对话框中选择名称分别为 AR-CONC(填充比例为 1)、ANSI31(填充比例 21)的图案，对立面轮廓执行图案填充，结果如图 14-78 所示。

04　绘制吊顶轮廓线。调用 O(偏移)命令，偏移墙线，结果如图 14-79 所示。

05　绘制木龙骨。调用 O(偏移)命令及 TR(修剪)命令，偏移并修剪墙线，结果如图 14-80 所示。

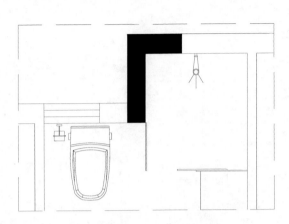

图 14-77 定义立面区域

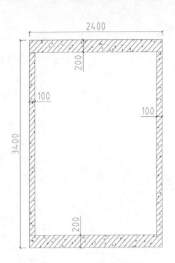

图 14-78 填充图案

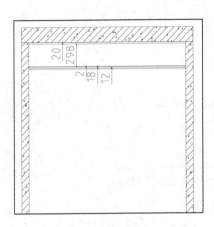

图 14-79 绘制吊顶轮廓线

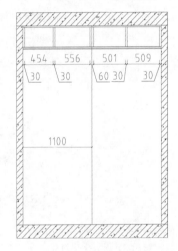

图 14-80 绘制木龙骨

06 调用 REC(矩形)命令，绘制尺寸为 30×20 的矩形；调用 L(直线)命令，在矩形内绘制对角线，结果如图 14-81 所示。

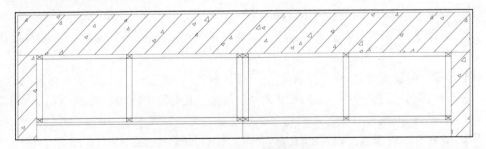

图 14-81 绘制矩形和对角线

07 绘制原建筑窗。调用 REC(矩形)命令，绘制尺寸为 1600×600 的矩形；调用 X(分解)命令，分解矩形；调用 O(偏移)命令，偏移矩形边；调用 TR(修剪)命令，修剪矩形边，结果如图 14-82 所示。

08　填充玻璃窗图案。调用 H(图案填充)命令，选择名称为 AR-RROOF 的图案，定义填充角度为 45°，填充比例为 23，绘制图案填充的结果如图 14-83 所示。

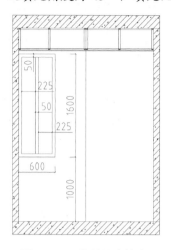

图 14-82　绘制原建筑窗

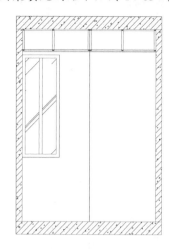

图 14-83　填充玻璃窗图案

09　插入图块。按 Ctrl+O 组合键，打开配套资源中的"素材\第 14 章\家具图例.dwg"文件，将其中的厨具图形复制粘贴至当前图形中，结果如图 14-84 所示。

10　填充墙面马赛克图案。调用 H(图案填充)命令，选择名称为 ANGLE 的图案，定义填充比例为 10，绘制图案填充的结果如图 14-85 所示。

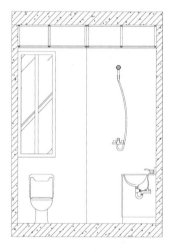

图 14-84　插入图块

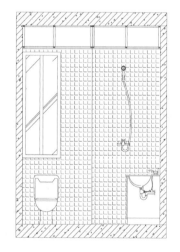

图 14-85　填充马赛克图案

11　尺寸标注。调用 DLI(线性标注)命令，在绘图区中分别指定第一、第二个尺寸界线原点，绘制尺寸标注的结果如图 14-86 所示。

12　材料标注。调用 MLD(多重引线)命令，为立面图绘制立面材料标注，结果如图 14-87 所示。

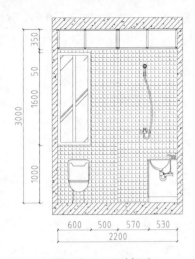

图 14-86 尺寸标注

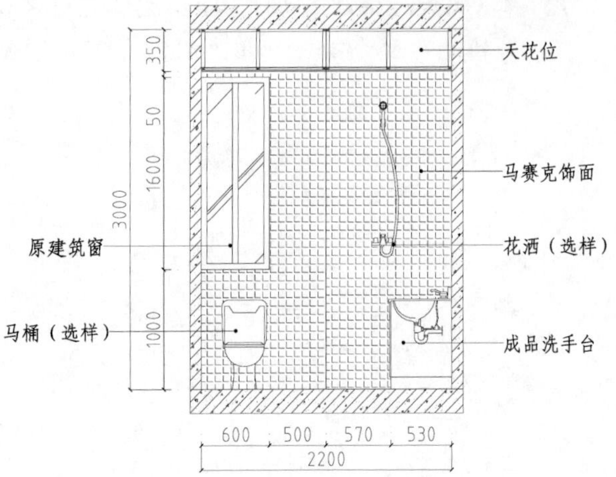

图 14-87 材料标注

13 图名标注。调用 MT(多行文字)命令，绘制图名和比例；调用 L(直线)命令，在图名和比例下方绘制两道下划线，并将其中一直线的宽度更改为 0.3mm，结果如图 14-88 所示。

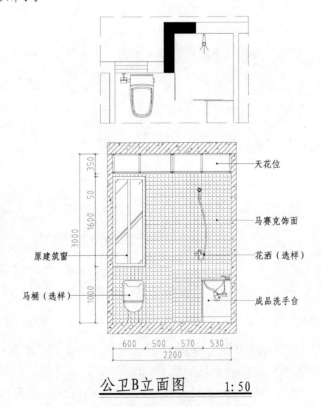

公卫B立面图　　1:50

图 14-88 图名标注

14.6　上机操作

1. 沿用本章所讲的方法，绘制如图 14-89 所示的别墅入户门对景墙立面图。

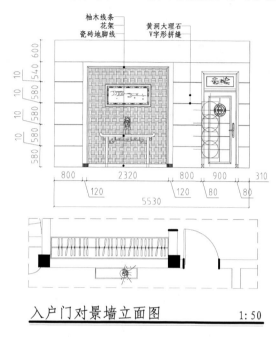

入户门对景墙立面图　　　　　　1∶50

图 14-89　别墅入户门对景墙立面图

2. 沿用本章所讲的方法，绘制如图 14-90 所示的别墅餐厅立面图。

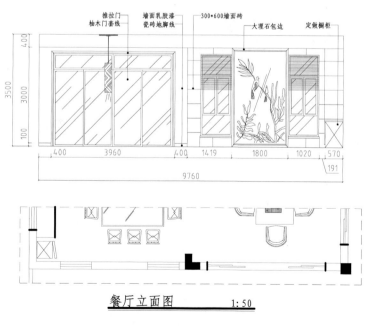

餐厅立面图　　　　1∶50

图 14-90　别墅餐厅立面图

3. 沿用本章所讲的方法，绘制如图 14-91 所示的别墅卧室床头立面图。

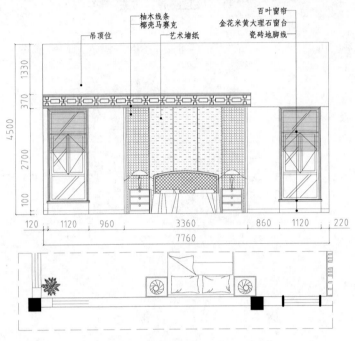

主卧床头立面图   1：50

图 14-91 别墅卧室床头立面图

第 15 章
办公空间室内设计

➢本章导读

　　办公空间具有不同于普通住宅的特点，它由办公、会议、走廊三个区域构成内部空间使用功能，设计时要从有利于办公组织以及采光通风等角度考虑。办公空间室内设计的最大目标就是要为工作人员创造一个舒适、方便、卫生、安全、高效的工作环境，以便更大限度地提高员工的工作效率。

　　本章以某金融机构的办公空间为例，介绍办公空间室内设计的基本知识以及相关室内设计的绘制方法。

➢学习目标

➢ 了解办公空间设计的特点、流程和设计要求。

➢ 掌握办公建筑平面图的绘制方法。

➢ 掌握办公空间平面布置的方法。

➢ 掌握办公空间顶棚和立面设计的方法。

15.1 办公空间设计概述

15.1.1 办公室设计的定义以及目标

对办公室进行设计装修前，最重要的就是风格选择。一般流行三种风格，分别为稳重凝练型、现代型和普遍适用型。办公室装修特别强调功能和空间的利用，必须让空间发挥出最大的利用率，且办公室一定要体现出公司的独特文化。

1．办公室装修的定义

办公室是处理一种特定事务的地方或提供服务的地方，办公室装修要求能恰到好处地突出公司、企业的内部文化，同时办公室的装修风格也能彰显出其使用者的性格特征，办公室装修的好坏将直接影响整个企业、公司的形象。随着科技水平的提高，对办公室装修的要求不再只是单纯地给个人提供独立的空间，更多的是要体现出简约、时尚、舒适、实用的感受，让身在其中的人有积极向上的生活、工作追求。

2．办公室设计的目标

(1) 经济实用。一方面要满足实用要求，能给办公人员的工作提供方便；另一方面要尽量低费用，即追求最佳的功能费用比。

(2) 美观大方。能够充分满足人的生理和心理需要，创造出一个赏心悦目的良好的工作环境。

(3) 独具品味。办公室是企业文化的物质载体，要努力体现企业物质文化和精神文化，反映企业的特色和形象，对置身其中的工作人员能产生积极、和谐的影响。

15.1.2 办公室设计流程

办公室的设计流程分为施工前、施工中、施工后三个阶段，下面介绍在这三个阶段中需要做的一些工作。

1．施工前

1) 咨询

(1) 客户通过电话、到小区办公地点或公司办公室咨询公司概况；或者通过业务人员主动联系业主并向其介绍。

(2) 专业人员(或设计师)接待客户来访，详细解答客户想了解或关心的问题。

(3) 客户考察装饰公司各方面的情况：规模、价位、设计水平、质量保证……

(4) 通过初步考察，确定上门量房时间、地点。

2) 设计师现场测量

(1) 按约定时间设计师上门实地测量欲装修场所的面积及其他数据。

(2) 设计师详细了解业主对装修的具体要求和想法。

(3) 根据业主的要求和所考察房屋的结构，设计师提出初步设计构思，双方沟通设计方案。

(4) 如果业主要求，可由设计师带领其参观样板间或正在施工的工地，考察施工质量。

3) 商谈设计方案

(1) 业主按约定时间到公司办公地点(或设计师上门)看初步设计方案，设计师详细介绍设计思想。

(2) 业主根据平面图、效果图以及设计师的具体介绍，对设计方案提出意见并进行修改(或认可通过)。

4) 确定装修方案

(1) 按整理修改后的设计方案做出相应的装修工程预算。

(2) 业主最终确认设计方案并安排设计师出施工图。

(3) 设计师配合业主仔细了解装修工程预算，落实施工项目，并检查核实预算中的单价、数量等内容。

5) 签订正式合同(一式三份)

(1) 确定工程施工工期及开工日期，了解施工的组织、计划和人员安排。

(2) 正式确认，签订装修合同(含装饰装修合同文本、合同附件、图纸、预算书)。

(3) 交纳首期工程款。

2．施工准备工作

1) 办理开工手续

施工队进场前应按所属物业管理部门的规定：业主和装饰公司共同办理开工手续，装饰公司应提供合法的资质证书、营业执照副本及施工人员的身份证和照片，由物业管理部门核发开工证、出入证。

2) 设计现场交底

(1) 开工之日，由设计师召集业主、施工负责人、工程监理到施工现场交底。

(2) 具体敲定、落实施工方案。对原房屋的墙、顶、地以及水、电气进行检测。

(3) 向业主提交检查结果。现场交底后，由工地负责人(工长)处理施工中的日常事务。

(4) 开工时，由施工负责人提交《施工进度计划表》，以此来安排材料采购、分段验收的具体时间。

3) 进料及验收

(1) 由工地负责人通知，公司材料配送中心统一配送装修材料。

(2) 材料进场后，由业主验收材料的质量、品牌，并填写《装修材料验收单》，验收合格，施工人员开始施工。

(3) 由甲方(业主)提供的装饰材料应按照《施工进度计划表》中的时间提供。

(4) 在选购过程中，乙方(装饰公司)可派人配合采购，甲方也可委托乙方直接代为采购，须签订《主材代购委托书》。

3．施工中期

(1) 有防水要求的区域(如卫生间)须在施工前做 24h 的闭水试验，检测原房屋的防水质量。

(2) 与工长落实水电及其他前期改造项目的具体做法。

(3) 施工中，施工负责人(工长)组织管理各个工种，并监督检查工程质量。

(4) 施工中需业主提供的装修主材，由施工负责人提前 3 日通知，以便业主提前准备。

(5) 业主按《施工进度计划表》中的时间定期来工地察看，了解施工进程，检查施工质量，并进行分段验收。如发现问题，与工长协商，填写《工程整改协议书》进行项目整改，再行验收。

(6) 公司的工程监理(或质检员)不定期检查工地的施工组织、管理、规范及施工质量，并在工地留下检查记录，供业主监督。

(7) 业主与工长商量并确定所有变更的施工项目，填写《项目变更单》。

(8) 水、电改造工程完工后，业主须进行隐蔽工程的检查验收工作。

(9) 公司的管理人员与业主定期联系，倾听客户的真实想法和宝贵意见，及时发现问题并解决问题。

(10) 工程进度过半，业主进行中期工程验收，交纳中期工程款。

4．施工后期

(1) 工程基本结束时，工长全面细致地做一次自检工作，检查完毕，无质量问题，通知业主、监理进行完工整体验收。

(2) 如在验收中发现问题，商量整改；如验收合格，填写《工程验收单》留下宝贵意见，结算尾款，公司为业主填写《工程保修单》并加盖保修章，工程正式交付业主使用，进入两年保修期。

《工程保修单》中包含服务条款有以下几种。

(1) 两年保修制。①两年保修期内，工程如出现质量问题(非人为)，公司负责免费上门维修。②自报修时日起，工程部将在 48h 内安排维修人员到达现场，实施维修方案。③防水工程，水、电路工程的报修，将在 12h 内实施解决。

(2) 终身维修制。保修期后，工程如出现质量问题，公司也负责维修，根据实际情况收取成本费。

(3) 定期回访制。工程完工后，公司客服部人员将定期回访业主，了解工程的质量及使用情况，并及时提醒业主一些注意事项。

15.1.3 办公室环境的设计要点

1．办公室内环境的设计原则

设计办公室内环境的总体原则是：突出现代、高效、简洁与人文的特点。办公室的主要功能是工作、办公。一个经过整合的人性化办公室，所要具备的要素不外乎是自动化设备、办公家具、环境、技术、信息和人性等六项。这六项要素齐全之后，才能塑造出一个很好的办公空间。通过"整合"，我们可以把很多因素合理化、系统化地进行组合，达到所需要的效果。

在办公室中，设计师不一定要对现代化的计算机、电传、会议设备等科技设施有绝对性的了解，却应该对这些设备有起码的概念，因为如果设计师在设计办公室时，只重视外在表现的美，而忽略了实用的功能性，使得设计不能和办公设备联结在一起，将会丧失现代化办公环境的意义。

2．办公室内环境空间布局的总体要求

(1) 掌握工作流程关系以及功能空间的需求。
(2) 确定各类用房的大致布局和面积分配比例。
(3) 确定出入口和主通道的大致位置和关系。
(4) 注意便于安全疏散和利于通行。
(5) 把握空间尺度。
(6) 深入了解设备和家具的运用。

3．办公室内环境的其他设计要点

(1) 环境因素。环境是人在听觉、视觉、味觉、感觉、触觉方面的设计，亦即色彩的运用、材料的搭配、音响系统和整个造型给予视觉的心理观感等。环境因素是设计师在设计构想时应关注的问题。

(2) 现代化技术的发展与应用。所谓技术，即是指随着智能型大楼不断地产生，其大楼内的空调技术、照明技术、地板工程、噪声防治、计算机微路设计及设备管理的观念等。

(3) 信息、文件的处理技术。
(4) 人性、文化、传统等因素。
(5) 办公心理环境。
(6) 企业形象的展示。

图 15-1 和图 15-2 所示为开敞办公空间以及会议室装饰设计的效果。

图 15-1　开敞办公空间

图 15-2　会议室

15.2　绘制办公建筑平面图

本节介绍办公室建筑平面图的绘制方法，主要内容包括绘制墙体、标准柱、门窗等。

15.2.1　绘制墙体

本例在绘制办公室的墙体时采取了不同于常规的绘制方法。常规的绘制方法为先绘制

轴网，再绘制墙体。由于本例办公室墙体比较规则，因此，可以先绘制一个矩形，再通过调用偏移、修剪等命令，得到办公室的墙体。

01 绘制墙体外轮廓。调用 REC(矩形)命令，绘制尺寸为 49100×17450 的矩形；调用 O(偏移)命令，设置偏移距离为 200，向内偏移矩形，结果如图 15-3 所示。

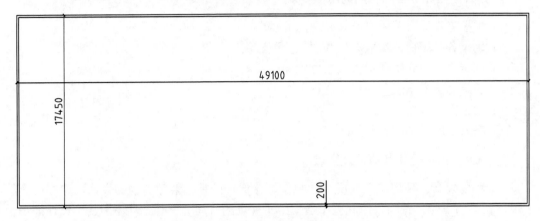

图 15-3 绘制墙体外轮廓并偏移

02 绘制内部隔墙。调用 X(分解)命令，分解矩形；调用 O(偏移)命令，偏移墙体轮廓线；调用 TR(修剪)命令，修剪墙线，结果如图 15-4 所示。

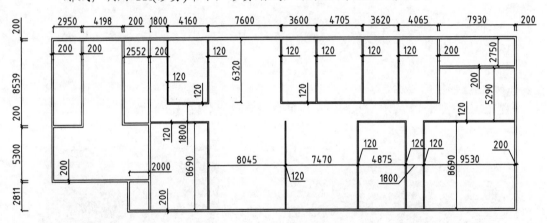

图 15-4 绘制内部隔墙

03 绘制卫生间隔墙。调用 O(偏移)命令及 TR(修剪)命令，偏移并修剪墙线，结果如图 15-5 所示。

04 绘制招待大厅背景墙。调用 L(直线)命令，绘制直线；调用 TR(修剪)命令，修剪直线，结果如图 15-6 所示。

05 填充墙体图案。调用 H(图案填充)命令，再在命令行中输入 T(设置)命令，然后在弹出的"图案填充和渐变色"对话框中设置图案填充的参数，结果如图 15-7 所示。

06 在绘图区中选择刚绘制完成的背景墙图形为填充区域，绘制图案填充的结果如图 15-8 所示。

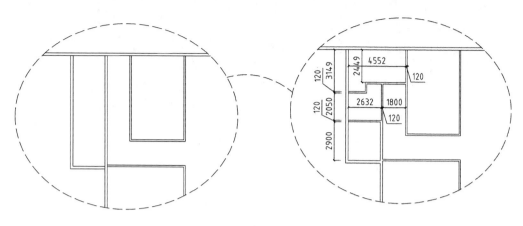

图 15-5　绘制卫生间隔墙

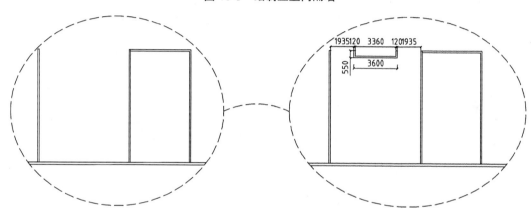

图 15-6　绘制招待大厅背景墙

图 15-7　"图案填充和渐变色"对话框

图 15-8　图案填充

07　绘制办公室隔墙。调用 O(偏移)命令，偏移墙体轮廓线；调用 TR(修剪)命令，修剪墙线，结果如图 15-9 所示。

08　绘制库房、机房隔墙。调用 O(偏移)命令及 TR(修剪)命令，偏移并修剪墙线，结果如图 15-10 所示。

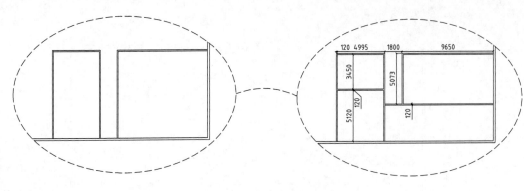

图 15-9　绘制办公室隔墙

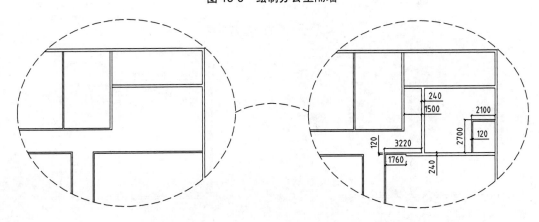

图 15-10　绘制库房、机房隔墙

09 墙体的绘制结果如图 15-11 所示。

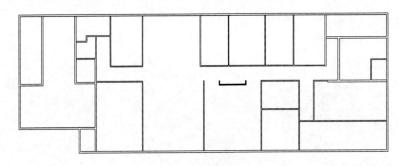

图 15-11　绘制结果

15.2.2　绘制矩形标准柱

　　绘制矩形标准柱的方法是先绘制矩形，然后修剪墙线；再执行填充命令，为矩形填充图案。也可以不执行填充图案操作，主要依据不同的绘图要求或表现要求来决定。

01 绘制标准柱外轮廓。调用 REC(矩形)命令，分别绘制尺寸为 500×500、630×630 的矩形；调用 TR(修剪)命令，修剪墙线，结果如图 15-12 所示。

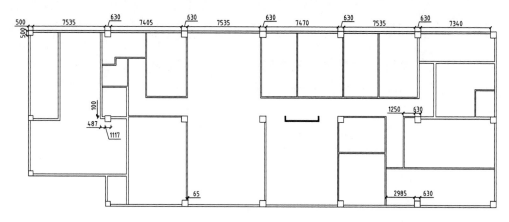

图 15-12　绘制标准柱外轮廓

02 填充图案。调用 H(图案填充)命令，再在命令行中输入 T(设置)命令，然后在弹出的"图案填充和渐变色"对话框中选择名称为 SOLID 的图案，如图 15-13 所示。

图 15-13　"图案填充和渐变色"对话框

03 单击"添加：拾取点"按钮，在绘图区选择刚绘制完成的矩形为填充区域，绘制图案填充的结果如图 15-14 所示。

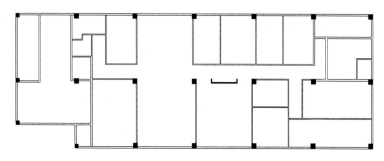

图 15-14　填充结果

15.2.3　绘制门窗

公共建筑的门窗与居住建筑的门窗大同小异，唯一不同的是，公共建筑经常使用玻璃幕墙来进行装饰。因为玻璃幕墙同时兼具了窗户及墙体的功能，既可起到维护作用，又可通风和采光。

01　绘制门洞。调用 L(直线)命令，绘制直线；调用 O(偏移)命令，偏移直线；调用 TR(修剪)命令，修剪墙线，结果如图 15-15 所示。

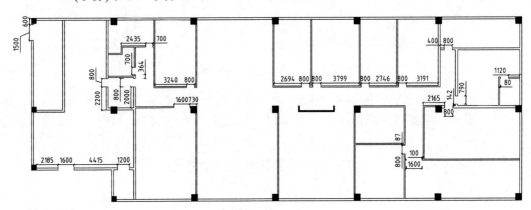

图 15-15　绘制门洞

02　绘制窗洞。调用 L(直线)命令，绘制直线，结果如图 15-16 所示。

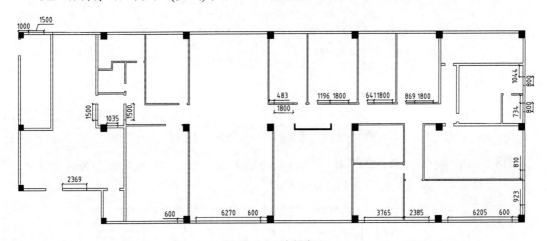

图 15-16　绘制窗洞

03　绘制平开窗。调用 O(偏移)命令，设置偏移距离为 68(墙体宽度为 200)，向内偏移墙线；调用 TR(修剪)命令，修剪墙线，结果如图 15-17 所示。

04　调用 O(偏移)命令，设置偏移距离为 80(墙体宽度为 200)，向内偏移墙线；调用 TR(修剪)命令，修剪墙线，结果如图 15-18 所示。

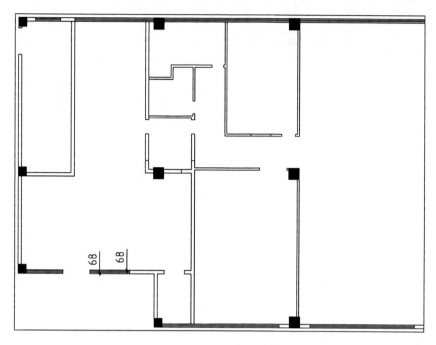

图 15-17　偏移并修剪墙线

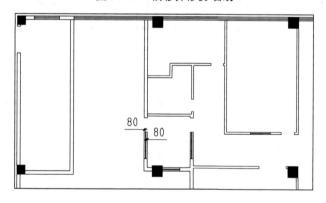

图 15-18　偏移并修剪墙线

05 调用 O(偏移)命令,设置偏移距离为 55(墙体宽度为 120),向内偏移墙线;调用 TR(修剪)命令,修剪墙线,结果如图 15-19 所示。

图 15-19　绘制平开窗

06 绘制高窗。调用 O(偏移)命令及 TR(修剪)命令,偏移并修剪墙线。将窗线的线型 更改为虚线,结果如图 15-20 所示。

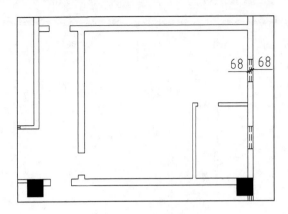

图 15-20　绘制高窗

提示

　　高窗是指窗台比较高的窗户。设置高窗的目的有：①隐私和立面需要；②安全需要，包括防止攀爬，防盗以及防火；③采光通风的功能所需。本例高窗设于库房、机房中，为的是安全需要。

07 重复上述操作，完成窗户图形的绘制结果如图 15-21 所示。

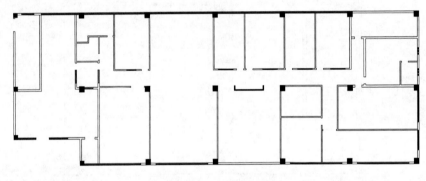

图 15-21　绘制结果

15.2.4　绘制其他附属设施

　　公共建筑的附属设施包括散水、电梯、楼梯等。公共建筑的一层应表示散水的位置及尺寸，此外电梯的位置，大概尺寸也应进行标注；大楼两侧的防火楼梯也需要绘制相应的图示。

01 绘制散水。调用 L(直线)命令，绘制直线，结果如图 15-22 所示。

02 绘制楼梯轮廓。调用 REC(矩形)命令，绘制尺寸为 1680×1365 的矩形，结果如图 15-23 所示。

03 绘制踏步。调用 X(分解)命令，分解矩形；调用 O(偏移)命令，偏移矩形边，结果如图 15-24 所示。

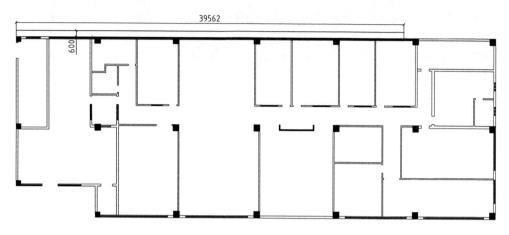

图 15-22　绘制散水

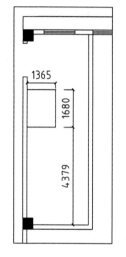

图 15-23　绘制矩形

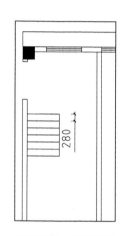

图 15-24　绘制踏步

04　绘制折断线。调用 PL(多段线)命令，绘制折断线，结果如图 15-25 所示。

05　调用 TR(修剪)命令，修剪线段，结果如图 15-26 所示。

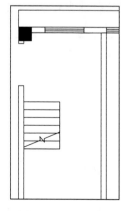

图 15-25　绘制折断线

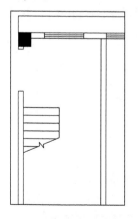

图 15-26　修剪线段

06 绘制扶手。调用 O(偏移)命令，偏移线段；调用 TR(修剪)命令，修剪线段，结果如图 15-27 所示。

07 绘制上楼方向。调用 PL(多段线)命令，绘制起点宽度为 50，终点宽度为 0 的箭头，结果如图 15-28 所示。

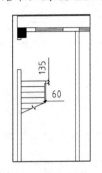

图 15-27 绘制扶手

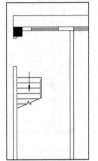

图 15-28 绘制上楼方向

08 文字标注。调用 MT(多行文字)命令，进行文字标注，结果如图 15-29 所示。

09 调用 CO(复制)命令及 RO(旋转)命令，将楼梯图形复制旋转至右上角的楼梯间中，结果如图 15-30 所示。

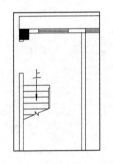

图 15-29 文字标注

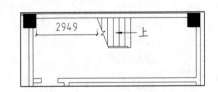

图 15-30 复制旋转

10 绘制观光电梯。调用 REC(矩形)命令，绘制尺寸为 1840×2342 的矩形，结果如图 15-31 所示。

11 调用 F(圆角)命令，设置圆角半径为 150，对矩形执行圆角处理，结果如图 15-32 所示。

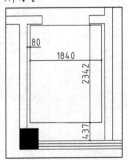

图 15-31 绘制矩形

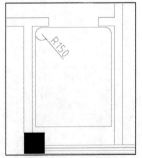

图 15-32 圆角处理

12　调用 X(分解)命令，分解矩形；调用 O(偏移)命令，偏移矩形边，结果如图 15-33 所示。

13　调用 A(圆弧)命令，绘制圆弧，结果如图 15-34 所示。

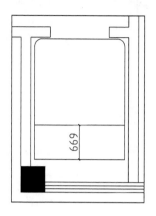

图 15-33　偏移矩形边

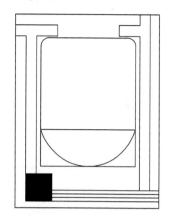

图 15-34　绘制圆弧

14　调用 E(删除)命令及 TR(修剪)命令，删除或修剪多余线段，结果如图 15-35 所示。

15　调用 O(偏移)命令，向内偏移轮廓线，结果如图 15-36 所示。

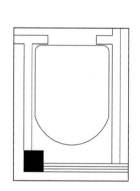

图 15-35　修剪结果

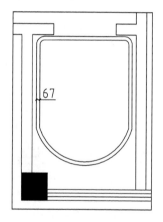

图 15-36　偏移轮廓线

16　绘制门洞。调用 L(直线)命令，绘制直线；调用 TR(修剪)命令，修剪线段，结果如图 15-37 所示。

17　绘制电梯门。调用 REC(矩形)命令，绘制尺寸为 550×33 的矩形；调用 L(直线)命令，绘制门口线，结果如图 15-38 所示。

提示

　　观光电梯是指井道和轿厢壁至少有相同的一侧透明，乘客可观看轿厢外景物的电梯，主要安装于宾馆、商场、高层办公楼等场合。

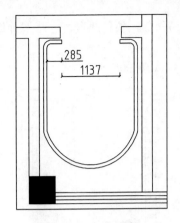

图 15-37 绘制门洞

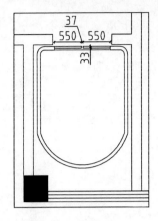

图 15-38 绘制电梯门

18 绘制双扇平开门。调用 REC(矩形)命令，绘制尺寸为 800×50 的矩形；调用 A(圆弧)命令，绘制圆弧，结果如图 15-39 所示。

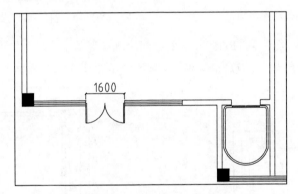

图 15-39 绘制双扇平开门

19 重复操作，分别绘制宽度为 1500 的双扇平开门以及宽度为 800 的单扇平开门，结果如图 15-40 所示。

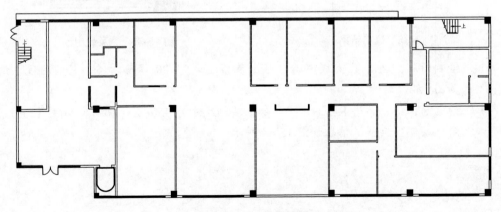

图 15-40 绘制结果

20 尺寸标注。调用 DLI(线性标注)命令，为建筑平面图绘制尺寸标注，结果如图 15-41 所示。

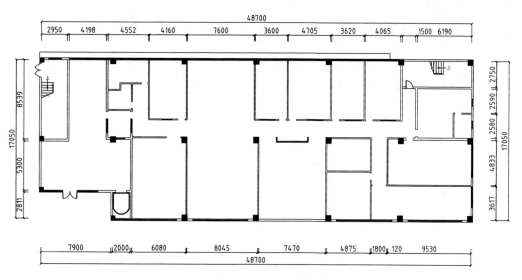

图 15-41 尺寸标注

21 绘制图名标注。调用 MT(多行文字)命令,绘制图名标注和比例;调用 L(直线)命令,绘制下划线,并将靠近图名标注的下划线的线宽改为 0.3mm,结果如图 15-42 所示。

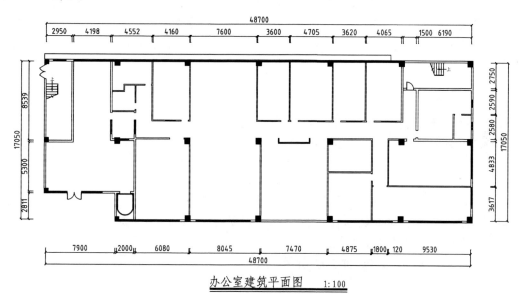

办公室建筑平面图 1:100

图 15-42 绘制图名标注

15.3 绘制办公平面布置图

办公室的平面布置与住宅的平面布置有所不同,更需要考虑工作流程以及各人员工作区域的划分等问题,其中涉及人体工程学中关于办公尺度的考虑。本节介绍绘制办公室平面布置图的方法。

15.3.1 办公空间布局分析

办公室由各个不同的功能空间组成，在对办公室进行设计装修时，应注意对各个功能空间进行合理的布局，以满足人们日常的使用需求，提高工作效率。

1．接待区

接待区一般设计在进门的右边。这是由人们的习惯决定的，一般情况下，人走进一个房间都会习惯性地往右走，所以接待区应设在右边。

2．产品展厅

产品展厅应该设在左边。这也是因为人们往往会走右边，所以产品的展示应该设在人们不常走的地方，以免碰撞展品。

因为接待区里设有沙发、饮水机等杂物，所以通常不与产品展厅设在同一个地方。当有客人来访时，会先把他们引到接待区然后再引到产品展厅，这是办公室接待来客的习惯。

3．总经理办公室与副总经理办公室

一般情况下，总经理办公室不和副总经理的办公室靠在一起，而且以右为尊，所以总经理的办公室会设在公司的右边。另外一个原因是总经理与副总经理的职能不同。总经理是一个公司的总负责人，是运筹帷幄的角色。副总经理则是处理公司内部的各项具体事务。

4．会议室

会议室一般会设在公司的最里边，因为开会时往往会涉及公司的一些最机密的信息，所以设在里边是出于安全、保密的需要。

5．其他部门的设置

对于公司其他部门的布局可以视具体情况而定。我们可以先假设此公司是哪种类型的销售公司(即此公司主要是销售什么的)，然后再视其财政状况等各方面因素而定。可以将其设计成开放式，也可以设计成封闭式，也可以是半开放半封闭式。

某办公室的平面布局如图 15-43 所示。

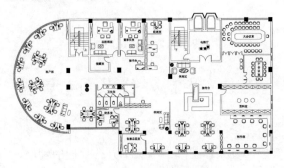

图 15-43　办公室布局图

15.3.2　接待区平面布置

本章介绍某小额贷款公司室内设计工程装修图纸的绘制。

接待区是公司、企业必备的会客区域之一，本例的接待区布置中，配备了接待台和休闲组合沙发，既能满足工作人员的需求，又兼顾了接待功能。

01　绘制固定玻璃窗。调用 O(偏移)命令，设置偏移距离为 68，向内偏移墙线，结果如图 15-44 所示。

02　绘制门洞。调用 O(偏移)命令，偏移墙线；调用 TR(修剪)命令，修剪线段，结果如图 15-45 所示。

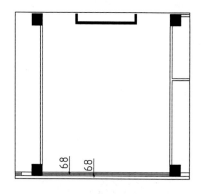

图 15-44　绘制固定玻璃窗

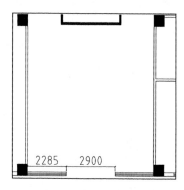

图 15-45　绘制门洞

03　调用 REC(矩形)命令，绘制尺寸为 200×600 的矩形；调用 L(直线)命令，在矩形内绘制对角线，结果如图 15-46 所示。

04　绘制玻璃推拉门。调用 REC(矩形)命令，绘制尺寸为 1250×40 的矩形，结果如图 15-47 所示。

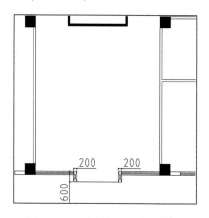

图 15-46　绘制矩形及其对角线

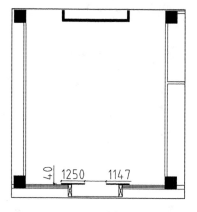

图 15-47　绘制玻璃推拉门

05　绘制背景墙。调用 O(偏移)命令，偏移墙线；调用 F(圆角)命令，对墙线执行圆角操作，结果如图 15-48 所示。

06　调用 PL(多段线)命令，绘制锯齿状多段线表示背景墙造型，结果如图 15-49 所示。

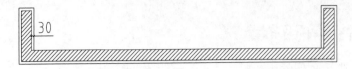

图 15-48 绘制背景墙

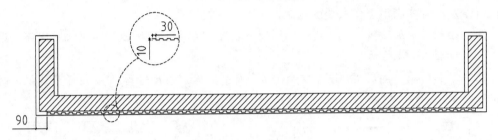

图 15-49 绘制多段线

07 绘制装饰柜。调用 L(直线)命令，绘制直线，并将柜内对角线的线型更改为虚线，结果如图 15-50 所示。

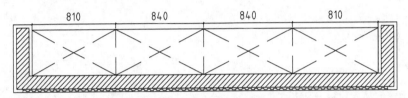

图 15-50 绘制装饰柜

08 绘制墙面装饰。调用 O(偏移)命令，设置偏移距离为 30，向外偏移墙线、柱线，结果如图 15-51 所示。

09 绘制踏步。调用 L(直线)命令，绘制直线；调用 O(偏移)命令，偏移直线，结果如图 15-52 所示。

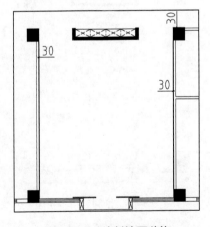

图 15-51 绘制墙面装饰

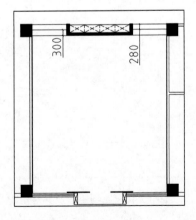

图 15-52 绘制踏步

10 调用 MT(多行文字)命令及 PL(多段线)命令，分别绘制文字标注和指示箭头，结果如图 15-53 所示。

11 绘制接待台。调用 REC(矩形)命令，绘制尺寸为 3000×700 的矩形，结果如图 15-54 所示。

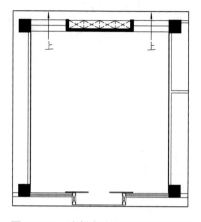

图 15-53　绘制文字标注和指示箭头

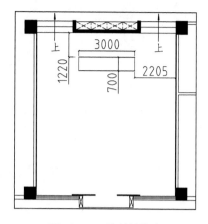

图 15-54　绘制接待台

12 绘制台面装饰。调用 X(分解)命令，分解矩形；调用 O(偏移)命令，偏移矩形边，结果如图 15-55 所示。

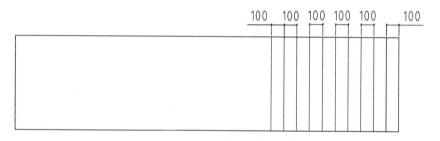

图 15-55　偏移矩形边

13 图案填充。调用 H(图案填充)命令，再在命令行中输入 T(设置)命令，然后在弹出的"图案填充和渐变色"对话框中设置填充图案的参数，结果如图 15-56 所示。

图 15-56　设置图案填充参数

14 在绘图区选取填充区域，绘制图案填充的结果如图 15-57 所示。

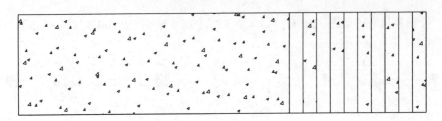

图 15-57　填充结果

15 调入图块。按 Ctrl+O 组合键，打开配套资源中的"素材\第 15 章\家具图例.dwg"
文件，再复制粘贴组合沙发、办公椅图块至当前视图中，结果如图 15-58 所示。

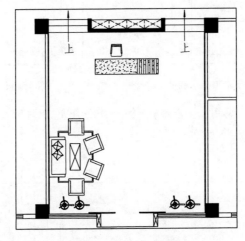

图 15-58　调入图块

15.3.3　普通办公区和办公室平面布置

　　本例介绍的是小额贷款公司办公室装修图纸的绘制，因此办公室各功能区的命名以及
布置都以满足其使用功能为前提。比如市场部的工作是进行市场调研，撰写市场报告等；
风审部则对市场部所提交的报告进行评估，以确定贷款的风险；库房则保存各类资料，以
备时时调用。

　　在企业中，一般的职员都在开敞的办公空间中办公，不享有私密性，且公用一些办公
设施，比如打印机、扫描仪等。管理层的人员则在独立的办公室中办公，享有私密性，且
有专用的办公设备。有时在独立的办公室外还设置专门的秘书室或会客室，以满足其使用
需求。

　　本例介绍开敞办公区及独立办公室平面图的绘制方法。

01 绘制开放办公区布置图。按 Ctrl+O 组合键，从打开的"素材\第 15 章\家具图
例.dwg"文件中复制粘贴办公桌椅图形至当前视图中，结果如图 15-59 所示。

02 绘制开放办公区墙面装饰。调用 L(直线)命令，绘制直线；调用 O(偏移)命令，
偏移直线，结果如图 15-60 所示。

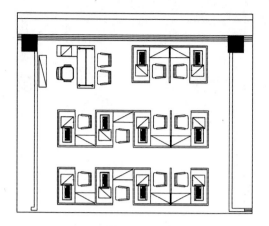

图 15-59　调入图块

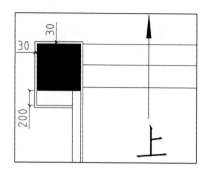

图 15-60　绘制墙面装饰

03 调用 C(圆)命令，绘制半径为 55 的圆，以表示被封的立管；调用 REC(矩形)命令，绘制尺寸为 650×200 的矩形；调用 L(直线)命令，在矩形内绘制对角线，并将其线型更改为虚线，结果如图 15-61 所示。

04 调入图块。按 Ctrl+O 组合键，从打开的"素材\第 15 章\家具图例.dwg"文件中复制粘贴办公桌椅图形至开放办公区中，结果如图 15-62 所示。

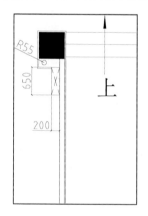

图 15-61　绘制结果

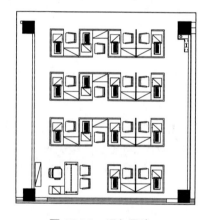

图 15-62　调入图块

05 绘制台阶。调用 L(直线)命令及 O(偏移)命令，绘制并偏移直线；调用 PL(多段线)命令及 MT(多行文字)命令，绘制指示箭头和文字标注，结果如图 15-63 所示。

06 绘制风审部办公室平面图。调用 L(直线)命令，绘制直线，绘制文件柜的结果如图 15-64 所示。

07 绘制平开门。调用 REC(矩形)命令，绘制尺寸为 800×50 的矩形；调用 A(圆弧)命令，绘制圆弧，结果如图 15-65 所示。

08 调入图块。按 Ctrl+O 组合键，从打开的"素材\第 15 章\家具图例.dwg"文件中复制粘贴办公桌椅图形至当前视图中，结果如图 15-66 所示。

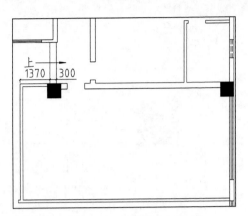

图 15-63　绘制台阶　　　　　　　　　图 15-64　绘制文件柜

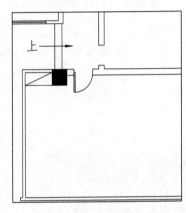

图 15-65　绘制平开门

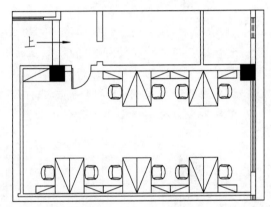

图 15-66　调入图块

09　绘制综合部办公室平面图。调用 REC(矩形)命令，绘制尺寸为 800×50 的矩形；调用 A(圆弧)命令，绘制圆弧；调用 MI(镜像)命令，镜像复制绘制完成的门图形，完成双扇平开门的绘制结果如图 15-67 所示。

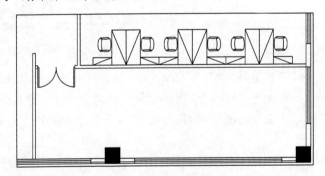

图 15-67　绘制双扇平开门

10　绘制柜子。调用 L(直线)命令及 O(偏移)命令，绘制并偏移直线，结果如图 15-68 所示。

11　调入图块。按 Ctrl+O 组合键，从打开的"素材\第 15 章\家具图例.dwg"文件中复制粘贴办公桌椅图形至当前视图中，结果如图 15-69 所示。

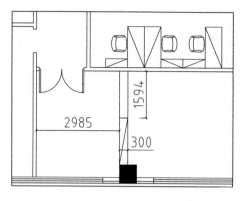

图 15-68　绘制柜子

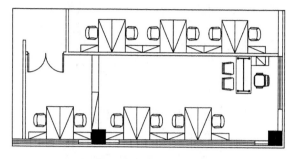

图 15-69　调入图块

12 重复操作，继续绘制其他办公室的平面布置图，结果如图 15-70 所示。

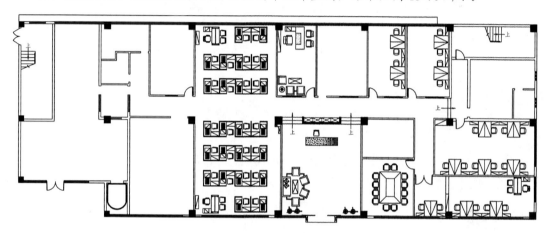

图 15-70　绘制结果

15.3.4　绘制大会议室和接待室平面图

大会议室面积较大，因而能容纳较多人同时开会；接待室提供与客人商谈的区域，在办公空间面积允许的情况下可以设置，假如面积不允许，则会议室可以兼具接待功能。

01 绘制接待室平面图。调用 E(删除)命令，删除墙线；调用 L(直线)命令，绘制直线；调用 O(偏移)命令及 TR(修剪)命令，偏移并修剪墙线，绘制固定玻璃窗，结果如图 15-71 所示。

02 绘制推拉门。调用 L(直线)命令及 O(偏移)命令，绘制并偏移直线，结果如图 15-72 所示。

03 调用 O(偏移)命令，设置偏移距离为 60，向内偏移直线，结果如图 15-73 所示。

04 调用 L(直线)命令，绘制直线；调用 TR(修剪)命令，修剪线段，结果如图 15-74 所示。

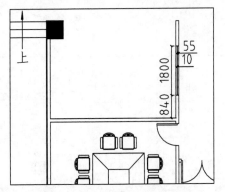

图 15-71　绘制接待室平面图

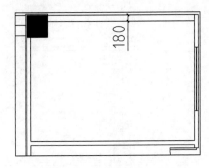

图 15-72　绘制推拉门

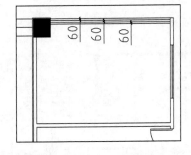

图 15-73　偏移直线

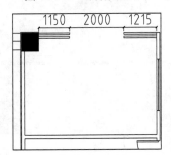

图 15-74　修剪线段

05 调用 REC(矩形)命令，绘制尺寸为 1020×30 的矩形，结果如图 15-75 所示。

06 调用 L(直线)命令，绘制门口线，结果如图 15-76 所示。

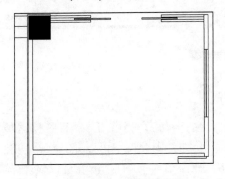

图 15-75　绘制矩形

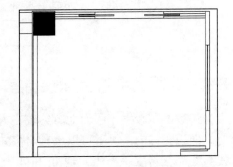

图 15-76　绘制门口线

07 调入图块。按 Ctrl+O 组合键，从打开的"素材\第 15 章\家具图例.dwg"文件中复制粘贴组合沙发图形至当前视图中，结果如图 15-77 所示。

08 绘制大会议室弹簧门。调用 REC(矩形)命令，绘制 800×50 的矩形；调用 A(圆弧)命令，绘制圆弧，结果如图 15-78 所示。

09 调用 L(直线)命令，绘制门口线；调用 MI(镜像)命令，镜像复制门图形，完成弹簧门的绘制，结果如图 15-79 所示。

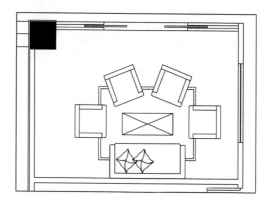

图 15-77　调入图块

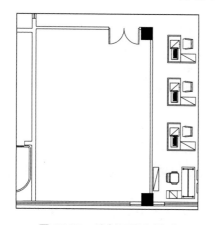

图 15-78　绘制矩形和圆弧

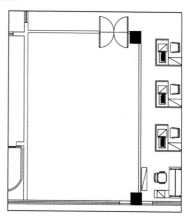

图 15-79　绘制完成的弹簧门

10　绘制电视机。调用 REC(矩形)命令，绘制 2100×35 的矩形，结果如图 15-80 所示。

11　调用 L(直线)命令，绘制直线，结果如图 15-81 所示。

图 15-80　绘制电视机

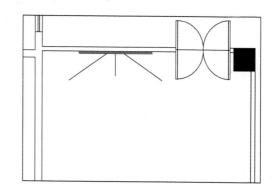

图 15-81　绘制直线

12　调入图块。按 Ctrl+O 组合键，从打开的"素材\第 15 章\家具图例.dwg"文件中复制粘贴组合沙发图形至当前视图中，结果如图 15-82 所示。

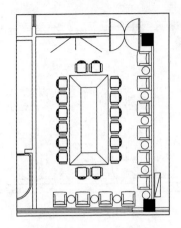

图 15-82   调入图块

15.3.5   绘制总经理室平面图

总经理是整个企业的最高管理者，其办公室的布置需要为满足使用需求进行设计。一般需要兼顾办公和会客这两项主要功能。

01 绘制平开门。调用 REC(矩形)命令，绘制 800×50 的矩形；调用 A(圆弧)命令，绘制圆弧，结果如图 15-83 所示。

02 绘制书柜。调用 REC(矩形)命令，绘制 2100×300 的矩形；调用 L(直线)命令，绘制对角线，结果如图 15-84 所示。

03 绘制茶几。调用 REC(矩形)命令，绘制 1200×500 的矩形；调用 O(偏移)命令，设置偏移距离为 50，向内偏移矩形，结果如图 15-85 所示。

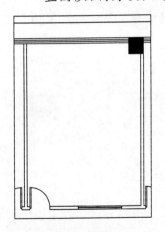
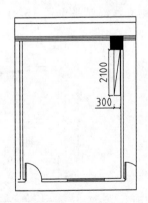
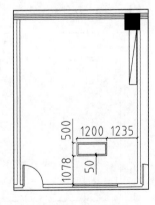

图 15-83   绘制平开门   图 15-84   绘制书柜   图 15-85   绘制茶几

04 图案填充。调用 H(图案填充)命令，再在命令行中输入 T(设置)命令，然后在弹出的"图案填充和渐变色"对话框中设置填充图案的参数，如图 15-86 所示。

05 在绘图区中拾取填充区域，按 Enter 键返回对话框。单击"确定"按钮，完成图案填充操作，结果如图 15-87 所示。

图 15-86　"图案填充和渐变色"对话框　　　　图 15-87　图案填充

06 调入图块。按 Ctrl+O 组合键，从打开的"素材\第 15 章\家具图例.dwg"文件中复制粘贴办公桌椅、组合沙发图形至当前视图中，结果如图 15-88 所示。

07 绘制地毯。调用 REC(矩形)命令，绘制 1521×2368 的矩形；调用 O(偏移)命令，设置偏移距离为 50，向内偏移矩形，结果如图 15-89 所示。

08 调用 TR(修剪)命令，修剪线段，结果如图 15-90 所示。

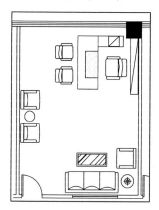 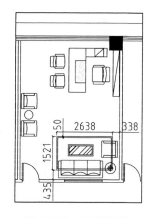 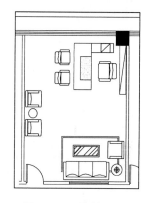

图 15-88　调入图块　　　　图 15-89　绘制地毯　　　　图 15-90　修剪线段

15.3.6　绘制卫生间平面图

企业的办公人员比较多，所以需要合理规划卫生间的面积。本例卫生间的墙体经过改造后，面积经过合理的划分，可大体满足使用需求。

01 男卫墙体改造。调用 O(偏移)命令，偏移墙线，结果如图 15-91 所示。

02 调用 EX(延伸)命令，延伸墙线；调用 TR(修剪)命令，修剪墙线，结果如图 15-92 所示。

03 绘制门洞。调用 L(直线)命令，绘制直线；调用 TR(修剪)命令，修剪墙线，结果如图 15-93 所示。

04 值班室墙体改造。调用 O(偏移)命令，偏移墙线，结果如图 15-94 所示。

05 调用 EX(延伸)命令及 TR(修剪)命令，延伸并修剪墙线，结果如图 15-95 所示。

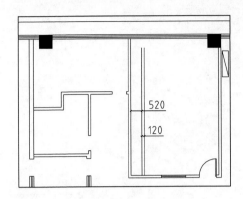

图 15-91　偏移墙线

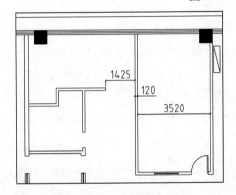

图 15-92　延伸并修剪墙线

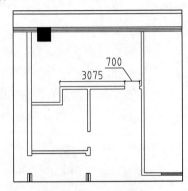

图 15-93　绘制门洞

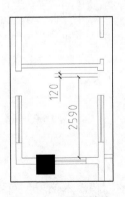

图 15-94　偏移墙线

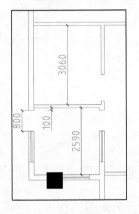

图 15-95　延伸并修剪墙线

06 女卫墙体改造。调用 O(偏移)命令，偏移墙线；调用 EX(延伸)命令，延伸墙线，结果如图 15-96 所示。

07 调用 L(直线)命令，绘制直线，结果如图 15-97 所示。

08 调用 TR(修剪)命令，修剪墙线；调用 M(移动)命令，移动平开窗的位置，结果如图 15-98 所示。

09 绘制男卫隔断。调用 L(直线)命令，绘制直线；调用 O(偏移)命令，偏移直线，结果如图 15-99 所示。

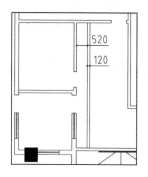

图 15-96　偏移墙线

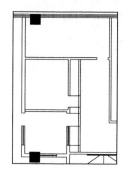

图 15-97　绘制直线

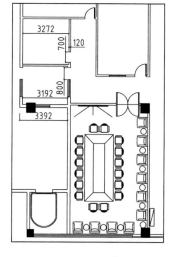

图 15-98　调整结果

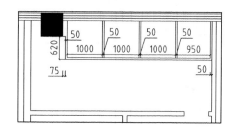

图 15-99　绘制男卫隔断

10 绘制门洞。调用 L(直线)命令，绘制直线；调用 TR(修剪)命令，修剪直线，结果如图 15-100 所示。

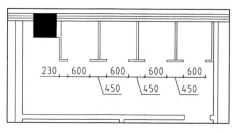

图 15-100　绘制门洞

11 绘制平开门。调用 REC(矩形)命令，绘制尺寸为 600×20 的矩形；调用 RO(旋转)命令，设置旋转角度为 30，旋转矩形；调用 A(圆弧)命令，绘制圆弧，结果如图 15-101 所示。

12 绘制隔板。调用 REC(矩形)命令，绘制尺寸为 500×50 的矩形，结果如图 15-102 所示。

13 调用 REC(矩形)命令，绘制矩形(矩形长为门洞的宽度，矩形宽均为 50)；调用 A(圆弧)命令，绘制圆弧，结果如图 15-103 所示。

14 绘制清洗间墙体。调用 O(偏移)命令及 TR(修剪)命令，偏移并修剪墙体，结果如图 15-104 所示。

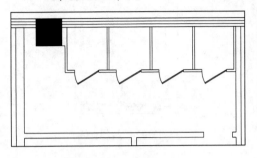

图 15-101 绘制平开门

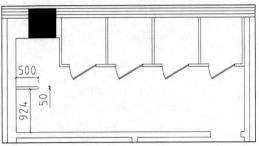

图 15-102 绘制隔板

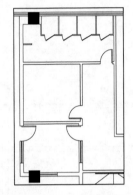

图 15-103 绘制结果

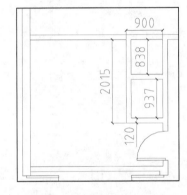

图 15-104 绘制清洗间墙体

15 绘制门洞。调用 L(直线)命令，绘制直线；调用 TR(修剪)命令，修剪墙线，结果如图 15-105 所示。

16 调用 REC(矩形)命令、RO(旋转)命令及 A(圆弧)命令，绘制门图形，结果如图 15-106 所示。

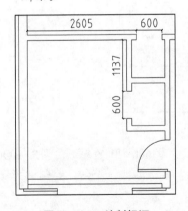

图 15-105 绘制门洞

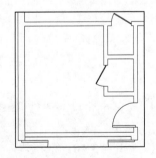

图 15-106 绘制平开门

17 绘制女卫隔断。调用 L(直线)命令、O(偏移)命令、TR(修剪)命令及 RO(旋转)命令，绘制隔断及平开门等图形，结果如图 15-107 所示。

18 绘制洗手台。调用 REC(矩形)命令，绘制尺寸为 1853×600 的矩形，结果如图 15-108 所示。

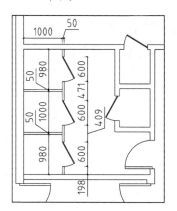

图 15-107　绘制女卫隔断

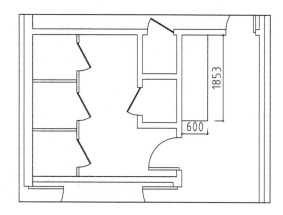

图 15-108　绘制洗手台

19 调入图块。按 Ctrl+O 组合键，从打开的"素材\第 15 章\家具图例.dwg"文件中复制粘贴办公桌椅、组合沙发以及洁具等图形至当前视图中，结果如图 15-109 所示。

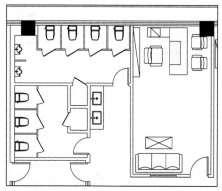

图 15-109　调入图块

20 办公室平面布置图的绘制结果如图 15-110 所示。

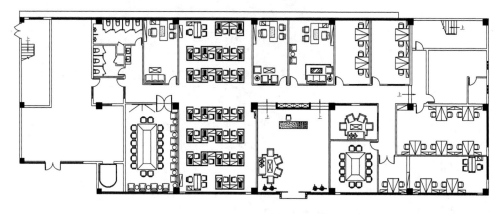

图 15-110　办公室平面布置图

21 文字标注。调用 MT(多行文字)命令，为办公室各区域绘制文字标注，结果如图 15-111 所示。

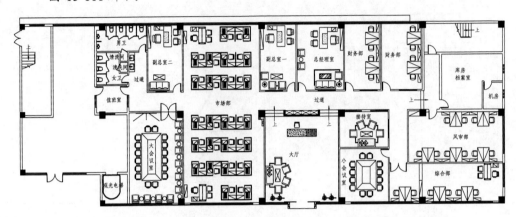

图 15-111　文字标注

22 图名标注。调用 MT(多行文字)命令及 L(直线)命令，绘制图标标注和比例，结果如图 15-112 所示。

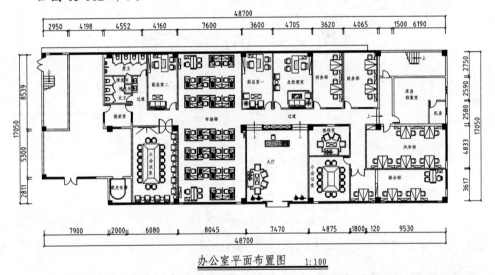

办公室平面布置图　1:100

图 15-112　图名标注

15.4　绘制办公空间地面布置图

办公空间由于面积比较大，成分比较单一，即大部分区域都为办公区域。因此，本例中地面的主要装饰材料为瓷砖，但是在瓷砖的种类、大小、铺贴方式上有所区别。独立办公室及会议室使用地毯作为地面铺装材料，具有吸收噪声的功能。

01 整理图形。调用 CO(复制)命令，移动复制一份平面布置图至一旁；调用 E(删除)命令，删除多余图形，结果如图 15-113 所示。

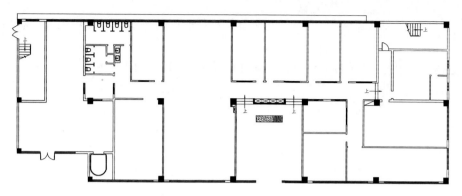

图 15-113　整理图形

02 调用 L(直线)命令，绘制门口线，结果如图 15-114 所示。

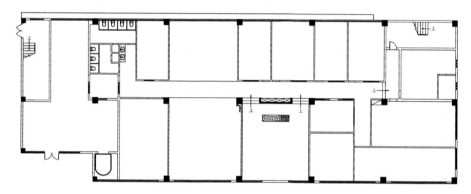

图 15-114　绘制门口线

03 绘制卫生间地面铺砌图案。调用 H(图案填充)命令，再在命令行中输入 T(设置)命令，弹出"图案填充和渐变色"对话框。在其中选择填充图案，并设置其填充比例，如图 15-115 所示。

04 单击"添加：拾取点"按钮，在绘图区的填充区域单击鼠标左键。按 Enter 键返回对话框，单击"确定"按钮关闭该对话框，完成图案填充的操作如图 15-116 所示。

图 15-115　"图案填充和渐变色"对话框

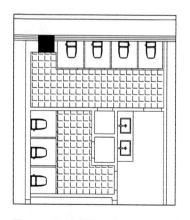

图 15-116　填充卫生间地面图案

05 按 Enter 键再次调出"图案填充和渐变色"对话框，更改图案的填充角度为 45°，如图 15-117 所示。

06 对卫生间内隔间地面绘制图案填充的结果如图 15-118 所示。

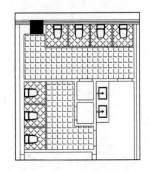

图 15-117　更改图案的填充角度　　　图 15-118　填充卫生间内隔间地面图案

07 绘制过道的波打线。调用 O(偏移)命令，设置偏移距离为 120，往外偏移墙线；调用 TR(修剪)命令，修剪线段，绘制波打线的结果如图 15-119 所示。

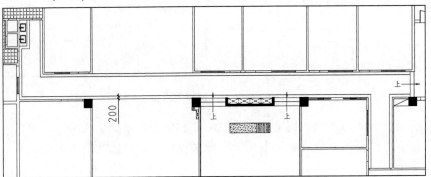

图 15-119　绘制波打线

08 绘制波打线铺砌图案。执行"绘图" | "图案填充"命令，在弹出的"图案填充和渐变色"对话框中选择填充图案，结果如图 15-120 所示。

图 15-120　"图案填充和渐变色"对话框

09 在绘图区中选择走边为填充区域，绘制图案填充的结果如图 15-121 所示。

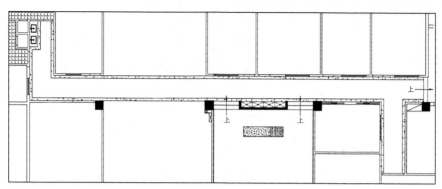

图 15-121　填充走边地面图案

10 绘制过道地面铺砌图案。单击"绘图"工具栏上的"图案填充"按钮 ▨，再在命令行中输入 T(设置)命令，然后在弹出的"图案填充和渐变色"对话框中设置填充图案的角度和间距，结果如图 15-122 所示。

图 15-122　设置参数

11 在绘图区中选择过道为填充区域，绘制图案填充的结果如图 15-123 所示。

12 绘制其他办公室地面铺砌图案。调用 H(图案填充)命令，再在命令行中输入 T(设置)命令，然后在弹出的"图案填充和渐变色"对话框中设置图案的填充参数，如图 15-124 所示。

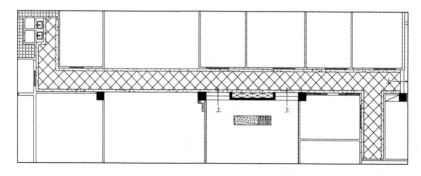

图 15-123　填充过道图案

图 15-124 "图案填充和渐变色"对话框

13 在绘图区拾取待填充图案的区域，绘制图案填充的结果如图 15-125 所示。

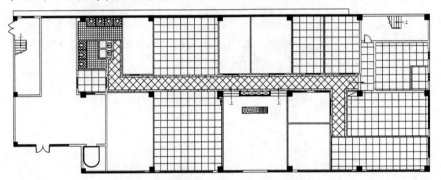

图 15-125 填充其他办公室地面图案

14 绘制地毯铺装图案。执行"绘图"|"图案填充"命令，再在命令行中输入 T(设置)命令，然后在弹出的"图案填充和渐变色"对话框中设置地毯填充图案的参数，如图 15-126 所示。

15 在绘图区拾取待填充地毯图案的区域，图案填充的结果如图 15-127 所示。

图 15-126 "图案填充和渐变色"对话框

16 绘制门槛石地面铺砌图案。单击"绘图"工具栏上的"图案填充"按钮 ▨，再在命令行中输入 T(设置)命令，然后在弹出的"图案填充和渐变色"对话框中设置门槛石填充图案的比例，如图 15-128 所示。

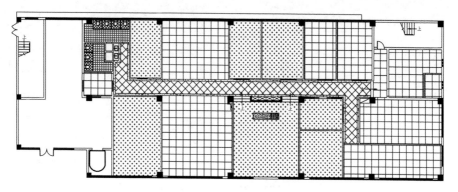

图 15-127　填充地毯图案

图 15-128　设置参数

17 在绘图区拾取门槛石填充区域，绘制图案填充的结果如图 15-129 所示。

18 绘制填充图例表。调用 REC(矩形)命令，绘制尺寸为 9759×12 070 的矩形；调用 X(分解)命令，分解矩形；调用 O(偏移)命令，偏移矩形边，结果如图 15-130 所示。

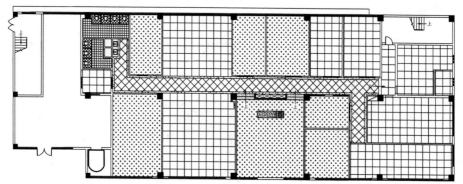

图 15-129　填充门槛石图案

19 调用 REC(矩形)命令，绘制尺寸为 1000×1000 的矩形，结果如图 15-131 所示。

20 调用 H(图案填充)命令，沿用上述绘制的各办公区域的地面图案的填充参数，在矩形内绘制填充图案，结果如图 15-132 所示。

21 调用 MT(多行文字)命令，绘制文字标注，结果如图 15-133 所示。

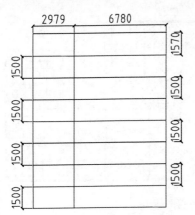

图 15-130 绘制填充图例表

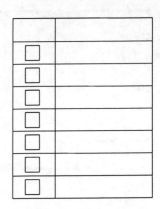

图 15-131 绘制小矩形

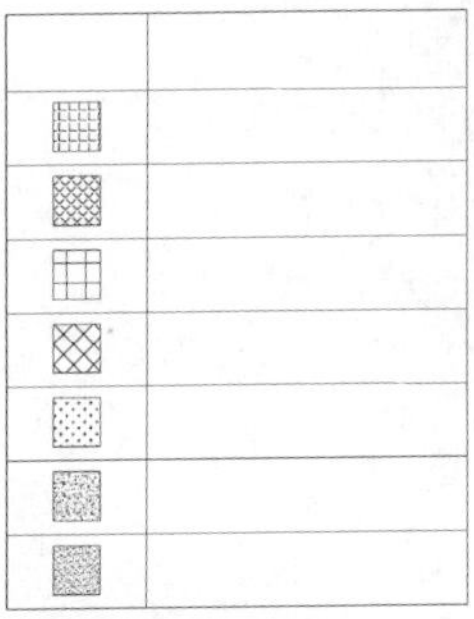

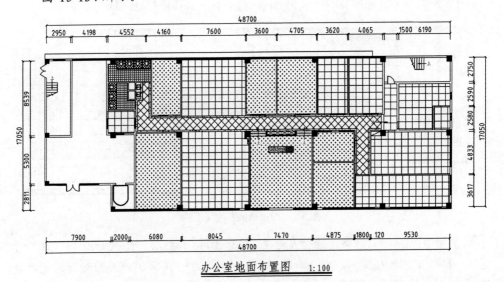

图 15-132 绘制图案

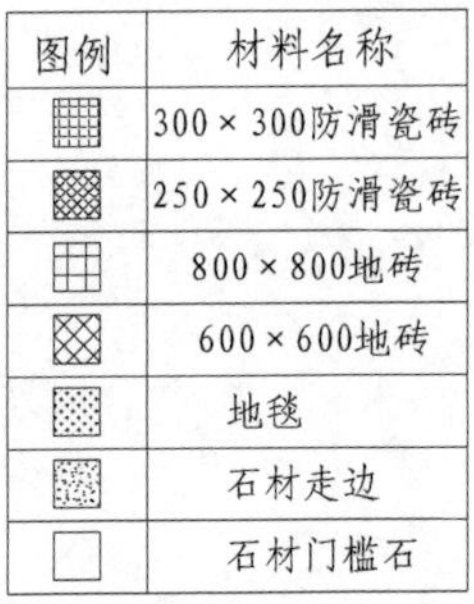

图例	材料名称
	300×300防滑瓷砖
	250×250防滑瓷砖
	800×800地砖
	600×600地砖
	地毯
	石材走边
	石材门槛石

图 15-133 绘制文字标注

22 绘制图名标注。调用 MT(多行文字)命令，绘制图名标注和比例；调用 L(直线)命令，绘制下划线，并将靠近图名标注的下划线的线宽改为 0.3mm，结果如图 15-134 所示。

办公室地面布置图　1:100

图 15-134 绘制图名标注

15.5　绘制办公空间顶棚图

办公空间的顶面造型较简单，仅在会议室及接待区制作了简单的造型吊顶。在开敞办公区及独立办公室则设计制作了平顶，仅在平顶的式样上做区别。

15.5.1　绘制公共区域顶棚图

办公室的公共区域包括接待大厅、开敞办公区、卫生间等，本节介绍接待大厅、开敞办公区顶棚图的绘制。

接待大厅是接待访客、展现本企业整体风貌的一个窗口，端庄、大气的装修风格可以彰显企业文化内涵，因此应在材料的选用、家具的摆设上精心设计。接待大厅顶面制作矩形吊顶，左右两边辅以灰镜饰面，在简约中透露着奢华。

开敞办公区在沿袭整个办公空间的整体装修风格以及满足照明的情况下，顶面使用宽度较小，长度不定的灰镜来装饰，既统一于整体，又不会显得单调。

01 整理图形。调用 CO(复制)命令，移动复制一份平面布置图至一旁；调用 E(删除)命令，删除多余图形；调用 L(直线)命令，绘制门口线，结果如图 15-135 所示。

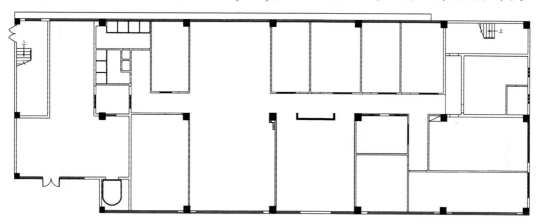

图 15-135　整理图形

02 绘制大厅顶棚图。调用 L(直线)命令，绘制直线，结果如图 15-136 所示。

03 调用 REC(矩形)命令，绘制矩形，结果如图 15-137 所示。

04 绘制风口。调用 REC(矩形)命令，绘制尺寸为 3000×200 的矩形；调用 O(偏移)命令，设置偏移距离为 15，向内偏移矩形，结果如图 15-138 所示。

05 调用 L(直线)命令，绘制直线，结果如图 15-139 所示。

06 填充图案。调用 H(图案填充)命令，再在命令行中输入 T(设置)命令，然后在弹出的"图案填充和渐变色"对话框中设置填充图案的角度和间距，如图 15-140 所示。

07 在绘图区选取填充区域，绘制图案填充的结果如图 15-141 所示。

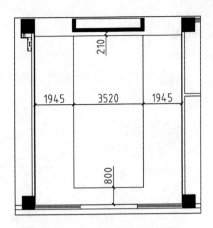

图 15-136 绘制大厅顶棚图

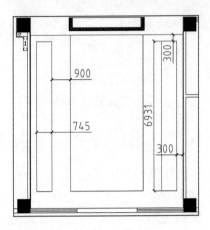

图 15-137 绘制矩形

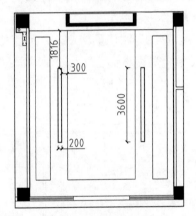

图 15-138 绘制风口

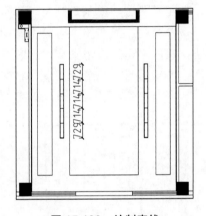

图 15-139 绘制直线

图 15-140 设置参数

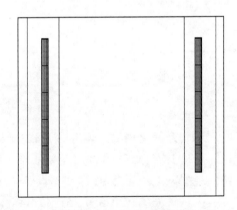

图 15-141 填充图案

08 填充顶面图案。执行"绘图"|"图案填充"命令，再在命令行中输入 T(设置)命令，然后在弹出的"图案填充和渐变色"对话框中选择填充图案，设置其填充比例，如图 15-142 所示。

09 在绘图区选取填充区域，绘制图案填充的结果如图 15-143 所示。

图 15-142 "图案填充和渐变色"对话框

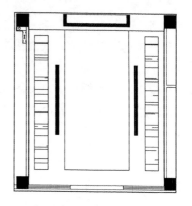

图 15-143 填充顶面图案

10 绘制灯带。调用 O(偏移)命令，偏移线段；调用 F(圆角)命令，对所偏移的线段执行圆角操作，并将所偏移的线段的线型更改为虚线，结果如图 15-144 所示。

11 调入图块。按 Ctrl+O 组合键，从打开的"素材\第 14 章\家具图例.dwg"文件中复制粘贴灯具、风口等图形至当前视图中，结果如图 15-145 所示。

12 绘制开敞办公区顶棚图。调用 L(直线)命令，绘制直线，结果如图 15-146 所示。

13 绘制石膏板吊顶。调用 REC(矩形)命令，绘制矩形，结果如图 15-147 所示。

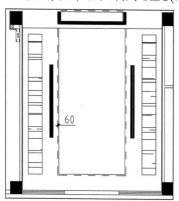

图 15-144 绘制灯带

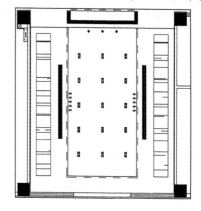

图 15-145 调入图块

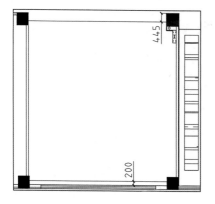

图 15-146 绘制开敞办公区顶棚图

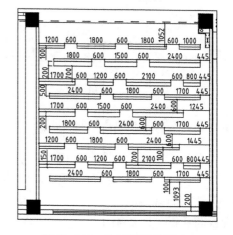

图 15-147 绘制石膏板吊顶

14 调用 H(图案填充)命令，再在命令行中输入 T(设置)命令，系统弹出"图案填充和渐变色"对话框。设置图案填充的角度为 90°，填充比例为 25，如图 15-148 所示。

15 在绘图区选取矩形为填充区域，绘制图案填充的结果如图 15-149 所示。

图 15-148 设置参数

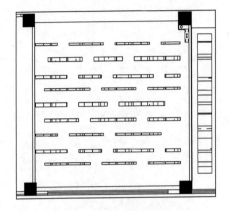

图 15-149 填充图案

16 调用 CO(复制)命令，从大厅顶棚图中移动复制风口图形至开敞办公区顶面图中；调用 RO(旋转)命令，将风口图形旋转 90°，结果如图 15-150 所示。

17 绘制灯带。调用 O(偏移)命令，偏移线段，并将线段的线型更改为虚线，结果如图 15-151 所示。

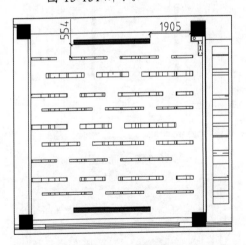

图 15-150 操作结果

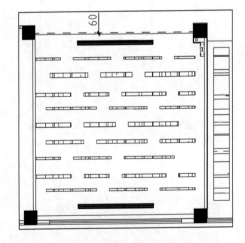

图 15-151 绘制灯带

15.5.2 绘制独立区域顶棚图

独立区指有单独的空间，仅为部分人开放，比如会议室、财务室、总经理办公室。本节介绍会议室和总经理办公室顶棚图的绘制。

会议室的气氛是较为严肃的，因此装修风格应突出这种气氛。在材料的选用上依然是石膏板与灰镜，但在制作上却与其他区域有所不同。会议室制作了矩形叠级吊顶，中间为灰镜饰面。庄重中带有跳动的元素，为沉闷的气氛增添活力。

01　绘制大会议室顶棚图。调用 O(偏移)命令，偏移墙线；调用 F(圆角)命令，对所偏移的线段执行圆角操作，结果如图 15-152 所示。

02　调用 REC(矩形)命令，绘制矩形，结果如图 15-153 所示。

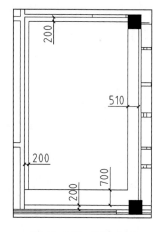

图 15-152　圆角操作

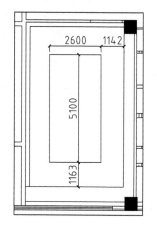

图 15-153　绘制矩形

03　调用 O(偏移)命令，分别设置偏移距离为 600、150、30，向内偏移矩形，结果如图 15-154 所示。

04　调用 L(直线)命令，绘制对角线，结果如图 15-155 所示。

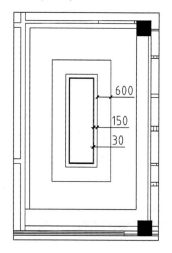

图 15-154　偏移矩形

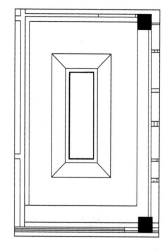

图 15-155　绘制对角线

05　填充顶面图案。调用 H(图案填充)命令，再在命令行中输入 T(设置)命令，弹出"图案填充和渐变色"对话框。选择名称为 AR-RROOF 的图案，设置填充比例为 25，绘制图案填充的结果如图 15-156 所示。

06　绘制灯带。调用 O(偏移)命令，设置偏移距离为 60，偏移线段，并将线段的线型更改为虚线，结果如图 15-157 所示。

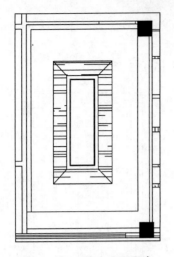

图 15-156　填充顶面图案

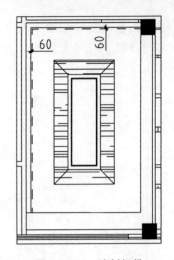

图 15-157　绘制灯带

07 绘制总经理办公室顶棚图。调用 O(偏移)命令，偏移墙线，结果如图 15-158 所示。

08 调入图块。按 Ctrl+O 组合键，从打开的"素材\第 15 章\家具图例.dwg"文件中复制粘贴灯具、风口等图形至当前视图中，结果如图 15-159 所示。

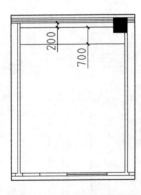

图 15-158　绘制顶棚图

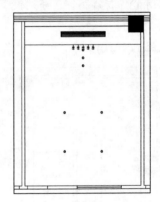

图 15-159　调入图块

09 沿用相同的参数和画法，为其他办公区域绘制顶棚布置图，结果如图 15-160 所示。

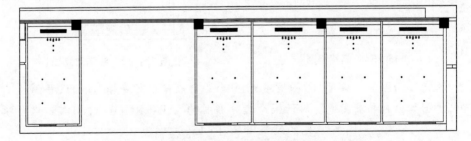

图 15-160　其他办公区域绘制结果

10 办公室顶棚图的绘制结果如图 15-161 所示。

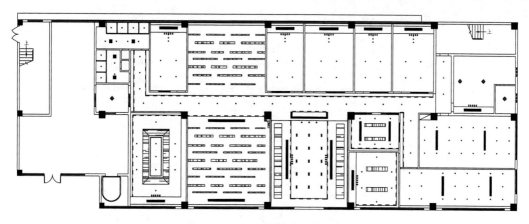

图 15-161　办公室顶棚的绘制结果

11 绘制图例表。调用 REC(矩形)、X(分解)、O(偏移)等命令，绘制灯具图例表，结果如图 15-162 所示。

12 绘制图名标注。调用 MT(多行文字)命令，绘制图名标注和比例；调用 L(直线)命令，绘制下划线，并将靠近图名标注的下划线的线宽改为 0.3mm，结果如图 15-163 所示。

⊕	筒灯(洗手间采用防雾型)	⊕	壁灯
○	筒灯	- - -	暗藏T5灯管
⊕	石英射灯（可调角度）	⊠	排风扇
※	吊灯	▦	白色铝制风口
⊕	吸顶灯	↦	出风口
▣	双头斗胆灯	≋	回风口

图 15-162　绘制图例表

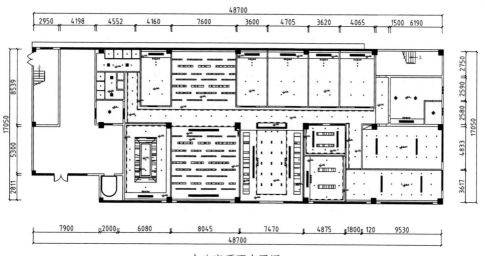

办公室顶面布置图　　1:100

图 15-163　图名标注

办公室顶面尺寸平面图如图 15-164 所示。

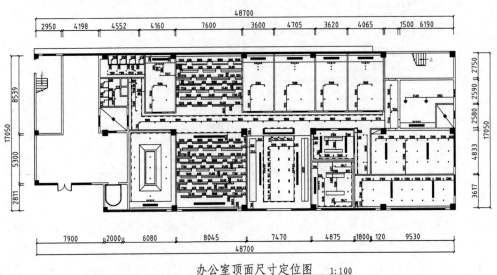

办公室顶面尺寸定位图　　1:100

图 15-164　办公室顶面尺寸平面图

15.6　办公空间立面设计

办公空间面积较大，因此立面的设计区域也较大。在进行设计构思时，应考虑办公空间的整体性，避免出现前后不接、脱节的情况。

本节介绍办公空间立面图的绘制方法。

15.6.1　绘制大厅背景墙立面图

大厅背景图为接待大厅正立面图，也就是接待台立面图。这相当于企业的门面，因为来客第一眼看到的即是该墙面。因此，墙面的装饰设计效果也关系到来客对企业的印象。

本例大厅背景墙设计制作的材料是大理石。采用干挂的施工工艺，将尺寸不同的大理石装饰于墙上，大气奢华，彰显了该企业的气度。

01 整理图形。调用 CO(复制)命令，将待绘制的大厅背景墙立面图的平面部分移动复制至一旁，结果如图 15-165 所示。

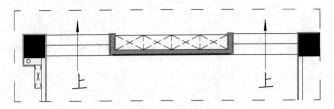

图 15-165　整理图形

02 绘制立面轮廓。调用 REC(矩形)命令，绘制矩形；调用 O(偏移)命令，设置偏移距离为 120，向内偏移矩形；调用 L(直线)命令，绘制直线，结果如图 15-166 所示。

03 调用 H(图案填充)命令，再在命令行中输入 T(设置)命令，然后在弹出的"图案填充和渐变色"对话框中定义填充图案的参数，如图 15-167 所示。

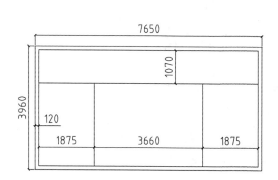

图 15-166 绘制立面轮廓

图 15-167 "图案填充和渐变色"对话框

04 在绘图区中拾取墙体轮廓线，绘制图案填充的结果如图 15-168 所示。

05 绘制吊顶。调用 L(直线)命令，绘制直线，结果如图 15-169 所示。

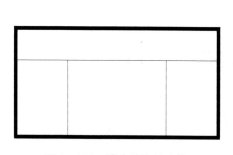

图 15-168 填充墙体轮廓线

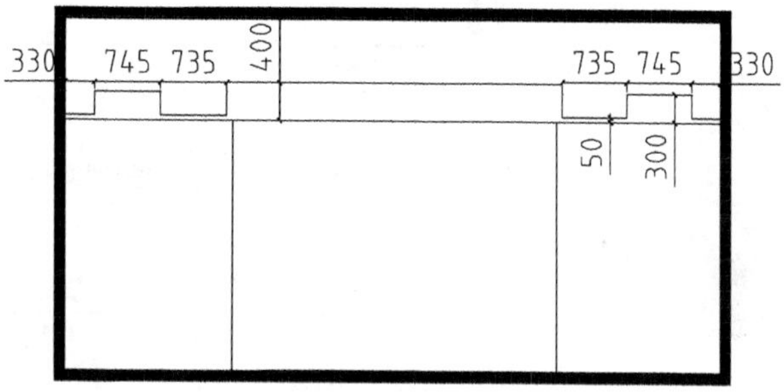

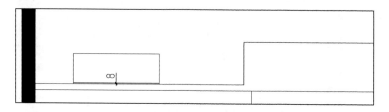

图 15-169 绘制吊顶

06 绘制吊顶装饰层。调用 L(直线)命令，绘制直线；调用 O(偏移)命令，偏移直线，结果如图 15-170 所示。

图 15-170 绘制吊顶装饰层

注意

图 15-171 中被椭圆所勾选的顶面装饰区域即上一步骤所绘制的立面吊顶装饰层。

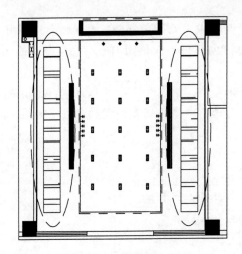

图 15-171　顶面装饰区域

07 绘制灯槽。调用 L(直线)命令，绘制直线，结果如图 15-172 所示。

08 调用 MI(镜像)命令，镜像复制绘制完成的灯槽，结果如图 15-173 所示。

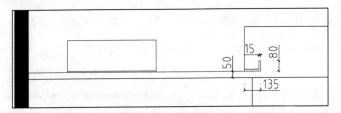

图 15-172　绘制灯槽

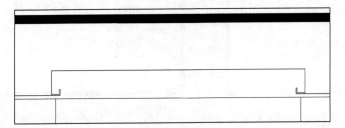

图 15-173　镜像复制灯槽

09 绘制台阶。调用 O(偏移)命令，偏移线段；调用 TR(修剪)命令，修剪线段，结果
　　如图 15-174 所示。

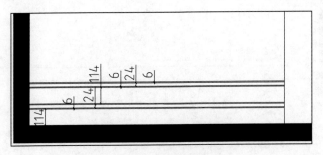

图 15-174　偏移并修剪线段

10　调用 MI(镜像)命令，镜像复制绘制完成的台阶图形，结果如图 15-175 所示。

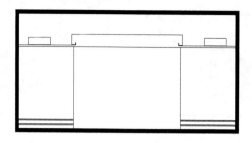

图 15-175　镜像复制台阶

11　绘制背景墙装饰。调用 O(偏移)命令，偏移线段，结果如图 15-176 所示。

12　调用 REC(矩形)命令，分别绘制尺寸为 3660×20、3660×30 的矩形；在背景墙区域中将尺寸为 3660×20 的矩形置于尺寸为 3660×30 的矩形之上，结果如图 15-177所示。

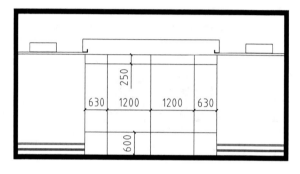

图 15-176　偏移线段

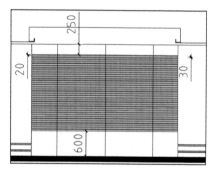

图 15-177　绘制背景墙装饰

13　图案填充。调用 H(图案填充)命令，再在命令行中输入 T(设置)命令，然后在弹出的 "图案填充和渐变色" 对话框中选择名称为 AR-CONC 的图案，设置填充比例为 1。选择背景墙中尺寸为 3660×30 的矩形作为填充区域，绘制图案填充的结果如图 15-178 所示。

14　绘制企业的口号。调用 MT(多行文字)命令，在背景墙上绘制文字标注 "诚信创新合作共赢"，结果如图 15-179 所示。

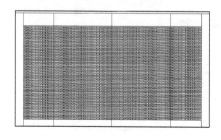

图 15-178　填充背景墙

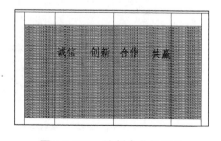

图 15-179　绘制企业的口号

15　调用 PL(折断线)命令，绘制折断线，结果如图 15-180 所示。

16　调入图块。按 Ctrl+O 组合键，从打开的 "素材\第 15 章\家具图例.dwg" 文件中复制粘贴灯具、风机等图形至当前视图中，结果如图15-181所示。

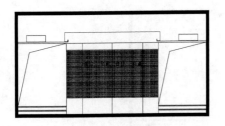

图15-180　绘制折断线

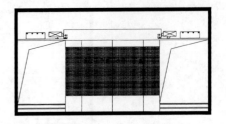

图15-181　调入图块

17 执行"绘图" | "图案填充"命令，再在命令行中输入 T(设置)命令，弹出"图案填充和渐变色"对话框，设置填充图案的参数，如图15-182所示。

18 在绘图区选择填充区域，绘制图案填充的结果如图15-183所示。

图15-182　"图案填充和渐变色"对话框

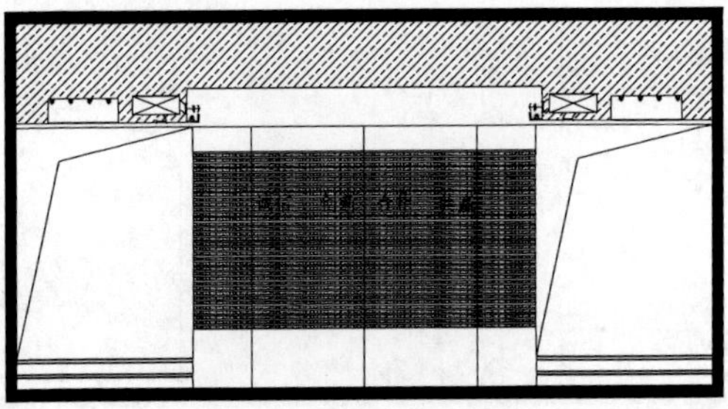

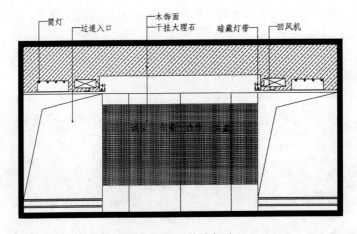

图15-183　填充图案

19 文字标注。调用 MLD(多重引线)命令，在绘图区分别指定引线箭头、引线基线的位置，绘制材料标注的结果如图15-184所示。

图15-184　文字标注

20 尺寸标注。调用 DLI(线性标注)命令，在绘图区分别指定尺寸界线的原点以及尺寸线的位置，绘制尺寸标注的结果如图15-185所示。

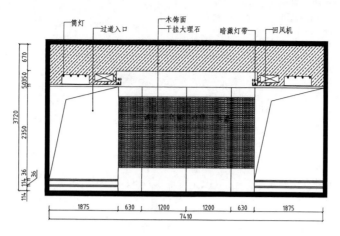

图 15-185　尺寸标注

21 图名标注。调用 MT(多行文字)命令，绘制图名和比例标注；调用 L(直线)命令，绘制下划线，并将靠近图名标注的下划线的线宽改为 0.3mm，结果如图 15-186 所示。

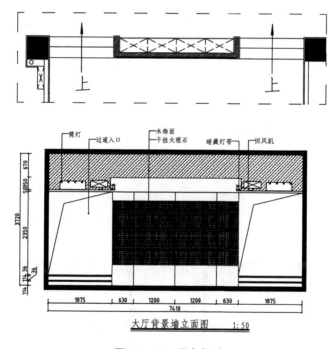

大厅背景墙立面图　　1:50

图 15-186　图名标注

15.6.2　绘制过道墙立面图

过道立面图即女卫及门卫室平开门所在墙面。通过该立面图，可以大概窥探办公空间的装饰风格为现代风格。此外还可以从立面图上得到洗手台的尺寸以及装饰材料等信息。

01 整理图形。调用 CO(复制)命令，将待绘制的过道墙立面图的平面部分移动复制至一旁，结果如图 15-187 所示。

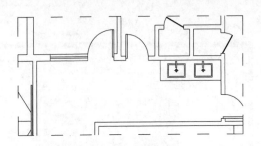

图 15-187　整理图形

02 绘制立面外轮廓线。调用 REC(矩形)命令，绘制矩形；调用 O(偏移)命令，向内偏移矩形；调用 L(直线)命令，绘制直线；调用 H(图案填充)命令，为立面墙体填充 SOLID 图案，结果如图 15-188 所示。

03 绘制立面装饰。调用 L(直线)命令，绘制直线，结果如图 15-189 所示。

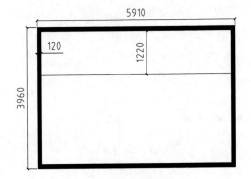

图 15-188　绘制立面外轮廓线

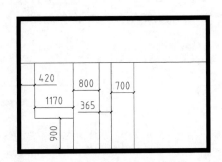

图 15-189　绘制立面装饰

04 绘制原建筑窗。调用 O(偏移)命令，偏移直线；调用 F(圆角)命令，设置圆角半径为 0，对线段执行圆角操作，结果如图 15-190 所示。

05 图案填充。调用 H(图案填充)命令，再在命令行中输入 T(设置)命令，然后在弹出的"图案填充和渐变色"对话框中选择名称为 AR-RROOF 的图案，设置填充角度为 45°，填充比例为 20，绘制玻璃窗图案填充的结果如图 15-191 所示。

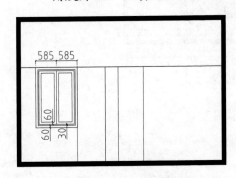

图 15-190　绘制原建筑窗

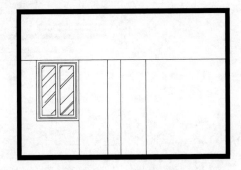

图 15-191　填充玻璃窗

06 绘制门套。调用 O(偏移)命令，向内偏移门轮廓线；调用 TR(修剪)命令，修剪线段，结果如图 15-192 所示。

07　调用 PL(多段线)命令，绘制多段线，表示门的开启方向，并将多段线的线型更改为虚线，结果如图 15-193 所示。

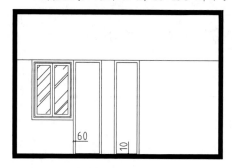

图 15-192　绘制门套

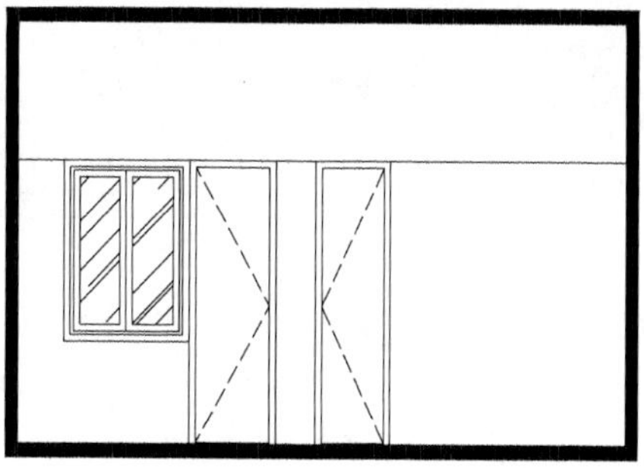

图 15-193　绘制多段线

08　绘制洗手台及水银镜。调用 REC(矩形)命令，绘制矩形，结果如图 15-194 所示。

09　图案填充。调用 H(图案填充)命令，再在命令行中输入 T(设置)命令，系统弹出"图案填充和渐变色"对话框。在其中选择名称为 AR-RROOF 的图案，设置填充角度为 45°，填充比例为 20，为水银镜绘制图案填充。选择名称为 AR-CONC 的图案，设置填充比例为 1，为洗手台绘制图案填充，结果如图 15-195 所示。

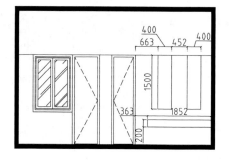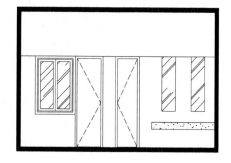

图 15-194　绘制洗手台及水银镜

图 15-195　填充洗手台和水银镜

10　调入图块。按 Ctrl+O 组合键，从打开的"素材\第 15 章\家具图例.dwg"文件中复制粘贴洁具的立面图形至当前视图中，结果如图 15-196 所示。

11　绘制墙面装饰轮廓线。调用 O(偏移)命令，偏移墙线；调用 TR(修剪)命令，修剪线段，结果如图 15-197 所示。

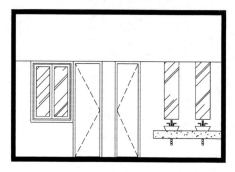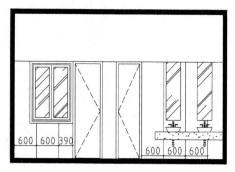

图 15-196　调入图块

图 15-197　绘制墙面装饰轮廓线

12 绘制墙面图案填充。调用 H(图案填充)命令，再在命令行中输入 T(设置)命令，然后在弹出的"图案填充和渐变色"对话框中设置填充图案的参数，如图 15-198 所示。

13 在绘图区拾取墙面填充区域，绘制图案填充的结果如图 15-199 所示。

图 15-198 "图案填充和渐变色"对话框

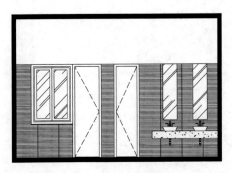

图 15-199 填充墙面

14 填充顶面图案。调用 H(图案填充)命令，再在命令行中输入 T(设置)命令，然后在弹出的"图案填充和渐变色"对话框中选择名称为 ANSI33 的图案，设置填充比例为 20，绘制图案填充的结果如图 15-200 所示。

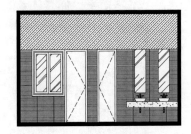

图 15-200 填充顶面

15 绘制尺寸、文字标注。调用 DLI(线性标注)命令，为立面图绘制尺寸标注；调用 MT(多行文字)命令，为立面图绘制材料标注，结果如图 15-201 所示。

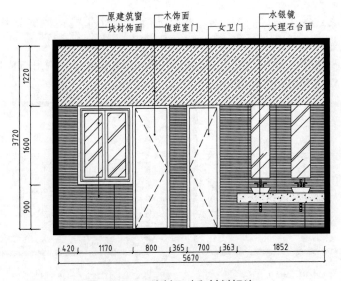

图 15-201 绘制尺寸和材料标注

16 图名标注。调用 MT(多行文字)命令，绘制图名和比例标注；调用 L(直线)命令，绘制下划线，并将靠近图名标注的下划线的线宽改为 0.3mm，结果如图 15-202 所示。

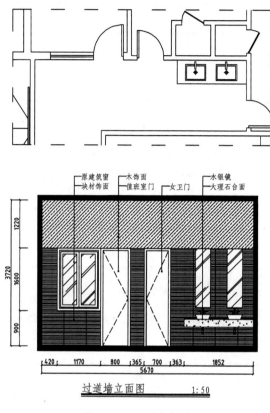

图 15-202　图名标注

15.6.3　开敞办公区墙体立面图

开敞办公区墙面的装饰材料为木饰面，辅以装饰画。整体中透露出亮点，在统一中寻求变化。

01 整理图形。调用 CO(复制)命令，将待绘制的开敞办公区墙立面图的平面部分移动复制至一旁，结果如图 15-203 所示。

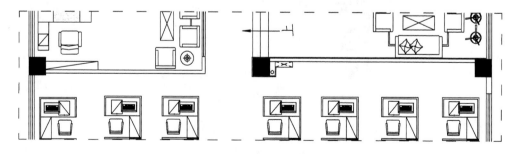

图 15-203　整理图形

02 绘制立面外轮廓线。调用 REC(矩形)命令，绘制矩形；调用 X(分解)命令，分解矩形；调用 O(偏移)命令，偏移矩形边；调用 TR(修剪)命令，修剪矩形边；调用 H(图案填充)命令，选择名称为 SOLID 的图案，为立面墙体绘制图案填充，结果如图 15-204 所示。

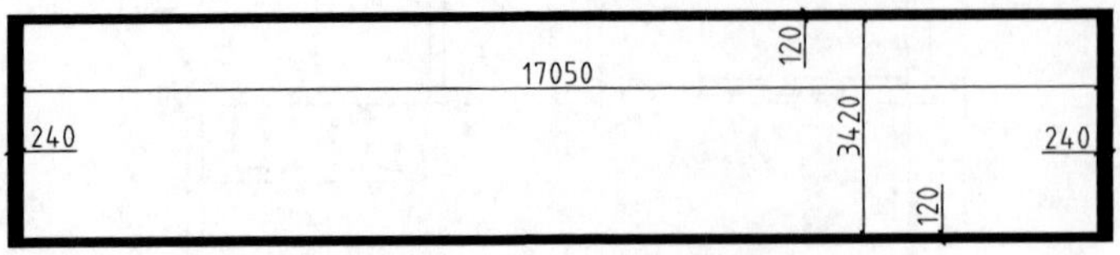

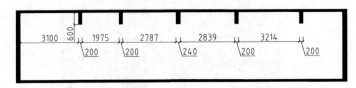

图 15-204　绘制立面外轮廓线

03 绘制原建筑梁。调用 REC(矩形)命令，绘制矩形；调用 H(图案填充)命令，选择名称为 SOLID 的图案，为原建筑梁绘制图案填充，结果如图 15-205 所示。

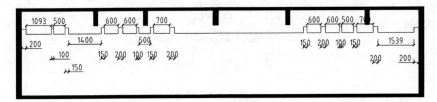

图 15-205　绘制原建筑梁

04 绘制吊顶。调用 L(直线)命令，绘制直线；调用 TR(修剪)命令，修剪直线，结果如图 15-206 所示。

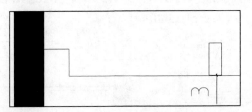

图 15-206　绘制吊顶

05 绘制吊顶装饰。调用 L(直线)命令，绘制直线；调用 O(偏移)命令，偏移直线，结果如图 15-207 所示。

图 15-207　绘制吊顶装饰

06 重复操作，依次绘制顶面各个凹槽的表面装饰，结果如图 15-208 所示。

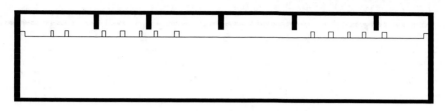

图 15-208 绘制凹槽的表面装饰

07 绘制灯槽。调用 L(直线)命令，绘制直线；调用 O(偏移)命令、TR(修剪)命令，偏移并修剪直线，结果如图 15-209 所示。

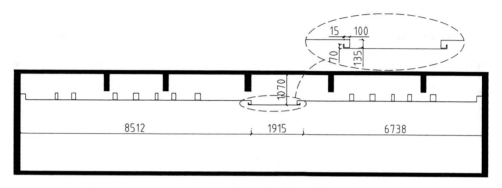

图 15-209 绘制灯槽

08 绘制立面装饰。调用 L(直线)命令，绘制直线；调用 O(偏移)命令，偏移直线，结果如图 15-210 所示。

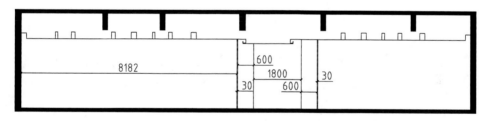

图 15-210 绘制立面装饰

09 绘制装饰画。调用 REC(矩形)命令，绘制矩形；调用 O(偏移)命令，向内偏移矩形；调用 CO(复制)命令，移动复制绘制完成的图形，结果如图 15-211 所示。

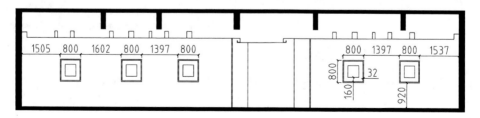

图 15-211 绘制装饰画

10 绘制踢脚线。调用 O(偏移)命令，偏移线段；调用 TR(修剪)命令，修剪线段，结果如图 15-212 所示。

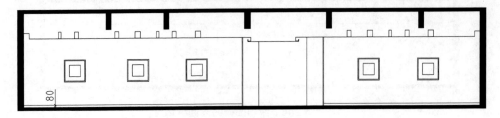

图 15-212　绘制踢脚线

11 调入图块。按 Ctrl+O 组合键，从打开的"素材\第 15 章\家具图例.dwg"文件中复制粘贴灯具的立面图形至当前视图中，结果如图 15-213 所示。

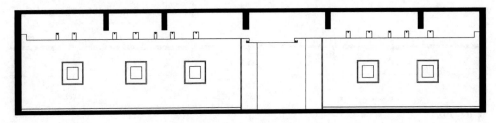

图 15-213　调入图块

12 图案填充。调用 H(图案填充)命令，再在命令行中输入 T(设置)命令，然后在弹出的"图案填充和渐变色"对话框中设置填充图案的参数，如图 15-214 所示。

13 在立面图中拾取填充区域，绘制图案填充的结果如图 15-215 所示。

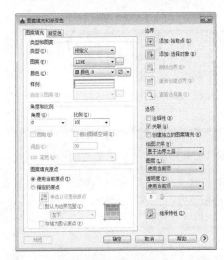

图 15-214　"图案填充和渐变色"对话框

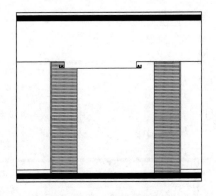

图 15-215　填充结果

14 填充踢脚线、装饰画框图案。调用 H(图案填充)命令，再在命令行中输入 T(设置)命令，然后在弹出的"图案填充和渐变色"对话框中设置填充图案的填充角度和填充比例，如图 15-216 所示。

图 15-216　设置参数

15　在立面图中拾取踢脚线、装饰画框等区域，绘制图案填充的结果如图 15-217 所示。

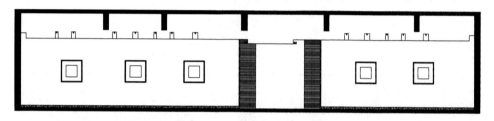

图 15-217　填充踢脚线、装饰画等区域

16　填充墙面装饰图案。调用 H(图案填充)命令，再在命令行中输入 T(设置)命令，然后在弹出的"图案填充和渐变色"对话框中设置填充图案的填充角度和填充比例，如图 15-218 所示。

图 15-218　"图案填充和渐变色"对话框

17　在立面图中拾取墙面区域，绘制图案填充的结果如图 15-219 所示。

18　填充顶面图案。调用 H(图案填充)命令，再在命令行中输入 T(设置)命令，然后在弹出的"图案填充和渐变色"对话框中选择名称为 ANSI33 的图案，设置填充比例为 20，绘制图案填充的结果如图 15-220 所示。

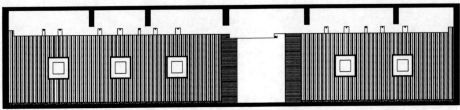

图 15-219　填充墙面

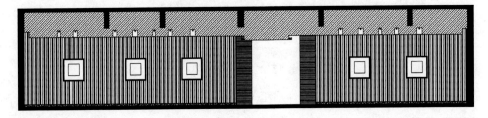

图 15-220　填充顶面

19 调用 PL(多段线)命令，绘制折断线，结果如图 15-221 所示。

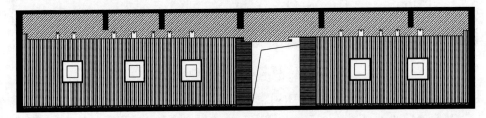

图 15-221　绘制折断线

20 绘制尺寸、文字标注。调用 DLI(线性标注)命令，为立面图绘制尺寸标注；调用 MT(多行文字)命令，为立面图绘制材料标注，结果如图 15-222 所示。

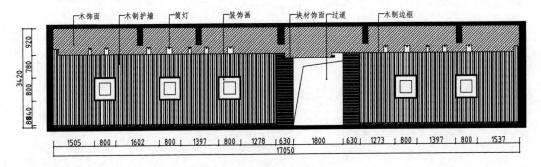

图 15-222　绘制尺寸和材料标注

21 图名标注。调用 MT(多行文字)命令，绘制图名和比例标注；调用 L(直线)命令，绘制下划线，并将靠近图名标注的下划线的线宽改为 0.3mm，结果如图 15-223 所示。

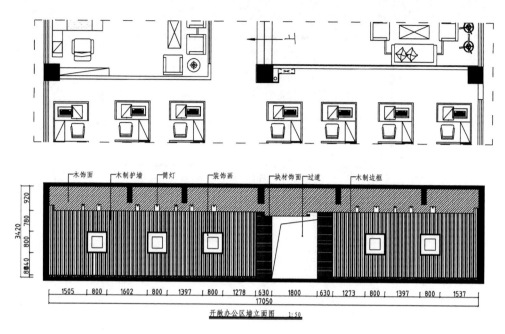

图 15-223 图名标注

15.6.4 大会议室立面图

大会议室墙面装饰是办公空间墙面装饰的重点，因为会议室是办公空间中的一个重要区域。会议室的墙面使用了软包和木材来进行装饰。使用木材是为沿袭办公空间整体的装饰风格，软包饰面则是为了吸收噪声。在会议室中使用软包饰面，可以吸收、分散会议室中的噪声，降低对室内室外的影响。

01 整理图形。调用 CO(复制)命令，将待绘制的大会议室立面图的平面部分移动复制至一旁，结果如图 15-224 所示。

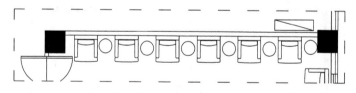

图 15-224 整理图形

02 绘制立面外轮廓。调用 REC(矩形)命令，绘制矩形；调用 X(分解)命令，分解矩形；调用 O(偏移)命令，偏移矩形边；调用 TR(修剪)命令，修剪矩形边；调用 H(图案填充)命令，选择名称为 SOLID 的图案，为立面墙体绘制图案填充，结果如图 15-225 所示。

03 绘制吊顶。调用 L(直线)命令、O(偏移)命令以及 TR(修剪)命令，绘制、偏移并修剪直线，结果如图 15-226 所示。

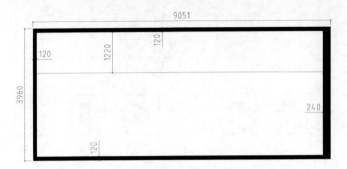

图 15-225   绘制并填充立面外轮廓

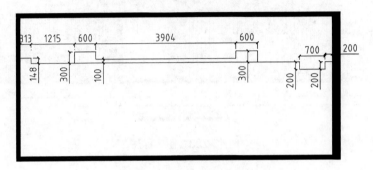

图 15-226   绘制吊顶

04 绘制吊顶装饰。调用 L(直线)命令，绘制直线；调用 O(偏移)命令，偏移直线；调用 TR(修剪)命令，修剪直线，结果如图 15-227 所示。

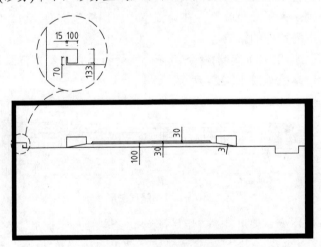

图 15-227   绘制吊顶装饰

05 绘制墙面装饰轮廓线。调用 L(直线)命令及 O(偏移)命令，绘制并偏移直线，结果如图 15-228 所示。

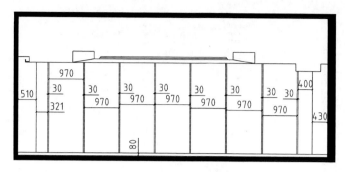

图 15-228　绘制墙面装饰轮廓线

06　调用 CO(复制)命令，从开敞办公区立面图中移动复制装饰画立面图形，结果如图 15-229 所示。

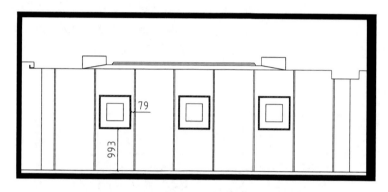

图 15-229　复制装饰画立面图形

07　调入图块。按 Ctrl+O 组合键，从打开的"素材\第 15 章\家具图例.dwg"文件中复制粘贴灯具、风机的立面图形至当前视图中，结果如图 15-230 所示。

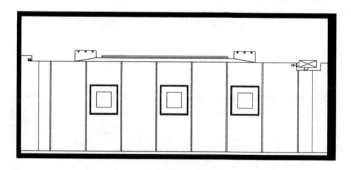

图 15-230　调入图块

08　填充墙面软包饰面图案。调用 H(图案填充)命令，再在命令行中输入 T(设置)命令，然后在弹出的"图案填充和渐变色"对话框中设置图案填充的比例，如图 15-231 所示。

图 15-231　设置参数

09 填充顶面、墙面图案。调用 H(图案填充)命令，再在命令行中输入 T(设置)命令，然后在弹出的"图案填充和渐变色"对话框中选择名称为 ANSI33 的图案，设置填充比例为 20，为顶面绘制图案填充。选择名称为 PLASIT 的图案，设置填充角度为 90°，填充比例为 25，为墙面绘制图案填充，结果如图 15-232 所示。

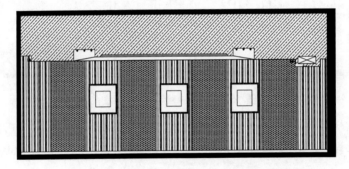

图 15-232　填充顶面、墙面图案

10 调入图块。按 Ctrl+O 组合键，从打开的"素材\第 15 章\家具图例.dwg"文件中复制粘贴桌椅的立面图形至当前视图中，结果如图 15-233 所示。

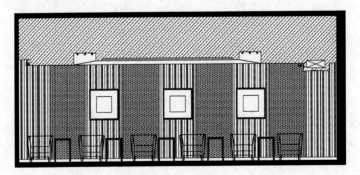

图 15-233　调入图块

11 绘制尺寸、材料标注。调用 DLI(线性标注)命令，为立面图绘制尺寸标注；调用 MT(多行文字)命令，为立面图绘制材料标注，结果如图 15-234 所示。

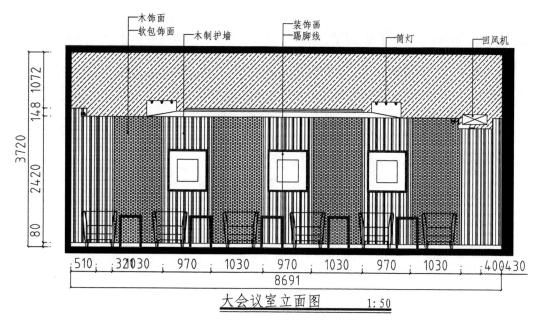

大会议室立面图　　　1:50

图 15-234　绘制尺寸和材料标注

12 图名标注。调用 MT(多行文字)命令，绘制图名和比例标注；调用 L(直线)命令，绘制下划线，并将靠近图名标注的下划线的线宽改为 0.3mm，结果如图 15-235所示。

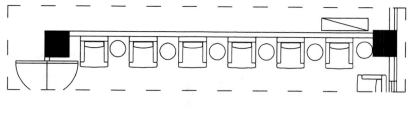

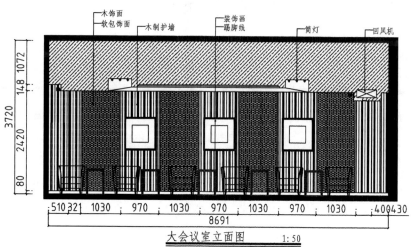

大会议室立面图　　　1:50

图 15-235　图名标注

15.6.5　绘制总经理室立面图

　　总经理室立面的装饰也是办公空间墙面装饰的一个重点，该区域的立面可以沿袭办公空间的装饰风格，也可在该风格的基础上寻求突破。本例所介绍的总经理室立面图的绘制则是继承了办公空间的现代装饰风格。

01　整理图形。调用 CO(复制)命令，将待绘制的总经理室立面图的平面部分移动复制至一旁，结果如图 15-236 所示。

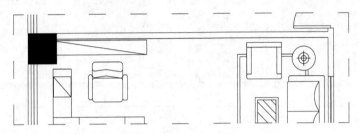

图 15-236　整理图形

02　绘制立面外轮廓。调用 REC(矩形)命令，绘制矩形；调用 X(分解)命令，分解矩形；调用 O(偏移)命令，偏移矩形边；调用 TR(修剪)命令，修剪矩形边；调用 H(图案填充)命令，选择名称为 SOLID 的图案，为立面墙体绘制图案填充，结果如图 15-237 所示。

03　绘制风机位、书柜位。调用 O(偏移)命令，偏移线段；调用 TR(修剪)命令，修剪线段，结果如图 15-238 所示。

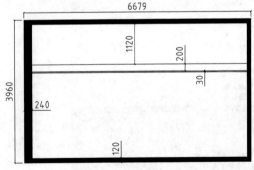

图 15-237　绘制立面外轮廓

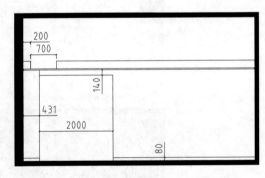

图 15-238　绘制风机位、书柜位

04　绘制书柜门。调用 O(偏移)命令，偏移书柜轮廓线，结果如图 15-239 所示。

05　调用 O(偏移)命令，设置偏移距离为 60，向内偏移书柜轮廓线；调用 F(圆角)命令，设置圆角半径为 0，对所偏移的线段执行圆角处理，结果如图 15-240 所示。

06　调用 PL(多段线)命令，绘制折断线，表示柜门的开启方向线，结果如图 15-241 所示。

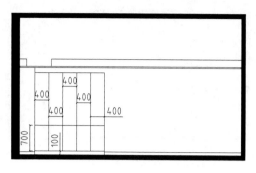

图 15-239　绘制书柜门

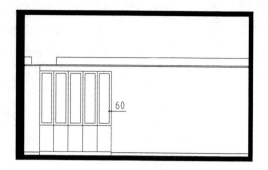

图 15-240　圆角处理

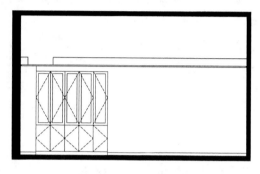

图 15-241　绘制折断线

07 填充玻璃柜门图案。调用 H(图案填充)命令，再在命令行中输入 T(设置)命令，然后在弹出的"图案填充和渐变色"对话框中设置填充图案的填充角度为 45°，填充比例为 23，如图 15-242 所示。

08 在绘图区点取填充轮廓，绘制图案填充的结果如图 15-243 所示。

图 15-242　"图案填充和渐变色"对话框

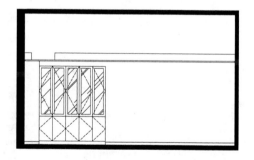

图 15-243　填充图案

09 调用 CO(复制)命令，从大会议室立面图中移动复制装饰画立面图形，结果如图 15-244 所示。

10 填充踢脚线图案。调用 H(图案填充)命令，再在命令行中输入 T(设置)命令，然后在弹出的"图案填充和渐变色"对话框中选择名称为 ANSI36 的填充图案，设置填充比例为 15。在绘图区拾取踢脚线区域，图案填充结果如图 15-245 所示。

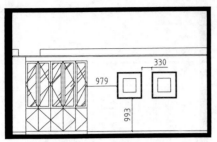

图 15-244　复制装饰画

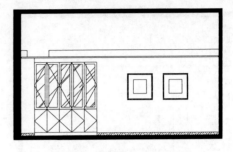

图 15-245　填充踢脚线图案

11　填充墙面图案。调用 H(图案填充)命令，再在命令行中输入 T(设置)命令，然后在弹出的"图案填充和渐变色"对话框中选择名称为 PLASIT 的图案，设置填充角度为 90°，填充比例为 25，为墙面绘制图案填充，结果如图 15-246 所示。

12　调入图块。按 Ctrl+O 组合键，从打开的"素材\第 15 章\家具图例.dwg"文件中复制粘贴风机、桌椅的立面图形至当前视图中，结果如图 15-247 所示。

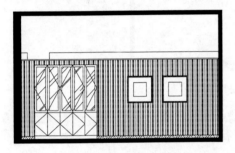

图 15-246　填充墙面图案

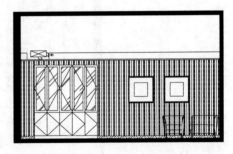

图 15-247　调入图块

13　填充顶面图案。调用 H(图案填充)命令，再在命令行中输入 T(设置)命令，然后在弹出的"图案填充和渐变色"对话框中选择名称为 ANSI33 的图案，设置填充比例为 20，为顶面绘制图案填充，结果如图 15-248 所示。

14　绘制尺寸、文字标注。调用 DLI(线性标注)命令，为立面图绘制尺寸标注；调用 MT(多行文字)命令，为立面图绘制材料标注，结果如图 15-249 所示。

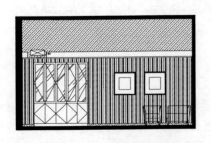

图 15-248　填充顶面图案

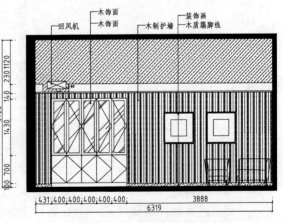

图 15-249　绘制尺寸和文字标注

15 图名标注。调用 MT(多行文字)命令，绘制图名和比例标注；调用 L(直线)命令，绘制下划线，并将靠近图名标注的下划线的线宽改为 0.3mm，结果如图 15-250 所示。

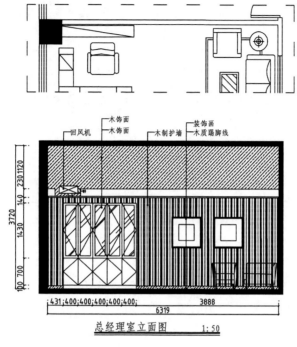

图 15-250　图名标注

15.7　上机操作

1. 沿用本章介绍的方法，绘制如图 15-251 所示的办公室原始结构图。

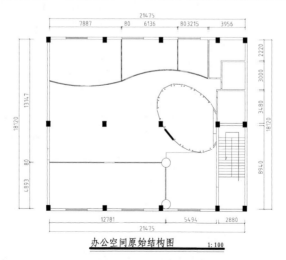

图 15-251　办公室原始结构图

2. 沿用本章介绍的方法，绘制如图 15-252 所示的办公室平面布置图。

图 15-252　办公室平面布置图

3. 沿用本章介绍的方法，绘制如图 15-253 所示的办公室地面布置图。

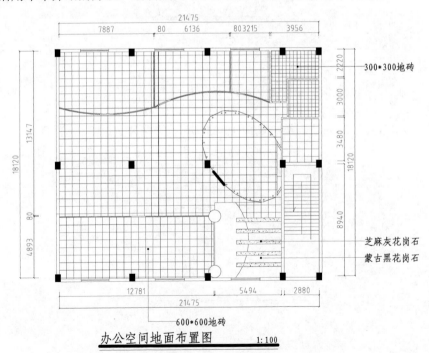

图 15-253　办公室地面布置图

4. 沿用本章介绍的方法，绘制如图 15-254 所示的办公室顶面布置图。

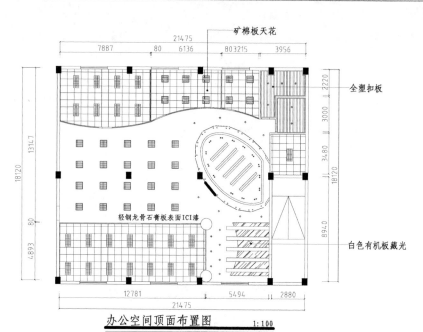

办公空间顶面布置图　　　1:100

图 15-254　办公室顶面布置图

5. 沿用本章介绍的方法，绘制如图 15-255 所示的前厅立面图。

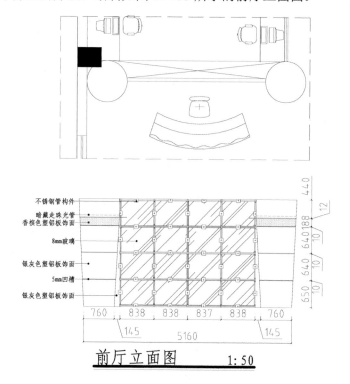

前厅立面图　　　1:50

图 15-255　前厅立面图

6. 沿用本章介绍的方法，绘制如图 15-256 所示的董事长室立面图。

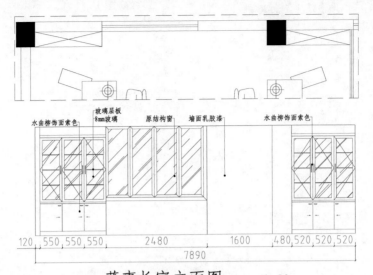

董事长室立面图　　　　1:50

图 15-256　董事长室立面图

第 16 章

餐厅室内设计

→ 本章导读

　　餐厅是人们就餐的场所。在餐饮行业中，餐厅的设计是很重要的，因为餐厅的形式不仅可以体现餐厅的规模、格调，而且还可以体现餐厅的经营特色和服务特色。在我国，餐厅大致可分为中式餐厅和西式餐厅两大类。根据餐厅服务内容，又可细分为宴会厅、快餐厅、零餐餐厅、自助餐厅等。

　　本章首先介绍餐厅室内设计的基本知识，然后以某西餐厅为例，介绍餐厅室内装饰设计图纸的绘制方法。

→ 学习目标

➢ 了解和掌握餐厅室内装修设计的基本知识。

➢ 了解和熟悉餐厅空间的布局和设计思路。

➢ 掌握餐厅全套施工图的绘制方法。

16.1 餐厅室内装修的设计要点

餐厅室内装修的设计要点包括总体的环境布局、人体尺度、用餐尺度等，本节就来介绍这些要点。

16.1.1 餐厅装修设计总体环境布局

餐厅的总体布局是由交通空间、使用空间、工作空间等要素给合成的一个整体。作为一个整体，餐厅的空间设计首先必须满足接待顾客和使顾客方便用餐这一基本要求，同时还要追求更高的审美和艺术价值。

因为餐厅的空间有限，因此许多建材与设备，均应作有序的组合，以显示出形式之美。形式美即是指整体和部分的和谐。在设计餐厅空间时，由于功用不同，所需的空间大小各异，其组合运用亦各不相同，必须考虑各种空间的适度性及各空间组织的合理性。

有关的主要空间有如下几种：顾客用的空间，如通路(电话、停车处)、座位等，是服务大众，便利其用餐的空间；管理用的空间，如入口服务台、办公室、服务人员休息室、仓库等；调理用的空间，如配餐间、雅座、散台、主厨房、辅厨房、冷藏间等；公用的空间，如接待室、走廊、洗手间等。

在设计时要注意各空间面积的特殊性，并考虑顾客与工作人员流动路线的简捷性，同时也要注意消防等安全性的安排，以求得各空间面积与建筑物的合理组合，高效率利用空间。

16.1.2 餐饮设施的常用尺寸

餐厅服务走道的最小宽度为900mm，通道的最小宽度为250mm。

餐桌的最小宽度为700mm，四人方桌尺寸为900mm×900mm，四人长桌为1200mm×750mm，六人长桌为1500mm×750mm，八人长桌为1500mm×750mm。

圆桌最小直径：一人桌为750mm，两人桌为850mm，四人桌为1050mm，六人桌为1200mm，八人桌为1500mm。

餐桌高度为720mm，餐椅座面高度为440～450mm。

吧台固定凳高度为750mm，吧台桌面高度为1050mm，服务台桌面高度为900mm，搁脚板高度为250mm。

图16-1所示为人体工程学中餐厅最小通行区域的尺寸示意图。

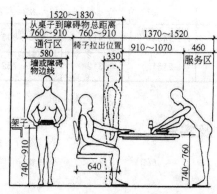

图16-1 最小通行区域的尺寸示意图

16.1.3 餐厅各区域设计的基本要求

本小节介绍餐厅中主要区域的设计要求。

1. 餐饮区的设计要求

(1) 大餐厅应以多种有效的手段，比如绿化、半隔断等，来划分和限定各个不同的用餐区，如图 16-2 所示。

图 16-2 餐厅隔断

(2) 各种功能的餐厅应有与之相适应的餐桌椅的布置方式和相应的装饰风格，图 16-3 所示为西餐厅的装饰效果。

(3) 餐厅应有宜人的空间尺度和舒适的通风、采光等物理环境，一般按照 1～1.5 平方米/座来设置餐位。图 16-4 所示为西餐厅座位的布置效果。

图 16-3 西餐厅的装饰效果

图 16-4 西餐厅座位的布置效果

(4) 室内色彩应建立在统一的装饰风格基础之上，还应考虑采用能增进食欲的暖色调。图 16-5 所示为西餐厅氛围营造的结果。

(5) 餐厅应紧靠厨房，但备餐处的出入口应处理得较为隐蔽，以避免厨房气味和油烟进入餐厅。

(6) 设置顾客输入口、休息厅、等候区及卫生间。

2. 厨房的设计要点

(1) 厨房面积可根据餐厅的规模与级别综合确定，一般按照 0.7～1.2 平方米/座计算。

(2) 厨房应设单独的对外出入口，规模较大时，还需设货物和工作人员两个出入口。

(3) 厨房各加工间的地面都应采用耐磨、不渗水、耐腐蚀、防滑和易清洁的材料，处理好地面排水问题，同时墙面、工作台、水池等设施的表面，均应采用无毒、光滑和易清洁的材料。

图 16-6 所示为厨房中水池布置所采用的人体尺度。

图 16-5　西餐厅氛围营造的结果

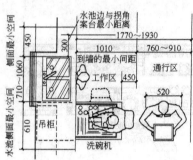

图 16-6　水池布置所需的人体尺度

3．入口门厅与休息厅

(1) 入口门厅。这是独立式餐厅的交通枢纽，是顾客从室外进入餐厅就餐的过渡空间。门厅装饰一般较为华丽，视觉主立面设店名或店标。根据门厅的大小，可选择设置迎宾台、顾客休息区、餐厅特色简介等，还可结合楼梯设置灯光喷泉水池或装饰小景。

(2) 休息等候区。这是指从公共空间通向餐厅的过渡空间。休息厅与餐厅可以用门、玻璃隔断、绿化池或屏风加以分隔或限定。

图 16-7 所示为西餐厅门厅的装饰效果。

图 16-7　西餐厅入口门厅

4．卫生间的设计要点

(1) 卫生间的设置应分为顾客卫生间和工作人员卫生间。

(2) 顾客卫生间的位置应隐蔽，其前室的入口不应靠近餐厅或与餐厅相对。

(3) 顾客卫生间可用少量艺术品点缀，以提高卫生间的环境质量。

(4) 顾客卫生间设置标识，以与工作人员卫生间相区分。

16.1.4　西餐厅的照明与灯具

西餐厅的环境照明要求光线柔和，应避免过强的直射光。就餐区的照明要求可以与就餐区的私密性结合起来，使就餐区的照明略强于环境照明。西餐厅大量采用一级或多级二次反射光或右磨砂灯罩的漫射光。

西餐厅的常用灯具通常有以下三类。

(1) 顶棚常用古典造型的水晶灯、铸铁灯，以及现代风格的金属磨砂灯。

(2) 墙面经常采用欧洲传统的铸铁灯和简洁的半球形上反射壁灯。

(3) 集合绿化池和隔断常设庭院灯或上反射灯。

图 16-8 所示为西餐厅灯具照明的效果。

图 16-8 西餐厅灯具照明的效果

16.2 西餐厅原始平面图的绘制

本节介绍西餐厅原始平面图的绘制方法，包括绘制墙体及标准柱、绘制门窗以及附属设施等。

16.2.1 绘制墙体及标准柱

本小节介绍的绘制墙体的方法与前面所介绍的绘制方法有所不同。这次是先绘制外墙体及内墙体的外轮廓线，然后再执行偏移、修剪命令，最后得到墙体图形。

01 绘制外墙轮廓。调用 REC(矩形)命令，绘制尺寸为 28800×16200 的矩形；调用 X(分解)命令，分解矩形；调用 O(偏移)命令，偏移矩形边；调用 TR(修剪)命令，修剪矩形边，结果如图 16-9 所示。

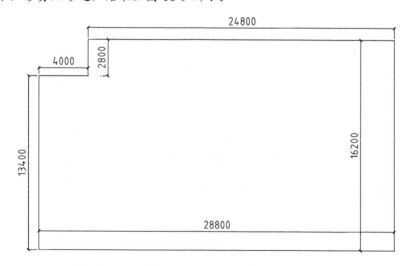

图 16-9 绘制外墙轮廓

02 绘制内墙轮廓。调用 REC(矩形)命令，绘制矩形，结果如图 16-10 所示。

03 调用 O(偏移)偏移命令，偏移轮廓线；调用 TR(修剪)命令，修剪线段，结果如图 16-11 所示。

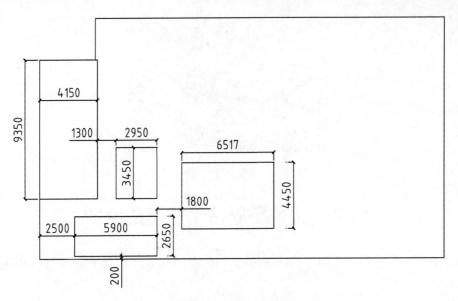

图 16-10　绘制内墙轮廓

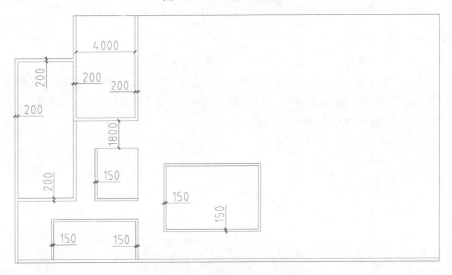

图 16-11　偏移轮廓线并修剪线段

04 调用 L(直线)命令、O(偏移)命令，绘制并偏移直线；调用 TR(修剪)命令，修剪直线，结果如图 16-12 所示。

05 调用 L(直线)命令，绘制直线；调用 O(偏移)命令及 TR(修剪)命令，偏移并修剪直线，结果如图 16-13 所示。

06 绘制隔墙。调用 L(直线)命令，绘制直线；调用 TR(修剪)命令，修剪直线，结果如图 16-14 所示。

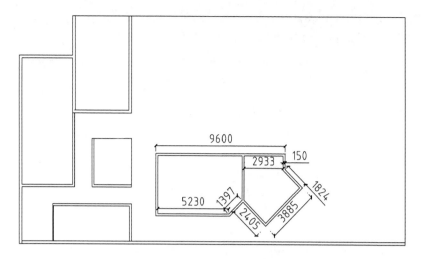

图 16-12　绘制、偏移和修剪直线

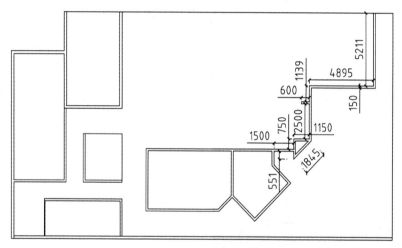

图 16-13　继续调整图形

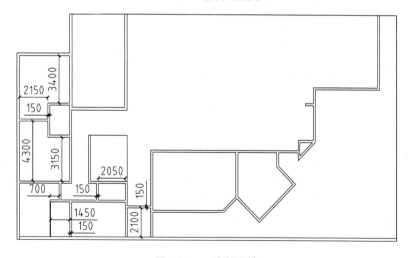

图 16-14　绘制隔墙

07 调用 O(偏移)命令及 EX(延伸)命令，偏移或延伸墙线；调用 TR(修剪)命令，修剪墙线，完成墙体的绘制结果如图 16-15 所示。

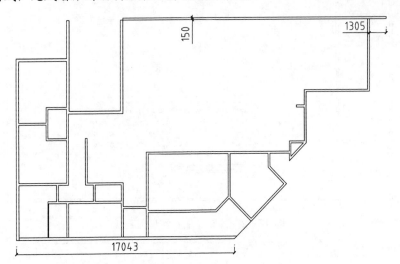

图 16-15　修剪墙线

08 绘制标准柱。调用 REC(矩形)命令，绘制矩形；调用 TR(修剪)命令，修剪墙线，结果如图 16-16 所示。

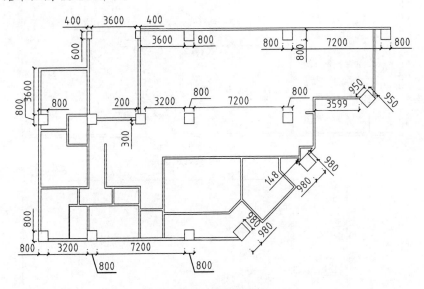

图 16-16　绘制标准柱

09 填充标准柱图案。调用 H(图案填充)命令，再在命令行中输入 T(设置)命令，然后在弹出的"图案填充和渐变色"对话框中选择填充图案，如图 16-17 所示。

10 单击"添加：选择对象"按钮，在绘图区分别单击选择步骤 08 绘制的矩形。按 Enter 键返回对话框，单击"确定"按钮关闭该对话框，完成填充操作，结果如图 16-18 所示。

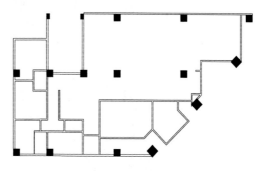

图 16-17　"图案填充和渐变色"对话框　　　　图 16-18　填充标准柱

16.2.2　绘制门窗

绘制门窗的方法依然是按照先绘制门窗洞，再绘制门窗图形的步骤，循序渐进地完成图形的绘制。

01 绘制门洞。调用 L(直线)命令，绘制直线；调用 TR(修剪)命令，修剪墙线，结果如图 16-19 所示。

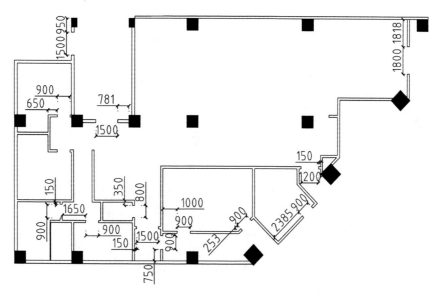

图 16-19　绘制门洞

02 绘制窗洞。调用 L(直线)命令，绘制直线，结果如图 16-20 所示。

03 绘制平开门。调用 REC(矩形)命令，绘制矩形(门洞宽为 900，则绘制尺寸为 900×50 的矩形；门洞宽为 1500，则绘制尺寸为 750×50 的矩形；以此类推)；调用 A(圆弧)命令，绘制圆弧，结果如图 16-21 所示。

04 绘制平开窗。调用 O(偏移)命令，偏移墙线(宽度为 200 的墙体，偏移距离分别为 67、67；宽度为 150 的墙体，偏移距离分别为 50、50；调用 TR(修剪)命令，修剪墙线，结果如图 16-22 所示。

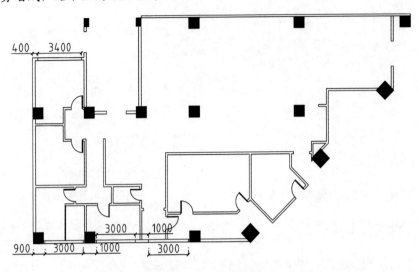

图 16-20 绘制窗洞

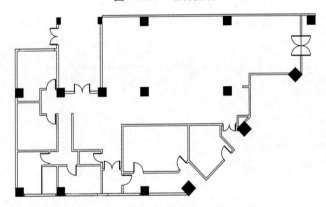

图 16-21 绘制平开门

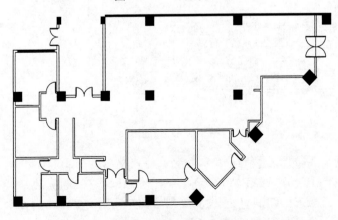

图 16-22 绘制平开窗

16.2.3　绘制附属设施

由于西餐厅位于一楼，因此附属设施包括台阶、踏步等。调用常用的绘制、编辑命令即可完成图形的绘制。

01　绘制台阶。调用 PL(多段线)命令，绘制多段线；调用 O(偏移)命令，偏移多段线，结果如图 16-23 所示。

02　绘制弧窗。调用 A(圆弧)命令，绘制圆弧，结果如图 16-24 所示。

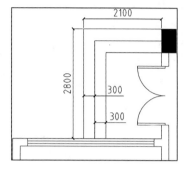

图 16-23　绘制台阶

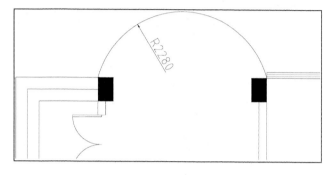

图 16-24　绘制圆弧

03　调用 O(偏移)命令，偏移圆弧，结果如图 16-25 所示。

04　绘制楼梯外轮廓。调用 REC(矩形)命令，绘制矩形，结果如图 16-26 所示。

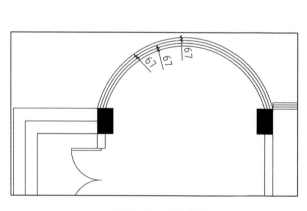

图 16-25　偏移圆弧

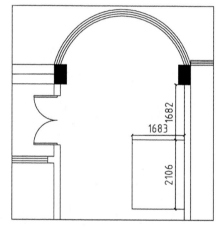

图 16-26　绘制矩形

05　绘制踏步。调用 X(分解)命令，分解矩形；调用 O(偏移)命令，偏移矩形边，结果如图 16-27 所示。

06　调用 PL(多段线)命令，绘制折断线，结果如图 16-28 所示。

07　调用 TR(修剪)命令，修剪线段，结果如图 16-29 所示。

08　绘制指示箭头。调用 PL(多段线)命令，绘制起点宽度为 60，终点宽度为 0 的指示箭头，结果如图 16-30 所示。

09　文字标注。调用 MT(多行文字)命令，绘制上楼方向的文字标注，结果如图 16-31 所示。

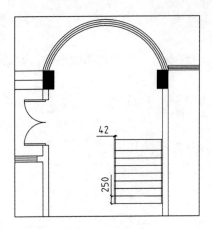

图 16-27 偏移矩形边

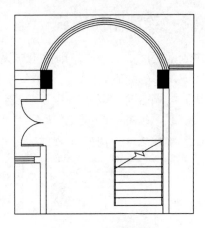

图 16-28 绘制折断线

图 16-29 修剪线段

图 16-30 绘制指示箭头

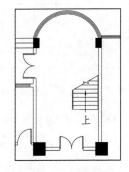

图 16-31 文字标注

10 尺寸标注。调用 DLI(线性标注)命令，在绘图区分别指定第一、第二条尺寸界线的原点以及尺寸线的位置，绘制尺寸标注的结果如图 16-32 所示。

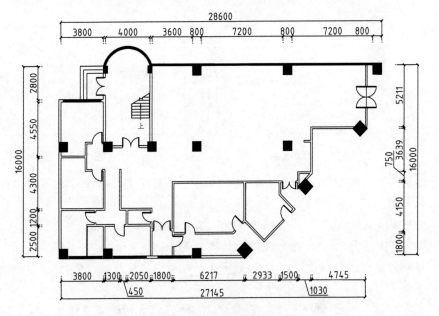

图 16-32 尺寸标注

11 图名标注。调用 MT(多行文字)命令，绘制图名标注和比例标注；调用 L(直线)命令，分别绘制线宽为 0.30mm、0.00mm 的下划线，结果如图 16-33 所示。

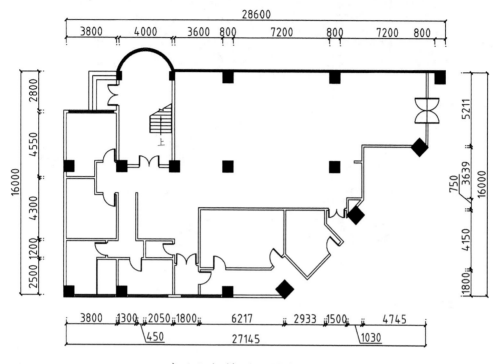

西餐厅建筑平面图　　1:100

图 16-33 图名标注

16.3 餐厅平面布置图的绘制

绘制餐厅平面布置图，需要考虑人体就餐尺度、容纳一定人流量的过道的宽度等参数。因此在绘制西餐厅平面图时，可以参考人体工程学中关于餐厅尺度的知识。

16.3.1 绘制沿窗就餐区平面图

沿窗就餐区因其具备视觉好、环境相对安静等优点，一直是餐厅较受青睐的区域。本例对沿窗就餐区的地面进行了抬高处理，以辟出一方独立的区域，满足其独立性的要求。

01 调用建筑平面图。调用 CO(复制)命令，移动复制一份绘制完成的西餐厅建筑平面图至一旁。

02 绘制散客区平面图。调用 PL(多段线)命令，绘制多段线；调用 O(偏移)命令，偏移多段线，绘制立面装饰的结果如图 16-34 所示。

03 绘制用餐地台。调用 REC(矩形)命令，绘制矩形，结果如图 16-35 所示。

04 绘制花岗石灯座。调用 REC(矩形)命令，绘制矩形；调用 L(直线)命令，绘制对角线，结果如图 16-36 所示。

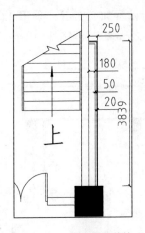

图 16-34　绘制立面装饰

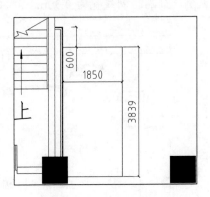

图 16-35　绘制用餐地台

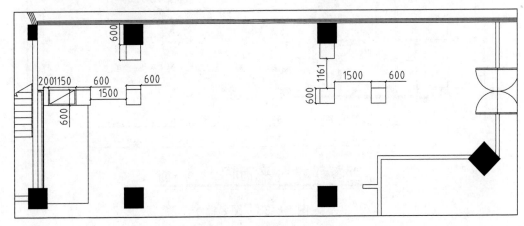

图 16-36　绘制花岗石灯座

05 调用 L(直线)命令及 TR(修剪)命令，绘制并修剪直线，结果如图 16-37 所示。

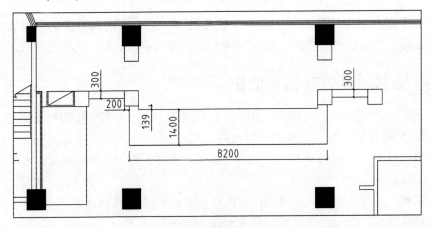

图 16-37　绘制结果

06 绘制装饰花栏。调用 REC(矩形)命令，绘制矩形；调用 PL(多段线)命令，绘制多段线；调用 O(偏移)命令，偏移多段线，结果如图 16-38 所示。

07 定义种花区域。调用 O(偏移)命令，偏移多段线，结果如图 16-39 所示。

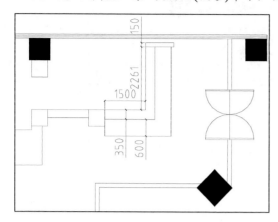

图 16-38　绘制装饰花栏

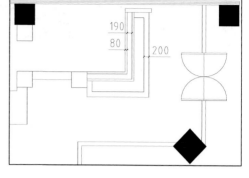

图 16-39　定义种花区域

08 绘制钢化玻璃填充图案。调用 H(图案填充)命令，再在命令行中输入 T(设置)命令，然后在弹出的"图案填充和渐变色"对话框中定义填充图案的角度为 127°，填充比例为 15，如图 16-40 所示。

09 在绘图区的图案填充轮廓内单击左键，按 Enter 键返回对话框，单击"确定"按钮即可完成图案填充的操作，结果如图 16-41 所示。

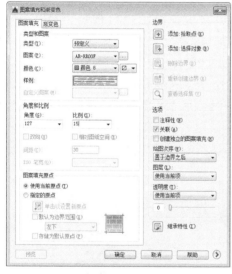

图 16-40　"图案填充和渐变色"对话框

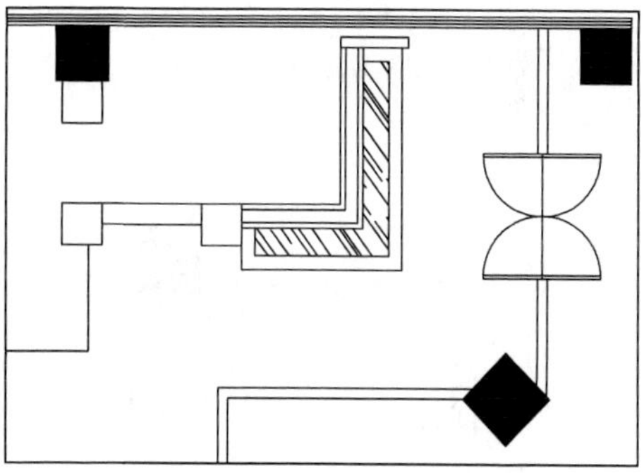

图 16-41　图案填充

10 绘制不锈钢装饰柜。调用 REC "矩形"命令，绘制矩形，结果如图 16-42 所示。

11 调用 O(偏移)命令，设置偏移距离为 50，向内偏移矩形；调用 L(直线)命令，绘制对角线，结果如图 16-43 所示。

12 绘制墙体改造。调用 REC(矩形)命令，绘制矩形；调用 TR(修剪)命令，修剪线段，结果如图 16-44 所示。

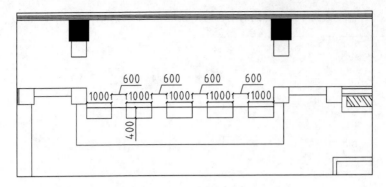

图 16-42　绘制矩形

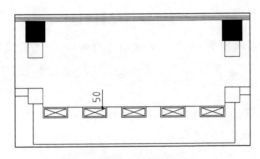

图 16-43　绘制对角线

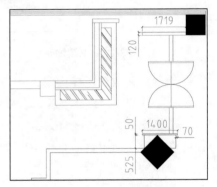

图 16-44　绘制墙体改造

13 绘制立面装饰。调用 X(分解)命令，分解矩形；调用 O(偏移)命令，偏移矩形边，结果如图 16-45 所示。

14 绘制图案填充。调用 H(图案填充)命令，再在命令行中输入 T(设置)命令，系统弹出"图案填充和渐变色"对话框。在对话框中选择填充图案及设置填充比例，如图 16-46 所示。

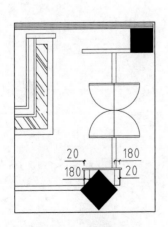

图 16-45　偏移矩形边

图 16-46　"图案填充和渐变色"对话框

15 单击"添加：拾取点"按钮，在绘图区选定填充区域。按 Enter 键返回对话框，
单击"确定"按钮关闭该对话框，完成图案填充，结果如图 16-47 所示。

16 调入图块。按 Ctrl+O 组合键，打开配套资源中提供的"素材\第 16 章\餐厅图
例.dwg"文件，从中复制粘贴餐桌椅、花草等图形至当前图形中，结果如图 16-48
所示。

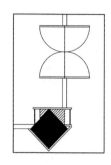

图 16-47　图案填充

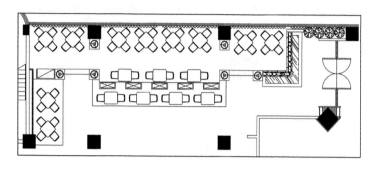

图 16-48　调入图块

17 调用 PL(多段线)命令，绘制踏步的走向示意箭头；调用 MT(多行文字)命令，绘
制文字标注，结果如图 16-49 所示。

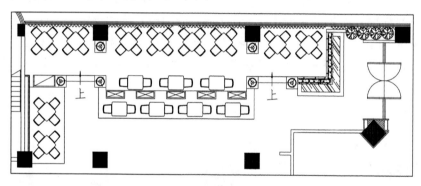

图 16-49　绘制结果

16.3.2　绘制包厢平面图

包厢的最大优点就是环境独立、安静，由于餐厅总体的面积有限，因此包厢的面积不
能过大，只需满足就餐及通行尺度即可。

01 绘制壁龛装饰。调用 PL(多段线)命令，命令行操作如下。

```
命令：PLINE↙
指定起点：
当前线宽为 0
指定下一个点或 [圆弧(A)/半宽(H)/长度(L)/放弃(U)/宽度(W)]：250
                    //鼠标向左移动
指定下一点或 [圆弧(A)/闭合(C)/半宽(H)/长度(L)/放弃(U)/宽度(W)]：1000
                    //鼠标向下移动
指定下一点或 [圆弧(A)/闭合(C)/半宽(H)/长度(L)/放弃(U)/宽度(W)]：250
                    //鼠标向右移动
指定下一点或 [圆弧(A)/闭合(C)/半宽(H)/长度(L)/放弃(U)/宽度(W)]：a
                    //输入 a，选择"圆弧(A)"选项
```

指定圆弧的端点或[角度(A)/圆心(CE)/闭合(CL)/方向(D)/半宽(H)/直线(L)/半径(R)/第二个点(S)/放弃(U)/宽度(W)]：r
               //输入r，选择"半径(R)"选项

指定圆弧的半径：1300
指定圆弧的端点或 [角度(A)]：   //向上移动鼠标
 [角度(A)/圆心(CE)/闭合(CL)/方向(D)/半宽(H)/直线(L)/半径(R)/第二个点(S)/放弃
(U)/宽度(W)]：*取消*   //按下Esc键退出绘制，结果如图16-50所示

02 调用 L(直线)命令，绘制直线，结果如图 16-51 所示。

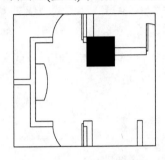

图 16-50　绘制壁龛装饰

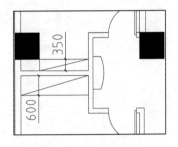

图 16-51　绘制直线

03 绘制封墙填充图案。调用 H(图案填充)命令，再在命令行中输入 T(设置)命令，系统弹出"图案填充和渐变色"对话框。选择名称为 ANSI31 的图案，设置填充比例为 20。在绘图区中选择填充区域，绘制图案填充的结果如图 16-52 所示。

04 调入图块。按 Ctrl+O 组合键，打开配套资源中的"素材\第 16 章\餐厅图例.dwg"文件，从中复制粘贴餐桌椅、电视机等图形至当前图形中，结果如图 16-53 所示。

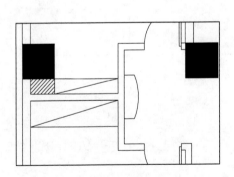

图 16-52　填充图案

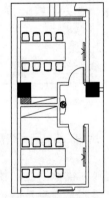

图 16-53　调入图块

16.3.3　绘制卫生间平面图

餐厅就餐人员较多，因此卫生间的设计制作较为重要。卫生间一般位于餐厅的后方，为的是充分利用餐厅前部分的空间来布置就餐区。

01 绘制隔墙与隔板。调用 REC(矩形)命令，绘制矩形；调用 TR(修剪)命令，修剪墙线，结果如图 16-54 所示。

02 绘制隔断。调用 O(偏移)命令，偏移墙线；调用 TR(修剪)命令，修剪墙线，结果如图 16-55 所示。

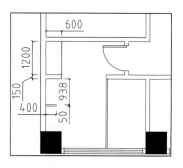

图 16-54　绘制隔墙与隔板

图 16-55　绘制隔断

03 绘制女卫洗手台及隔断。调用 L(直线)命令，绘制直线；调用 CO(复制)命令，从男卫平面图中移动复制隔断图形至女卫平面图中，结果如图 16-56 所示。

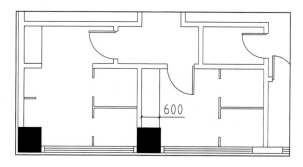

图 16-56　绘制女卫洗手台及隔断

04 绘制平开门。调用 REC(矩形)命令，绘制尺寸为 600×50 的矩形；调用 A(圆弧)命令，绘制圆弧，结果如图 16-57 所示。

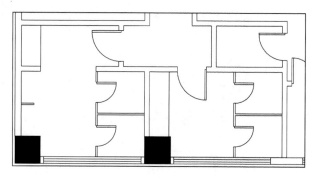

图 16-57　绘制平开门

05 调入图块。按 Ctrl+O 组合键，打开配套资源中的"素材\第 16 章\餐厅图例.dwg"文件，从其中复制粘贴餐桌椅、洁具等图形至当前图形中，结果如图 16-58 所示。

06 重复操作，继续绘制另外区域的平面布置图，结果如图 16-59 所示。

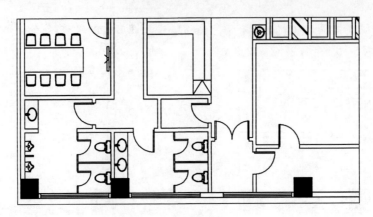

图 16-58　调入图块

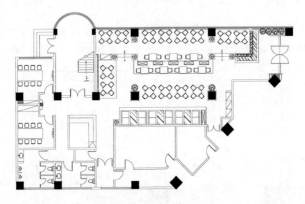

图 16-59　绘制结果

07 绘制文字标注。调用 MT(多行文字)命令,在平面图各区域中绘制文字标注,结果如图 16-60 所示。

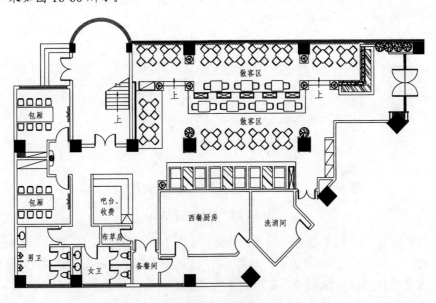

图 16-60　文字标注

08 图名标注。调用 MT(多行文字)命令，绘制图名标注和比例标注；调用 L(直线)命令，分别绘制线宽为 0.30mm、0.00mm 的下划线，结果如图 16-61 所示。

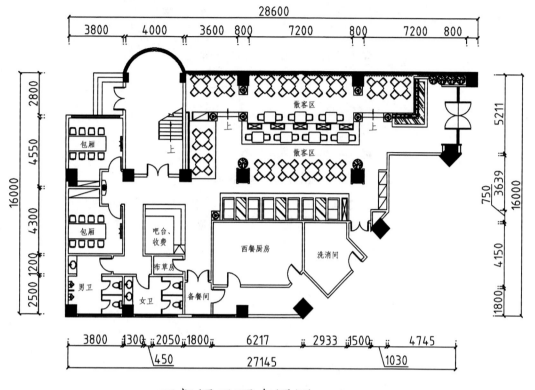

图 16-61　图名标注

16.4　餐厅地面布置图的绘制

虽然餐厅的功能单一，但是因为对各个就餐区的地面做了不同高度的处理。因此，在进行地面铺装时，有必要使用装饰材料对地面进行划分。

如包厢、大厅抬高区的地面使用了木地板及防腐木饰面，沿窗就餐区及大厅就餐区则使用仿古砖及抛光砖进行饰面，等等。通过不同的地面材料，可以进一步对餐厅的就餐区进行划分。

01 调用平面布置图。调用 CO(复制)命令，移动复制一份绘制完成的西餐厅平面布置图至一旁；调用 E(删除)命令，删除平面图上多余的图形，结果如图 16-62 所示。

02 调用 L(直线)命令，绘制门口线，结果如图 16-63 所示。

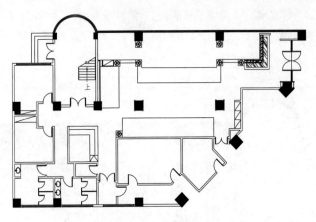

图 16-62　整理图形

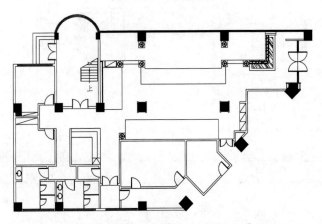

图 16-63　绘制门口线

03 绘制包厢地面填充图案。调用 H(图案填充)命令，再在命令行中输入 T(设置)命令，然后在弹出的"图案填充和渐变色"对话框中定义填充图案的角度为 90°，填充比例为 20，如图 16-64 所示。

04 在绘图区的图案填充轮廓内单击左键，按 Enter 键返回对话框，单击"确定"按钮即可完成图案填充的操作，结果如图 16-65 所示。

图 16-64　"图案填充和渐变色"对话框

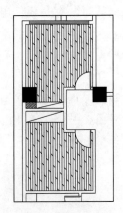

图 16-65　填充包厢地面

05 绘制散客区用餐地台地面填充图案。调用 H(图案填充)命令，再在命令行中输入 T(设置)命令，然后在弹出的"图案填充和渐变色"对话框中定义填充图案的填充比例为 2，如图 16-66 所示。

06 单击"添加：拾取点"按钮，在绘图区单击拾取填充区域。按 Enter 键返回对话框，单击"确定"按钮关闭该对话框，绘制图案填充的结果如图 16-67 所示。

图 16-66　设置参数

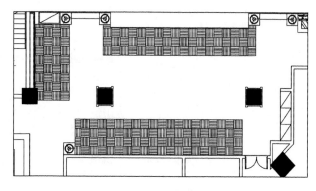

图 16-67　填充散客区用餐地台地面

07 绘制大厅地面填充图案。调用 H(图案填充)命令，再在命令行中输入 T(设置)命令，然后在弹出的"图案填充和渐变色"对话框中定义填充图案的填充角度为 45°，填充间距为 800，如图 16-68 所示。

08 单击"添加：拾取点"按钮，在绘图区单击拾取填充区域，完成图案填充的操作，结果如图 16-69 所示。

图 16-68　"图案填充和渐变色"对话框

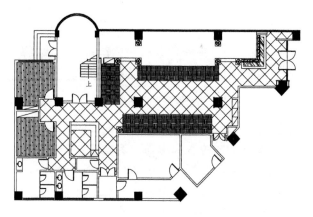

图 16-69　填充大厅地面

09 绘制临窗散客区地面填充图案。调用 H(图案填充)命令，再在命令行中输入 T(设置)命令，然后在弹出的"图案填充和渐变色"对话框中定义填充图案的填充比例为 2，如图 16-70 所示。

10 在绘图区拾取填充区域，按 Enter 键，返回"图案填充和渐变色"对话框。单击"确定"按钮关闭该对话框，图案填充的结果如图 16-71 所示。

11 绘制临窗散客区台阶地面填充图案。调用 H(图案填充)命令，再在命令行中输入 T(设置)命令，然后在弹出的"图案填充和渐变色"对话框中选择名称为 AR-CONC 的图案，定义填充比例为 2，如图 16-72 所示。

12 单击"添加：拾取点"按钮，在绘图区中单击拾取填充区域。按 Enter 键返回对话框，单击"确定"按钮关闭该对话框，绘制图案填充的结果如图 16-73 所示。

图 16-70　设置参数

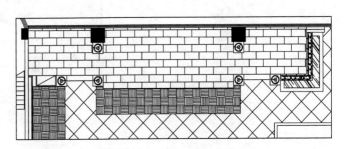

图 16-71　填充临窗散客区地面

图 16-72　"图案填充和渐变色"对话框

图 16-73　绘制临窗散客区台阶地面

13 绘制其他区域地面填充图案。调用 H(图案填充)命令，再在命令行中输入 T(设置)命令，然后在弹出的"图案填充和渐变色"对话框中定义填充图案的填充角度为 0°，填充间距为 500，如图 16-74 所示。

14 单击"添加：拾取点"按钮，在绘图区单击拾取填充区域，完成图案填充的操作，结果如图 16-75 所示。

15 绘制散客区用餐地台地面填充图案。调用 H(图案填充)命令，再在命令行中输入 T(设置)命令，然后在弹出的"图案填充和渐变色"对话框中定义填充图案的填充角度为 45°，填充比例为 50，结果如图 16-76 所示。

16 单击"添加：拾取点"按钮，在绘图区单击拾取填充区域。按 Enter 键返回对话框，单击"确定"按钮关闭该对话框，绘制图案填充的结果如图 16-77 所示。

图 16-74　定义参数

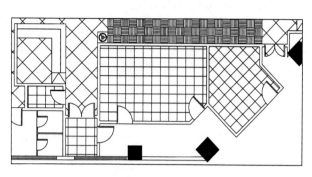

图 16-75　填充其他区域地面

图 16-76　"图案填充和渐变色"对话框

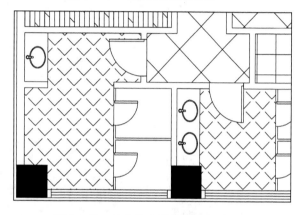

图 16-77　填充散客区用餐地台地面

17 绘制卫生间地面图案。按 Enter 键调出"图案填充和渐变色"对话框，修改填充比例为 25，如图 16-78 所示。

18 单击"添加: 拾取点"按钮，在绘图区单击拾取填充区域。按 Enter 键返回对话框，单击"确定"按钮关闭该对话框，绘制图案填充的结果如图 16-79 所示。

图 16-78　修改参数

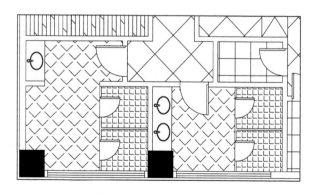

图 16-79　填充卫生间地面

19 绘制洗手台台面填充图案。调用 H(图案填充)命令，再在命令行中输入 T(设置)

命令，然后在弹出的"图案填充和渐变色"对话框中定义填充图案的填充比例为
3，如图 16-80 所示。

20 单击"添加：拾取点"按钮，在绘图区单击拾取填充区域，完成图案填充的操作，结果如图 16-81 所示。

21 西餐厅地面布置图的绘制结果如图 16-82 所示。

图 16-80 "图案填充和渐变色"对话框

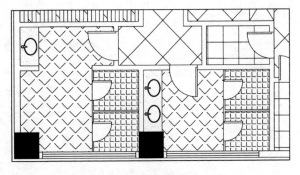

图 16-81 填充洗手台台面

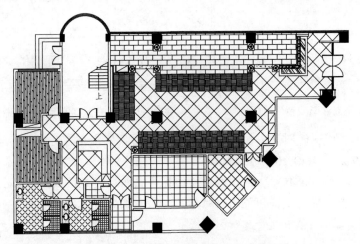

图 16-82 西餐厅地面布置图的绘制结果

22 绘制图例表。调用 EL(椭圆)命令，绘制长轴为 2894，短轴为 449 的椭圆；调用 CO(复制)命令，移动复制椭圆，结果如图 16-83 所示。

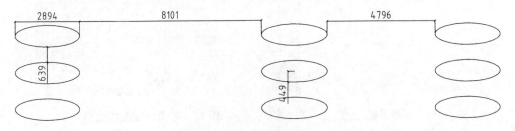

图 16-83 绘制椭圆

23 调用 H(图案填充)命令，再在命令行中输入 T(设置)命令，沿用上述的各填充参数，为椭圆绘制填充图案，结果如图 16-84 所示。

24 文字标注。调用 MT(多行文字)命令，绘制材料标注，结果如图 16-85 所示。

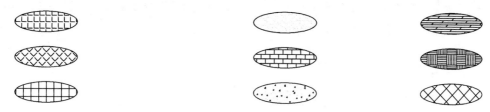

图 16-84　填充图案

图 16-85　材料标注

25 图名标注。调用 MT(多行文字)命令，绘制图名标注和比例标注；调用 L(直线)命令，分别绘制两条线宽为 0.30mm、0.00mm 的下划线，结果如图 16-86 所示。

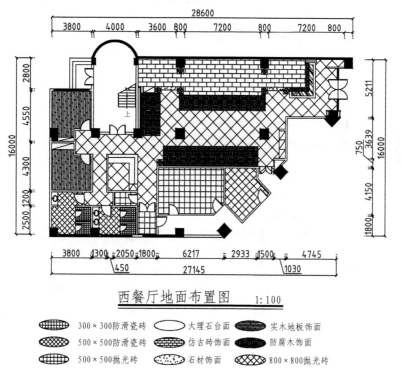

图 16-86　图名标注

16.5　餐厅顶棚布置图的绘制

餐厅顶面的制作方式较为单一，多使用轻钢龙骨涂刷乳胶漆来装饰，只是在不同的区域使用不同颜色的乳胶漆进行区分而已。

16.5.1　绘制散客区顶面图

散客区的人流量较大，因此其面积也较大，制作统一的吊顶会显得比较呆板。根据各个区域的布置特点来划分顶面造型，不失为一个处理大面积吊顶制作的办法。

靠窗部分地面已做了抬高处理，因此其顶面可以独立作为一个区域来制作，本例为靠窗区制作了石膏板吊顶。其他区域则根据餐桌的位置，制作了局部石膏板吊顶，在统一中寻求变化，可以丰富顶面的造型。

01 调用平面布置图。调用 CO(复制)命令，移动复制一份绘制完成的西餐厅平面布置图至一旁；调用 E(删除)命令，删除平面图上多余的图形，结果如图 16-87 所示。

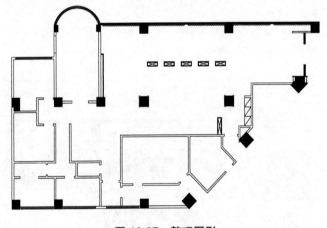

图 16-87　整理图形

02 调用 L(直线)命令，绘制门口线，结果如图 16-88 所示。

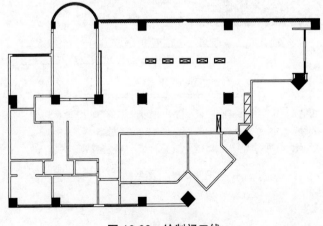

图 16-88　绘制门口线

03 绘制临窗散客区顶面图。调用 O(偏移)命令，偏移墙线；调用 TR(修剪)命令，修剪墙线，结果如图 16-89 所示。

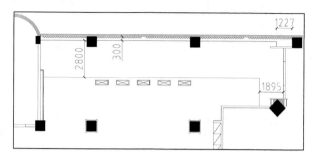

图 16-89　修剪墙线

04 绘制顶面灯槽。调用 REC(矩形)命令，绘制矩形；调用 O(偏移)命令，设置偏移距离为 50，向内偏移矩形，结果如图 16-90 所示。

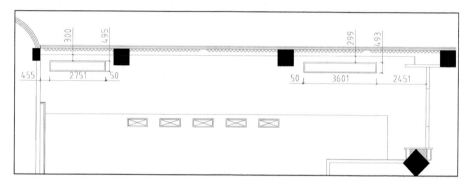

图 16-90　绘制顶面灯槽

05 绘制灯带。调用 O(偏移)命令，偏移顶面轮廓线；调用 TR(修剪)命令，修剪线段，并将灯带的线型更改为虚线，结果如图 16-91 所示。

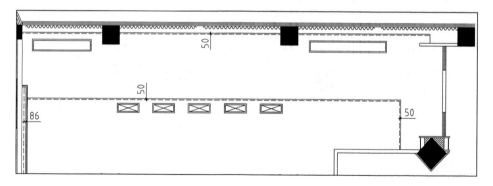

图 16-91　绘制灯带

06 绘制入口顶面装饰。调用 L(直线)命令，绘制直线；调用 TR(修剪)命令，修剪直线，结果如图 16-92 所示。

07 绘制广告钉。调用 C(圆)命令，绘制半径为 10 的圆形，结果如图 16-93 所示。

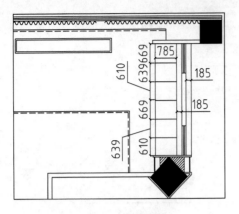

图 16-92 修剪直线

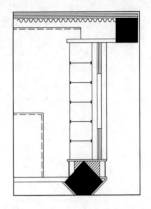

图 16-93 绘制广告钉

08 填充顶面石膏板装饰图案。调用 H(图案填充)命令，再在命令行中输入 T(设置)命令，系统弹出"图案填充和渐变色"对话框。在其中选择名称为 AR-SAND 的图案，设置填充比例为 6。在绘图区点取填充区域，绘制图案填充的结果如图 16-94 所示。

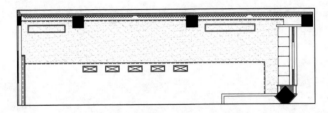

图 16-94 填充顶面石膏板图案

09 填充灰镜饰面图案。调用 H(图案填充)命令，再在命令行中输入 T(设置)命令，系统弹出"图案填充和渐变色"对话框。在其中选择名称为 AR-CONC 的图案，设置填充比例为 2。在绘图区中点取填充区域，绘制图案填充的结果如图 16-95 所示。

10 调用 H(图案填充)命令，再在命令行中输入 T(设置)命令，系统弹出"图案填充和渐变色"对话框。定义填充图案的比例为 20，如图 16-96 所示。

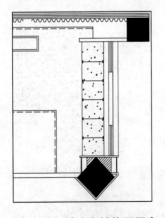

图 16-95 填充灰镜饰面图案

图 16-96 设置参数

11 单击"添加：拾取点"按钮，在绘图区单击拾取填充区域。按 Enter 键返回对话框，单击"确定"按钮关闭该对话框，绘制图案填充的结果如图 16-97 所示。

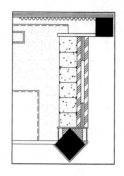

图 16-97 填充图案

12 绘制顶面灯槽。调用 REC(矩形)命令，绘制矩形；调用 O(偏移)命令，设置偏移距离为 50，向内偏移矩形；调用 C(圆)命令，绘制半径为 700 的圆形，结果如图 16-98 所示。

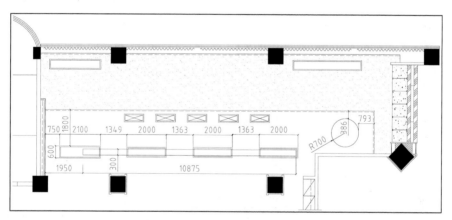

图 16-98 绘制灯槽

13 填充石膏板图案。调用 H(图案填充)命令，再在命令行中输入 T(设置)命令，系统弹出"图案填充和渐变色"对话框。在其中选择名称为 AR-SAND 的图案，填充比例为 6。在绘图区点取填充区域，图案填充结果如图 16-99 所示。

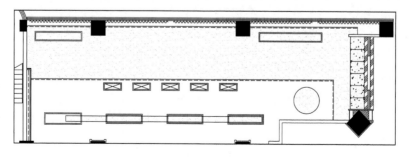

图 16-99 图案填充

14 调入图块。按 Ctrl+O 组合键，打开配套资源中的"素材\第16章\餐厅图例.dwg"文件，从其中复制粘贴筒灯、风口等图形至当前图形中，结果如图 16-100 所示。

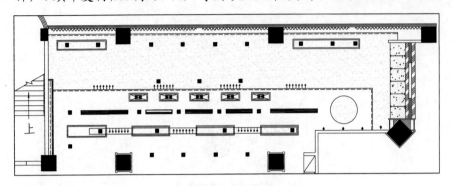

图 16-100　调入图块

16.5.2　绘制过道顶面图

过道的顶面造型较为简单，为石膏板平面吊顶，白色乳胶漆饰面。此外，在绘制完成顶面各造型后，应绘制材料标注，以标识各顶面所使用的材料。本节介绍过道顶面图、材料标注、图名标注的绘制。

01 绘制过道顶面图。调用 L(直线)命令，绘制直线，绘制顶面轮廓的结果如图 16-101 所示。

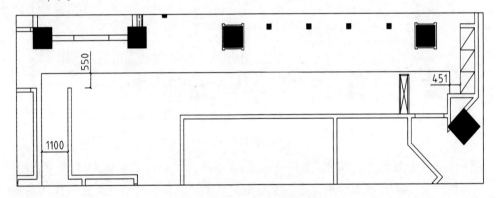

图 16-101　绘制顶面轮廓

02 绘制吧台顶面。调用 L(直线)命令，绘制直线；调用 O(偏移)命令，偏移直线，结果如图 16-102 所示。

03 调用 O(偏移)命令，偏移直线；调用 TR(修剪)命令，修剪直线，如图 16-103 所示。

04 调用 L(直线)命令，绘制对角线，结果如图 16-104 所示。

05 绘制灯带。调用 O(偏移)命令，偏移线段，并将所偏移的线段的线型设置为虚线，结果如图 16-105 所示。

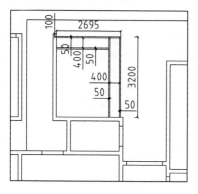

图 16-102 绘制吧台顶面

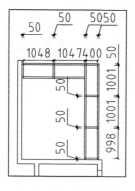

图 16-103 修剪直线

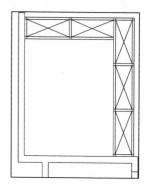

图 16-104 绘制对角线

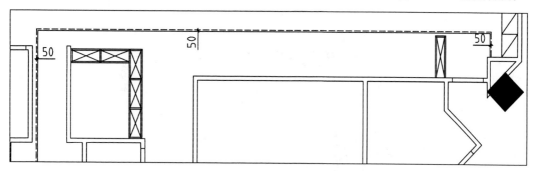

图 16-105 绘制灯带

06 填充顶面装饰图案。调用 H(图案填充)命令，再在命令行中输入 T(设置)命令，系统弹出"图案填充和渐变色"对话框。在其中选择名称为 AR-SAND 的图案，设置填充比例为 6。在绘图区中点取填充区域，绘制图案填充的结果如图 16-106 所示。

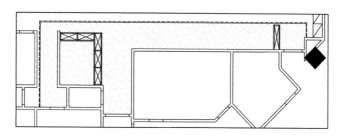

图 16-106 填充顶面

07 调入图块。按 Ctrl+O 组合键，打开配套资源中的"素材\第 16 章\餐厅图例.dwg"文件，从其中复制粘贴筒灯、风口等图形至当前图形中，结果如图 16-107 所示。

08 重复操作，继续绘制其他区域的顶面布置图，结果如图 16-108 所示。

09 标高标注。调用 I(插入)命令，系统弹出"插入"对话框，在其中选择"标高"图块，如图 16-109 所示。

10 在绘图区点取标高图块的插入点，系统弹出"编辑属性"对话框，在其中输入标高参数，结果如图 16-110 所示。

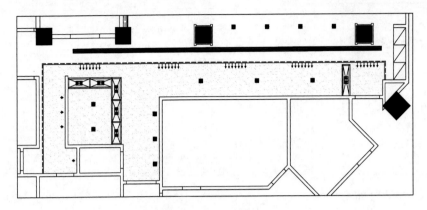

图 16-107　调入图块

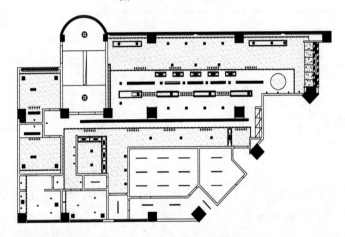

图 16-108　绘制其他区域的顶面

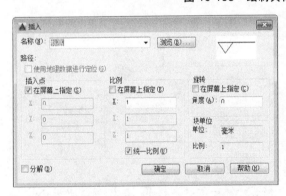

图 16-109　"插入"对话框　　　　　图 16-110　"编辑属性"对话框

11 单击"确定"按钮关闭该对话框，绘制标高标注的结果如图 16-111 所示。

12 重复操作，绘制标高标注的结果如图 16-112 所示。

13 材料标注。调用 MLD(多重引线)命令，绘制顶面材料标注，结果如图 16-113
　　所示。

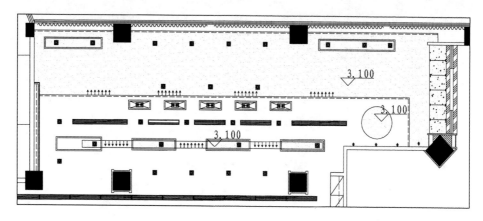

图 16-111 标注结果

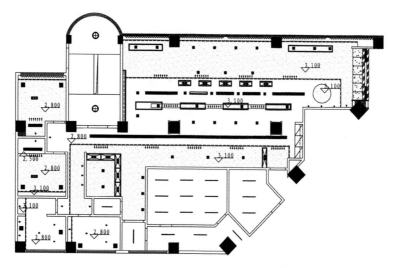

图 16-112 标高标注

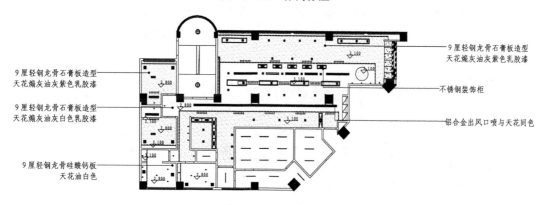

图 16-113 材料标注

14 绘制图例表。调用 REC(矩形)命令，绘制矩形；调用 X(分解)命令，分解矩形；调用 O(偏移)命令，偏移矩形边，结果如图 16-114 所示。

15 调用 CO(复制)命令，从顶面图中移动复制灯具图例至表格中，结果如图 16-115 所示。

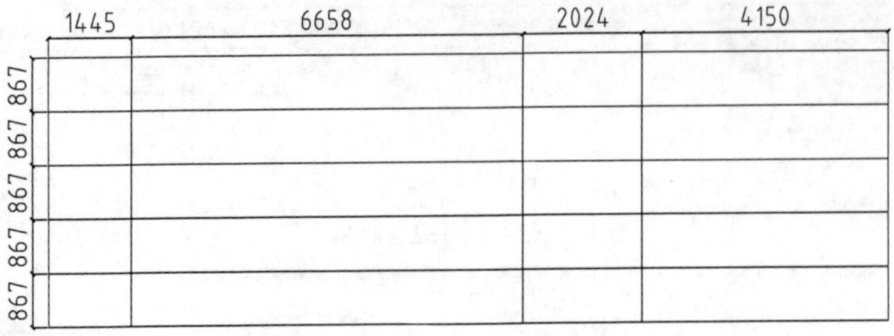

图 16-114　绘制图例表

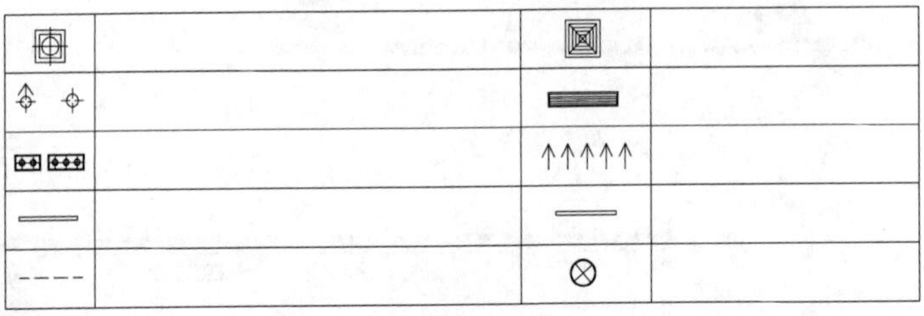

图 16-115　复制灯具图例

16 调用 MT(多行文字)命令，绘制文字标注，结果如图 16-116 所示。

图标	名称	图标	名称
⊞	方形筒灯	▣	排气扇
⬦ ⬥	石英射灯（可调角度）	▬▬	空调回风口
⊞ ⊞⊞	斗胆灯	↑↑↑↑↑	空调侧出风口
──	日光灯管	──	日光灯管
----	光管灯槽	⊗	吸顶灯

图 16-116　文字标注

17 图名标注。调用 MT(多行文字)命令，绘制图名标注和比例标注；调用 L(直线)命令，分别绘制线宽为 0.30mm、0.00mm 的下划线，结果如图 16-117 所示。

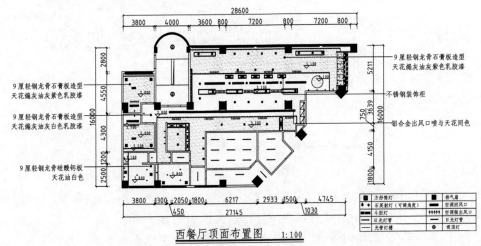

西餐厅顶面布置图　1:100

图 16-117　图名标注

16.6 餐厅大厅立面图的绘制

餐厅大厅的人流量比较大，因此该区域立面的装饰显得尤为重要。墙面使用砂岩石板条及花纹壁纸来装饰，古典而不沉闷。

本节介绍大厅立面图的绘制方法。

01 整理图形。调用 CO(复制)命令，将待绘制的餐厅散客区立面图的平面部分移动复制至一旁，结果如图 16-118 所示。

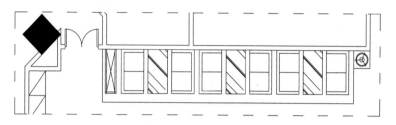

图 16-118 整理图形

02 绘制立面外轮廓。调用 REC(矩形)命令，绘制矩形；调用 X(分解)命令，分解矩形；调用 O(偏移)命令及 TR(修剪)命令，偏移并修剪矩形边，结果如图 6-119 所示。

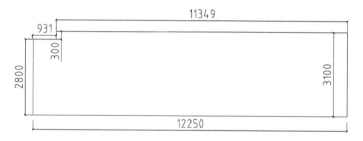

图 16-119 绘制立面外轮廓

03 绘制立面装饰轮廓线。调用 O(偏移)命令，偏移立面轮廓线；调用 TR(修剪)命令，修剪线段，结果如图 16-120 所示。

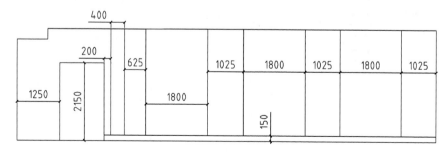

图 16-120 绘制立面装饰轮廓线

04 绘制灯槽及柜子底板。调用 L(直线)命令，绘制直线；调用 O(偏移)命令，偏移轮廓线，结果如图 16-121 所示。

05 绘制吊柜。调用 L(直线)命令及 O(偏移)命令，绘制并偏移直线，结果如图 16-122 所示。

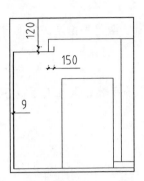

图 16-121　绘制灯槽及柜子底板

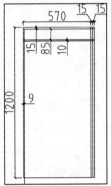

图 16-122　绘制结果

06 调用 TR(修剪)命令，修剪线段，结果如图 16-123 所示。

07 调用 O(偏移)命令，偏移线段，结果如图 16-124 所示。

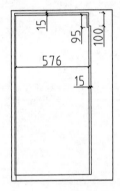

图 16-123　修剪线段

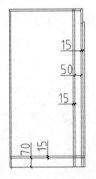

图 16-124　偏移线段

08 调用 TR(修剪)命令，修剪线段；调用 O(偏移)命令，偏移线段，结果如图 16-125 所示。

09 调用 TR(修剪)命令，修剪线段；调用 L(直线)命令，绘制直线，结果如图 16-126 所示。

图 16-125　修剪和偏移线段

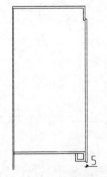

图 16-126　修剪和绘制线段

10 绘制隔板。调用 REC(矩形)命令，绘制矩形，结果如图 16-127 所示。

11 绘制底柜。调用 REC(矩形)命令，分别绘制尺寸为 591×20、35×15 的矩形，结果如图 16-128 所示。

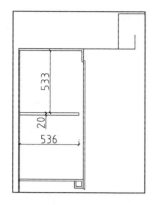

图 16-127　绘制矩形

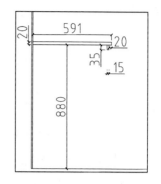

图 16-128　绘制底柜

12 绘制抽屉背板、底板。调用 L(直线)命令，绘制直线；调用 O(偏移)命令，偏移直线；调用 TR(修剪)命令，修剪直线，结果如图 16-129 所示。

13 绘制抽屉挡板。调用 REC(矩形)命令，绘制尺寸为 150×15 的矩形，结果如图 16-130 所示。

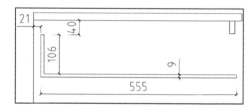

图 16-129　绘制抽屉背板、底板

图 16-130　绘制抽屉挡板

14 绘制挡板封口。调用 L(直线)命令，绘制直线；调用 TR(修剪)命令，修剪线段，结果如图 16-131 所示。

15 调用 L(直线)命令，绘制对角线，结果如图 16-132 所示。

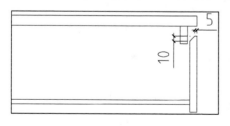

图 16-131　绘制挡板封口

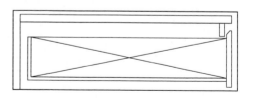

图 16-132　绘制对角线

16 调用 L(直线)命令、O(偏移)命令及 TR(修剪)命令，绘制、偏移并修剪线段，结果如图 16-133 所示。

17 绘制底板。调用 O(偏移)命令，偏移线段；调用 TR(修剪)命令，修剪线段，结果如图 16-134 所示。

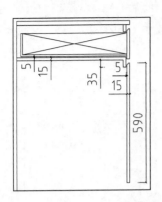

图 16-133　绘制、偏移并修剪线段

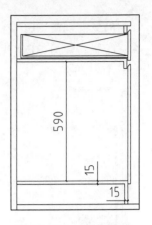

图 16-134　绘制底板

18 调用 L(直线)命令，绘制对角线，结果如图 16-135 所示。

19 绘制装饰面板。调用 L(直线)命令，绘制直线，结果如图 16-136 所示。

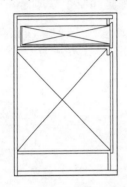

图 16-135　绘制对角线

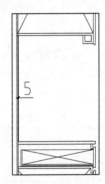

图 16-136　绘制装饰面板

20 绘制双扇平开门。调用 O(偏移)命令，偏移门轮廓线；调用 F(圆角)命令，设置圆角半径为 0，对所偏移的线段执行圆角操作；调用 L(直线)命令，绘制门扇分界线，结果如图 16-137 所示。

21 绘制安全标识及门扇玻璃装饰。调用 REC(矩形)命令，绘制矩形；调用 O(偏移)命令，偏移矩形，结果如图 16-138 所示。

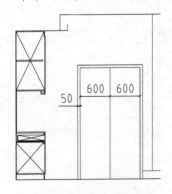

图 16-137　绘制双扇平开门

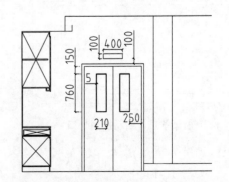

图 16-138　绘制安全标识及门扇玻璃装饰

22 绘制门把手。调用 REC(矩形)命令，绘制矩形；调用 TR(修剪)命令，修剪矩形，结果如图 16-139 所示。

23 调用 PL(多段线)命令，绘制多段线，表示门的开启方向，并将多段线的线型更改为虚线；调用 C(圆)命令，绘制半径为 20 的圆，结果如图 16-140 所示。

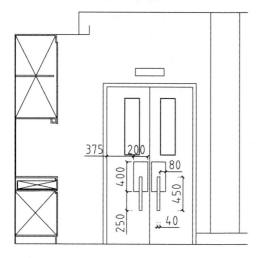

图 16-139　绘制门把手

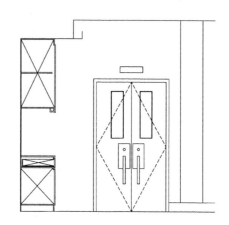

图 16-140　绘制结果

24 填充玻璃装饰图案。调用 H(图案填充)命令，再在命令行中输入 T(设置)命令，系统弹出"图案填充和渐变色"对话框。在其中选择名称为 AR-RROOF 的图案，设置填充角度为 45°，填充比例为 10。在绘图区点取填充区域，绘制图案填充的结果如图 16-141 所示。

25 填充把手装饰图案。调用 H(图案填充)命令，系统弹出"图案填充和渐变色"对话框。在其中选择名称为 AR-SAND 的图案，设置填充比例为 1。在绘图区点取填充区域，绘制图案填充的结果如图 16-142 所示。

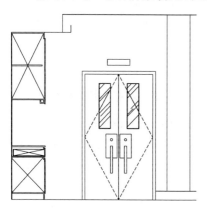

图 16-141　填充玻璃装饰图案

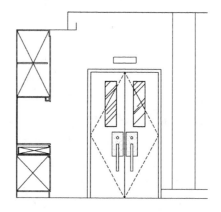

图 16-142　填充把手装饰图案

26 绘制墙面肌理漆装饰。调用 O(偏移)命令，偏移立面轮廓线；调用 TR(修剪)命令，修剪线段，结果如图 16-143 所示。

27 绘制墙面钢化玻璃装饰。调用 L(直线)命令，绘制直线，结果如图 16-144 所示。

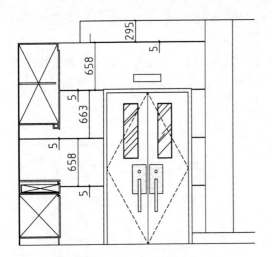

图 16-143 绘制墙面肌理漆装饰

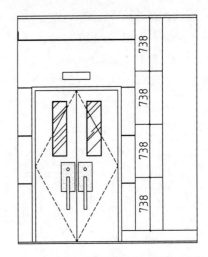

图 16-144 绘制墙面钢化玻璃装饰

28 调用 O(偏移)命令，偏移线段，并将所偏移的线段的线型更改为虚线，结果如图 16-145 所示。

29 调用 C(圆)命令，绘制半径为 13 的圆形，结果如图 16-146 所示。

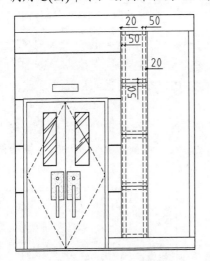

图 16-145 偏移线段

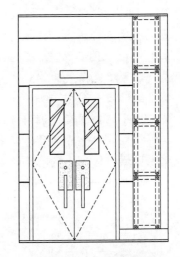

图 16-146 绘制圆形

30 填充顶面装饰图案。调用 H(图案填充)命令，再在命令行中输入 T(设置)命令，系统弹出 "图案填充和渐变色" 对话框。在其中选择名称为 AR-RROOF 的图案，设置填充角度为 45°，填充比例为 10；在绘图区点取填充区域，绘制图案填充的结果如图 16-147 所示。

31 绘制台灯底座。调用 O(偏移)命令，偏移轮廓线；调用 TR(修剪)命令，修剪线段，结果如图 16-148 所示。

32 调入图块。按 Ctrl+O 组合键，打开配套资源中的 "素材\第 16 章\餐厅图例.dwg" 文件，从其中复制粘贴立面灯具、台灯等图形至当前图形中，结果如图 16-149 所示。

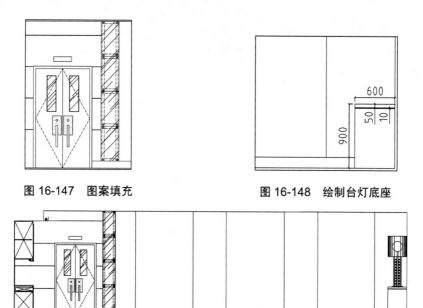

图 16-147　图案填充　　　　　　　图 16-148　绘制台灯底座

图 16-149　调入图块

33 绘制台阶。调用 O(偏移)命令及 TR(修剪)命令，偏移并修剪线段，结果如图 16-150 所示。

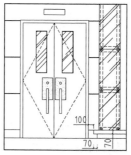

图 16-150　绘制台阶

34 绘制灯带。调用 O(偏移)命令，偏移台阶轮廓线，并将偏移得到的线段的线型更改为虚线，结果如图 16-151 所示。

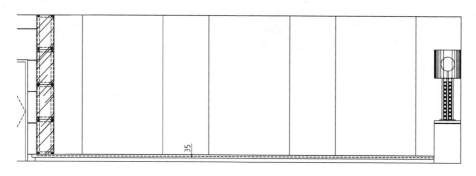

图 16-151　绘制灯带

35 填充墙面装饰图案。调用 H(图案填充)命令，再在命令行中输入 T(设置)命令，系统弹出"图案填充和渐变色"对话框，在其中设置填充比例为 2，结果如图 16-152 所示。

图 16-152   "图案填充和渐变色"对话框

36 在绘图区单击选定填充区域，按 Enter 键返回对话框，单击"确定"按钮关闭该对话框，完成图案填充操作的结果如图 16-153 所示。

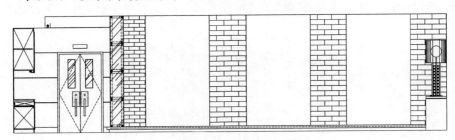

图 16-153   填充结果

37 调入图块。按 Ctrl+O 组合键，打开配套资源中的"素材\第 16 章\餐厅图例.dwg"文件，从中复制粘贴壁纸花纹至当前图形中，结果如图 16-154 所示。

图 16-154   调入图块

38 尺寸标注。调用 DLI(线性标注)命令，在绘图区分别指定第一、第二条尺寸界线原点以及尺寸线的位置，绘制尺寸标注的结果如图 16-155 所示。

39 材料标注。调用 MLD(多重引线)命令，为立面图绘制材料标注，结果如图 16-156 所示。

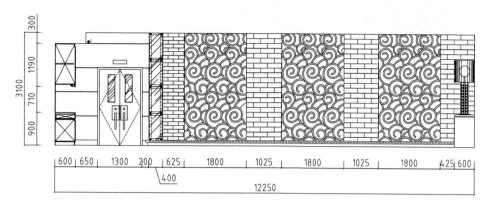

图 16-155　尺寸标注

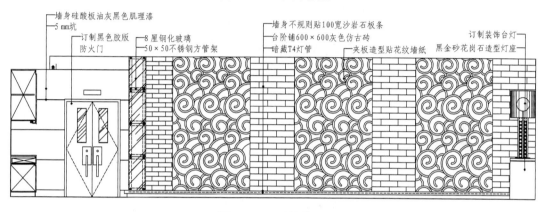

图 16-156　材料标注

40 图名标注。调用 MT(多行文字)命令，绘制图名标注和比例标注；调用 L(直线)命令，分别绘制线宽为 0.30mm、0.00mm 的下划线，结果如图 16-157 所示。

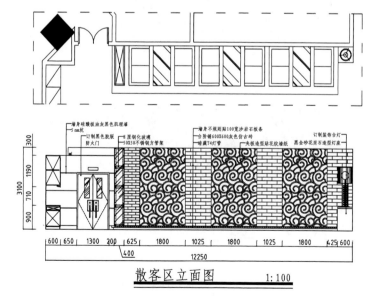

散客区立面图　　　　1∶100

图 16-157　图名标注

16.7 上机操作

1. 沿用本章介绍的方法，绘制如图 16-158 所示的餐厅原始结构图。

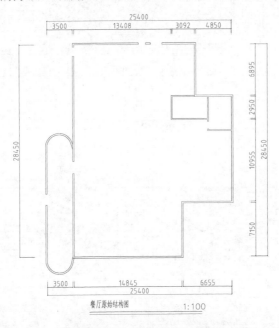

图 16-158 餐厅原始结构图

2. 沿用本章介绍的方法，绘制如图 16-159 所示的餐厅平面布置图。

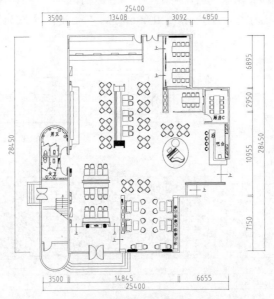

图 16-159 餐厅平面布置图

3. 沿用本章介绍的方法，绘制如图 16-160 所示的餐厅地面布置图。

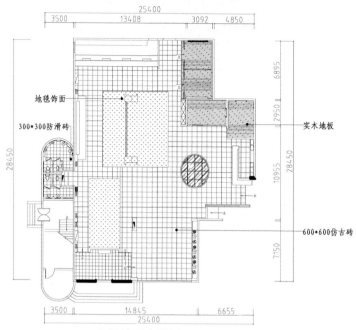

餐厅地面布置图　　1:100

图 16-160　餐厅地面布置图

4. 沿用本章介绍的方法，绘制如图 16-161 所示的餐厅顶面布置图。

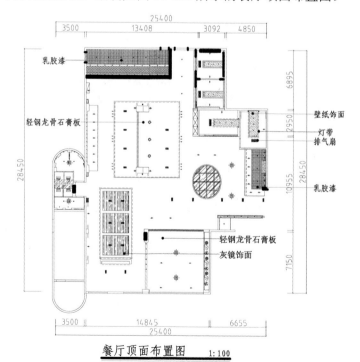

餐厅顶面布置图　　1:100

图 16-161　餐厅顶面布置图

5. 沿用本章介绍的方法，绘制如图 16-162 所示的餐厅自助餐台立面图。

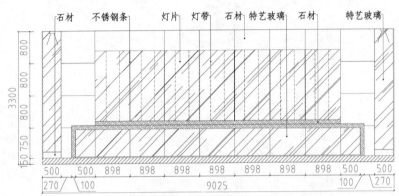

自助餐台立面图   1:50

图 16-162   自助餐台立面图

第 17 章

绘制电气图和冷热水管走向图

> ▶️ **本章导读**

电气图和冷热水管走向图是室内装潢设计图纸中重要的工程图,可为电气设备的安装、水管走向的定位提供指导。本章介绍电气设计的基础以及电气图和冷热水管走向图的绘制方法。

> ▶️ **学习目标**

➢ 了解和掌握电气设计的基本概念和相关知识。

➢ 掌握常用电气图例的绘制方法。

➢ 掌握插座和照明电气图的绘制方法。

➢ 掌握冷热水管走向图的绘制方法。

17.1 电气设计基础

在进行居室电气设计的过程中，涉及的知识较多，包括电气系统、电气设备的选择与安装等。本节介绍电气设计的基础知识。

17.1.1 强电和弱电系统

电气系统主要分为强电系统和弱电系统，下面介绍这两种电气系统的相关知识。

1．强电系统

在电力系统中，36V 以下的电压称为安全电压，1kV 以下的电压称为低压，1kV 以上的电压称为高压。

直接供电给用户的线路称为配电线路，如用户电压为 380/220V，则称为低压配电线路，也就是家庭装修中所说的强电(因它是家庭使用最高的电压)。

强电一般是指 24V 以上的交流电电压，如家庭中的电灯、插座等，电压在 110～220V。家用电器中的照明灯具、电热水器、取暖器、冰箱、电视机、空调、音响设备等均为强电电气设备。

2．弱电系统

智能建筑中的弱电主要有两类：一类是国家规定的安全电压等级及控制电压等低电压电能，有交流与直流之分，交流 36V 以下、直流 24V 以下为弱电，如 24V 直流控制电源，或应急照明灯备用电源。

另一类是载有语音、图像、数据等信息的信息源，如电话、电视、计算机的信息。

17.1.2 常用电气名词解析

- 电阻率：又叫电阻系数或比电阻。它是衡量物质导电性能好坏的一个物理量，以字母 ρ 表示，单位为 $\Omega \cdot mm^2 / m$。

- 电导：物体传导电流能力的强度叫作电导。在直流电路里，电导的数值就是电阻值的倒数，以字母 G 表示，单位为 Ω。

- 电导率：又叫电导系数，也是衡量物质导电性能好坏的一个物理量。大小在数值上是电阻的倒数，以字母 γ 表示，单位为 $m /(\Omega \cdot mm^2)$。

- 自感：当闭合回路中的电流发生变化时，则由此电流所产生的穿过回路本身磁通也发生变化，在回路中也将感应电动势，这种现象称为自感现象，这种感应电动势叫自感电动势。

- 互感：如果有两只线圈互相靠近，则其中一只线圈中电流所产生的磁通会有一部分与另一只线圈相环链。当第一只线圈中电流发生变化时，则其与第二只线圈环链的磁通也发生变化，在第二只线圈中产生感应电动势，这种现象叫作互感现象。

17.1.3　电线与套管

电线是由一根或几根柔软的导线组成的，外面包以轻软的绝缘护层。

电线由导体、绝缘层、屏蔽层和保护层四个部分组成。

1. 导体

导体是电线的导电部分，用来输送电能，是电线的主要部分。

2. 绝缘层

绝缘层可以使导体与大地以及不同相的导体之间在电气上彼此隔离，保证电能输送，是电线结构中不可缺少的组成部分。

3. 屏蔽层

15kV 及以上的电线一般都有导体屏蔽层和绝缘屏蔽层。

4. 保护层

保护层的作用是保护电线免受外界杂质和水分的侵入，以及防止外力直接损坏电力电缆。图 17-1 所示为常见的电线。

图 17-1　常见电线

套管是方便带电导体穿过或引入与其电位不同的墙壁或电气设备的金属外壳，起着绝缘和支持作用。图 17-2 所示为常用的套管。

图 17-2　常用套管

17.2　绘制电气图例

常用的电气图例包括开关类、灯具类、插座类，这些电气图例的使用在国标中有明文规定。在绘制电气图纸的过程中，使用这些图例来表达设计意图，可以使图纸更加规范。

17.2.1　绘制单联单控开关图例

　　单联，又称一位、一联、单开，表示一个开关面板上只有一个开关按键；单控，又称单极，表示一个开关按键只能控制一个。单联单控开关即一个开关控制一个或一组用电器，而与其他线路上的用电器无关。

　　图 17-3 所示为常见的单联单控开关。

图 17-3　常见单联单控开关

01　绘制单联单控开关。调用 C(圆)命令，绘制半径为 100 的圆形，结果如图 17-4 所示。

02　调用 L(直线)命令，绘制 45° 的直线，如图 17-5 所示。

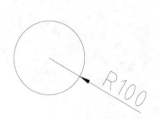
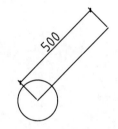

图 17-4　绘制圆形　　　　　　　　　　　　　　**图 17-5　绘制直线**

03　调用 TR(修剪)命令，修剪线段，绘制的单联单控开关图例如图 17-6 所示。

17.2.2　绘制双联单控开关图例

　　"双联单控"是指一个面板上有两个单控的按钮，而且这两个按钮都是单向控制灯具的开关，即只能在固定一个地方控制灯具的开灭，不同于楼梯间使用的双向控制开关，可以在下面开，到上面关。一般在一个房间里面有两组灯源的情况下使用。

　　图 17-7 所示为常见的双联单控开关。

01　调用 C(复制)命令，移动复制绘制一份完成的单联单控开关至一旁；调用 L(直线)命令，绘制直线，如图 17-8 所示。

02　调用 RO(旋转)命令，设置旋转角度为-30°，对所绘制的直线执行旋转操作，绘制的双联单控开关图例如图 17-9 所示。

图 17-6　单联单控开关图例

图 17-7　双联单控开关

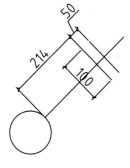

图 17-8　绘制直线

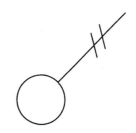

图 17-9　双联单控开关图例

17.2.3　绘制三联单控开关图例

三联单控开关的含义如下。

(1) 装在一处。有三个控制开关，如果顶面的吸顶灯有 12 个灯泡，按第一个开关 4 个灯泡亮，按第二个开关 8 个灯泡亮，按第三个开关 12 个灯泡都亮，等等。

(2) 装在三处。三处装有三个开关，这三个开关都可以对同一个光源进行控制。

图 17-10 所示为常见的三联单控开关。

图 17-10　三联单控开关

01　调用 C(圆)命令、L(直线)命令、O(偏移)命令，绘制如图 17-11 所示的图形。

02　调用 RO(旋转)命令，设置旋转角度为-30°，对短直线执行旋转操作，绘制的三联单控开关图例如图 17-12 所示。

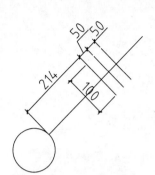

图 17-11 双绘制图形

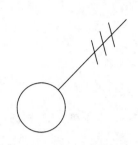

图 17-12 三联单控开关图例

17.2.4 绘制双极开关图例

双极开关就是两个翘板的开关，也叫双刀开关。双极开关控制两个支路，是对应单极(单刀)开关来说的。对照明电路来说，双极开关可以同时切断火线和零线，在使用中更加安全。

图 17-13 所示为双极开关接线图。

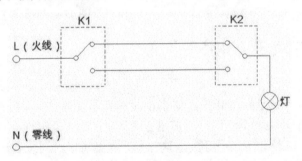

图 17-13 双极开关接线图

01 调用 C(圆)命令，绘制半径为 100 的圆形；调用 PL(多段线)命令，绘制多段线，结果如图 17-14 所示。

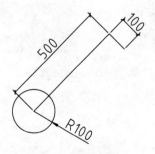

图 17-14 绘制结果

02 调用 TR(修剪)命令，修剪线段，结果如图 17-15 所示。

03 调用 X(分解)命令，分解多段线；调用 O(偏移)命令，设置偏移距离为 50，向下偏移线段，绘制的双极开关图例如图 17-16 所示。

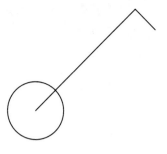

图 17-15　修剪线段

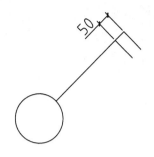

图 17-16　双极开关图例

04 沿用上述操作，绘制双控单极开关，结果如图 17-17 所示。

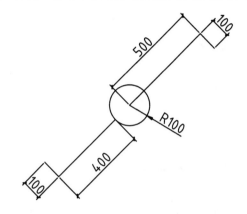

图 17-17　双控单极开关图例

17.3　绘制灯具图例

常见的灯具类图例包括吊灯、吸顶灯以及射灯等。本节介绍绘制灯具类图例的方法。

17.3.1　绘制吊灯图例

吊灯是指吊装在室内天花板上的高级装饰用照明灯。吊灯无论是以电线或以铁支架垂吊，都不能吊得太矮，以避免阻碍人正常的视线或令人觉得刺眼。

图 17-18 所示为常见的吊灯。

图 17-18　常见吊灯

01 调用 C(圆)命令，分别绘制半径为 199、266、362 的圆形，结果如图 17-19 所示。

02 调用 L(直线)命令，过圆心绘制直线，结果如图 17-20 所示。

03 调用 E(删除)命令，删除半径为 362 的圆形，结果如图 17-21 所示。

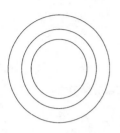

图 17-19　绘制圆形

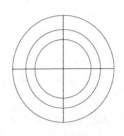

图 17-20　绘制直线

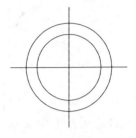

图 17-21　删除圆形

04 调用 RO(旋转)命令，设置旋转角度为 45°，对步骤 02 所绘制的直线执行旋转复制操作，结果如图 17-22 所示。

05 调用 C(圆)命令，绘制半径为 62 的圆形，结果如图 17-23 所示。

06 调用 AR(阵列)命令，阵列复制圆形，命令行操作如下。

```
命令：ARRAY↙
选择对象：找到 1 个                              //选择半径为 62 的圆形
选择对象： 输入阵列类型 [矩形(R)/路径(PA)/极轴(PO)] <路径>：PO
                                     //输入 PO，选择"极轴(PO)"选项
类型 = 极轴  关联 = 是
指定阵列的中心点或 [基点(B)/旋转轴(A)]：            //单击直线的交点
选择夹点以编辑阵列或 [关联(AS)/基点(B)/项目(I)/项目间角度(A)/填充角度(F)/行(ROW)/
层(L)/旋转项目(ROT)/退出(X)] <退出>：I
                         //输入 I，选择"项目(I)"选项
输入阵列中的项目数或 [表达式(E)] <6>：8
选择夹点以编辑阵列或 [关联(AS)/基点(B)/项目(I)/项目间角度(A)/填充角度(F)/行(ROW)/
层(L)/旋转项目(ROT)/退出(X)] <退出>：*取消*
                         //按下 Esc 键退出绘制，阵列结果如图 17-24 所示
```

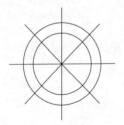

图 17-22　旋转复制直线

图 17-23　绘制圆形

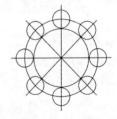

图 17-24　阵列复制

17.3.2　绘制吸顶灯图例

吸顶灯安装在房间内部，由于灯具上部较平，紧靠屋顶安装，像是吸附在屋顶上，所以称为吸顶灯。光源有普通白灯泡、荧光灯、高强度气体放电灯、卤钨灯等。

图 17-25 所示为常见的吸顶灯。

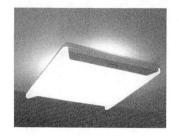

图 17-25　常见吸顶灯

01 调用 C(圆)命令，分别绘制半径为 371、215、129 的圆形；调用 L(直线)命令，过圆心绘制直线，结果如图 17-26 所示。

02 调用 E(删除)命令，删除半径为 371 的圆形，绘制吸顶灯的结果如图 17-27 所示。

03 调用 RO(旋转)命令，对绘制完成的吸顶灯图形执行 45° 角的旋转，可得到另一样式的吸顶灯图形，结果如图 17-28 所示。

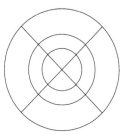

图 17-26　绘制圆形和直线

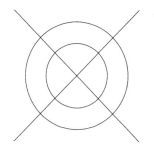

图 17-27　绘制吸顶灯图例(1)

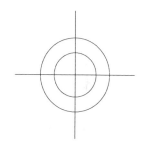

图 17-28　吸顶灯图例(2)

17.3.3　绘制射灯图例

　　射灯是典型的无主灯、无定规模的现代流派照明，能营造室内照明气氛，若将一排小射灯组合起来，光线能变幻奇妙的图案。由于小射灯可自由变换角度，所以组合照明的效果也千变万化。射灯光线柔和，雍容华贵，而且也可以局部采光，烘托气氛。

　　图 17-29 所示为常见的射灯。

图 17-29　常见射灯

01 调用 C(圆)命令，分别绘制半径为 77、132 的圆形；调用 L(直线)命令，过圆心绘制直线，结果如图 17-30 所示。

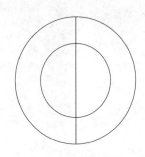

图 17-30　绘制圆形和直线

02 调用 PL(多段线)命令，绘制起点宽度为 20，终点宽度为 0 的箭头，结果如图 17-31 所示。

03 调用 E(删除)命令，删除半径为 132 的圆形，结果如图 17-32 所示。

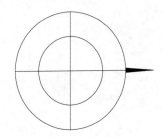

图 17-31　绘制箭头

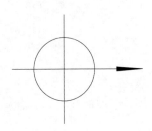

图 17-32　删除一个圆形

04 调用 L(直线)命令，过半径为 77 的圆形绘制直线，也可得到另一样式的射灯图形，结果如图 17-33 所示。

05 绘制另一样式的射灯图形。调用 REC(矩形)命令，绘制尺寸为 125×125 的矩形，结果如图 17-34 所示。

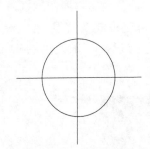

图 17-33　绘制直线

图 17-34　绘制矩形

06 调用 C(圆)命令，分别绘制半径为 49、29 的圆形，结果如图 17-35 所示。

07 调用 O(偏移)命令，设置偏移距离为 22，向外偏移尺寸为 125×125 的矩形，结果如图 17-36 所示。

08 调用 L(直线)命令，绘制直线，结果如图 17-37 所示。

09 调用 E(删除)命令，删除外面的矩形，绘制的射顶灯图例如图 17-38 所示。

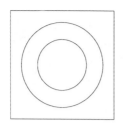

图 17-35　绘制圆形

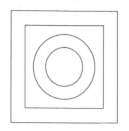

图 17-36　偏移矩形

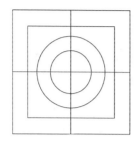

图 17-37　绘制直线

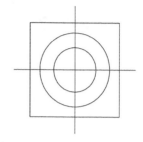

图 17-38　射顶灯图例

17.4　绘制插座类图例

常见的插座类图例有电源插座、带保护极的插座以及单相二、三极插座等。本节介绍绘制插座类图例的方法。

17.4.1　绘制电源插座图例

电源是指为家用电器提供电源接口的电气设备，也是住宅电气设计中使用较多的电气附件，它与人们生活有着十分密切的关系。电源插座是有插槽或凹洞的母接头，用来让有棒状或铜板状突出的电源插头插入，以将电力经插头、电线传导到电器。

图 17-39 所示为常见的电源插座。

图 17-39　电源插座

01 调用 C(圆形)命令，绘制圆形；调用 L(直线)命令，绘制直线，结果如图 17-40 所示。

02 调用 TR(修剪)命令及 E(删除)命令，修剪圆形并删除直线，结果如图 17-41 所示。

03 调用 L(直线)命令，绘制直线，绘制的电源插座图例如图 17-42 所示。

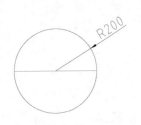

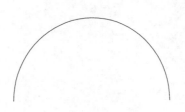

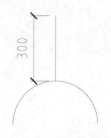

图 17-40　绘制直线　　　　　图 17-41　操作结果　　　　　图 17-42　电源插座图例

17.4.2　绘制三相插座图例

三相插座，包括底座及固定在其上的带有端子的金属触头和开有与每个触头相对应插孔的外壳，其特征在于设有两个插入座位，其对应的触头由导电片相连构成一种两个互补的插入座位，且外壳内侧各插孔之间设有隔离板。在将三相插头插入一个插入座位时，若发现相序不符，则只需插入另一个插入座位，其相序就可相符，不需打开插头或设备进行翻线。

图 17-43 所示为常见的三相插座。

图 17-43　常见三相插座

01　绘制半圆形，调用 CO(复制)命令，向上移动复制半圆形，结果如图 17-44 所示。

02　调用 L(直线)命令，绘制直线，绘制的三相插座图例如图 17-45 所示。

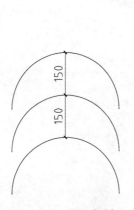

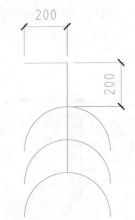

图 17-44　移动复制　　　　　　　　图 17-45　三相插座图例

17.4.3　绘制防水插座图例

防水插座就是具备防水性能的插头，可提供安全可靠的电、信号等的连接。

图 17-46 所示为常见的防水插座。

图 17-46　常见防水插座

01　绘制半圆形，调用 L(直线)命令，绘制直线，如图 17-47 所示。

02　调用 L(直线)命令，绘制直线，绘制的防水插座图例如图 17-48 所示。

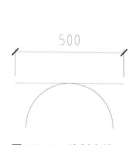

图 17-47　绘制直线

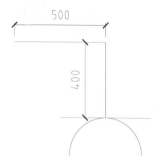

图 17-48　防水插座图例

17.4.4　绘制单相二三孔插座图例

单相插座是指在交流电力线路中具有的单一交流电动势，其对外供电时一般有两个接头的插座。单相插座的电压是 220V。一般家庭用插座均为单相插座，分为单相二孔插座、单相三孔插座和单相二三孔插座。单相三孔插座比单相二孔插座多一个地线接口，即平时家用的三孔插座。单相二三孔插座就是二孔插座和三孔插座结合在一起的插座。住宅中常用的单相插座分为普通型、安全型、防水型、安全防水型等类型。

图 17-49 所示为常见的单相二三孔插座。

01　调用 O(偏移)命令，设置偏移距离为 150，向下偏移半圆形，结果如图 17-50 所示。

图 17-49　单相二三孔插座

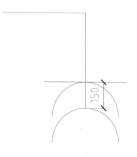

图 17-50　偏移半圆形

02 调用 EX(延伸)命令，延伸直线，绘制的单相二三孔插座图例如图 17-51 所示。

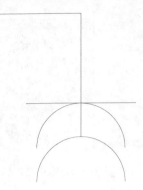

图 17-51　单项二三孔插座图例

17.4.5　绘制信息插座图例

信息插座一般是安装在墙面上的，也有桌面型和地面型的，主要是为了方便计算机等设备的移动，并保持整体布线的美观。

图 17-52 所示为常见的信息插座。

01 调用 REC(矩形)命令，绘制矩形，如图 17-53 所示。

图 17-52　常见信息插座

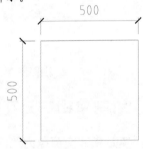

图 17-53　绘制矩形

02 调用 L(直线)命令，绘制直线，如图 17-54 所示。

03 调用 MT(多行文字)命令，在矩形内绘制文字标注，绘制的信息插座图例如图 17-55 所示。

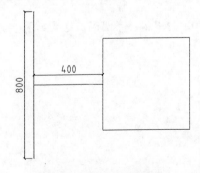

图 17-54　绘制直线

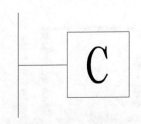

图 17-55　信息插座图例

17.4.6 绘制电话插座图例

电话插座一般安装在墙上，接口连接电话线。图 17-56 所示为常见的电话插座。

图 17-56 电话插座

01 调用 REC(矩形)命令，绘制矩形，如图 17-57 所示。

02 调用 X(分解)命令，分解矩形；调用 O(偏移)命令，偏移矩形边，结果如图 17-58 所示。

图 17-57 绘制矩形

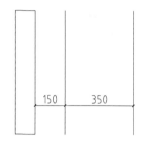

图 17-58 偏移矩形边

03 调用 L(直线)命令，绘制直线，如图 17-59 所示。

04 调用 TR(修剪)命令，修剪线段，如图 17-60 所示。

图 17-59 绘制直线

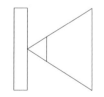

图 17-60 修剪线段

05 调用 H(图案填充)命令，再在命令行中输入 T（设置）命令，系统弹出"图案填充和渐变色"对话框，设置填充参数，如图 17-61 所示。

06 单击"添加：拾取点"按钮，在绘图区点取填充区域。按 Enter 键返回对话框，单击"确定"按钮关闭该对话框，绘制的电话插座图例如图 17-62 所示。

图 17-61 "图案填充和渐变色"对话框

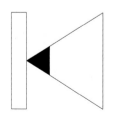

图 17-62 电话插座图例

17.5　绘制插座平面图

插座平面图用于表达平面图上插座图形的布置情况，通过不同种类插座的布置，可以了解居室内强电、弱电的大致走向。本节介绍插座平面图的绘制方法。

17.5.1　布置插座

在布置插座图形之前，首先应复制一份平面布置图，然后将平面图上的家具图形删除，以免影响插座图形的显示。

01 整理图形。调用 CO(复制)命令，移动复制一份绘制完成的室内平面布置图至一旁；调用 E(删除)命令，删除多余的图形，结果如图 17-63 所示。

02 布置客厅插座。调用 CO(复制)命令，移动复制前面绘制的电源插座、网络插座、电话插座至客厅平面图中，如图 17-64 所示。

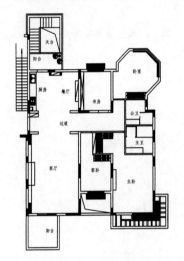

图 17-63　整理图形

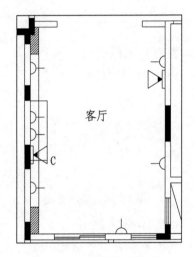

图 17-64　布置客厅插座

03 布置厨房、餐厅插座。调用 CO(复制)命令，将带保护极的电源插座移动复制到厨房、餐厅平面图中，如图 17-65 所示。

04 布置卧室插座。调用 CO(复制)命令，将有线电视插座、电源插座、网络插座、电话插座移动复制到主卧室平面图中，如图 17-66 所示。

05 布置卫生间插座。调用 CO(复制)命令，将带保护极的插座移动复制到卫生间平面图中，结果如图 17-67 所示。

06 布置书房插座。调用 REC(矩形)命令，绘制矩形；将网络插座、电话插座、电源插座图形圈起来，表示为地面插座，结果如图 17-68 所示。

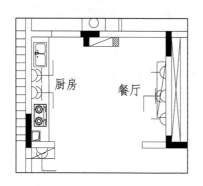

图 17-65　布置厨房、餐厅插座

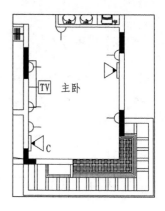

图 17-66　布置卧室插座

图 17-67　布置卫生间插座

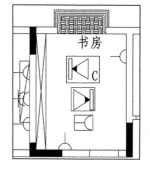

图 17-68　布置书房插座

07 沿用上述的布置规则，为居室的其他区域布置插座，结果如图 17-69 所示。

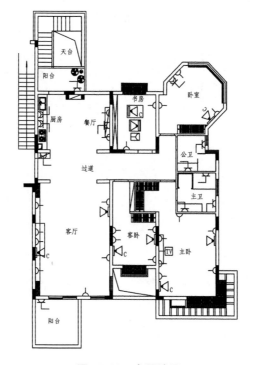

图 17-69　布置结果

17.5.2 绘制图例及设计说明

图例表包括图例和图例说明两项内容。在平面图的下方绘制图例表，可以对平面图中的插座图形进行解释说明。设计说明是指关于居室插座布置安装的说明，文字标注可以辅助图纸对设计意图进行说明。

01 绘制图例表。调用 REC(矩形)命令，绘制矩形；调用 X(分解)命令，分解矩形；调用 O(偏移)命令，偏移矩形边，结果如图 17-70 所示。

02 调用 CO(复制)命令，将插座图例移动复制至表格中，结果如图 17-71 所示。

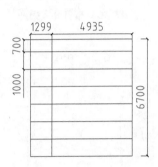

1299
4935
700
1000
6700

图 17-70 偏移矩形边

C
TV

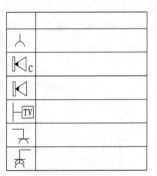

图 17-71 复制结果

03 调用 MT(多行文字)命令，绘制图例标注，结果如图 17-72 所示。

04 绘制设计说明。重复调用 MT(多行文字)命令，在空白区域分别指定对角点以确定文字的输入区。在弹出的在位文字编辑框中输入文字标注，按 Enter 键换行，绘制插座安装要求，文字标注的结果如图 17-73 所示。

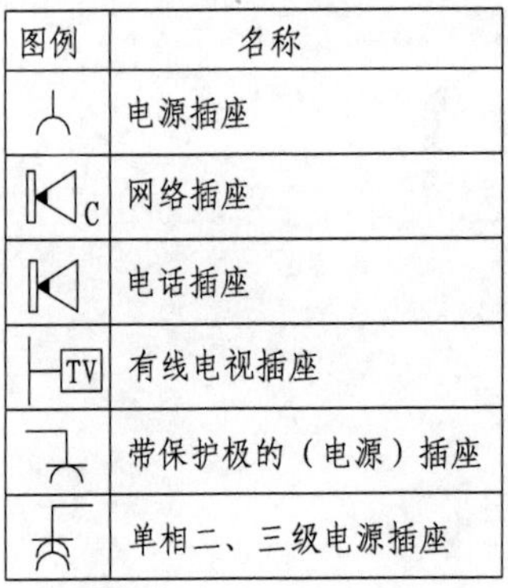

图例
名称
电源插座
C
网络插座
电话插座
TV
有线电视插座
带保护极的（电源）插座
单相二、三级电源插座

图 17-72 图例标注

插座安装要求:

1. 本图插座尺寸示意图均以插座中点为准，如与现场偏差不大于50mm以内的情况下可以现场移动修改；如偏差情况较为明显（50mm以上）则需及时通知设计师进行确认。

2. 图内所有新加的插座均与现场已有的插座并排安装，水平垂直尺寸应保持一致。

特别注意：施工之前一定要现场核对尺寸，并向设计单位反馈具体数据，确定无误后方可进行下一步作业。

3. 图内所有插座立体尺寸请参照立面施工图上所标尺寸。

图 17-73 设计说明

05 图名标注。调用 MT(多行文字)命令，绘制图名标注和比例标注；调用 L(直线)命令，分别绘制线宽为 0.30mm、0.00mm 的下划线，结果如图 17-74 所示。

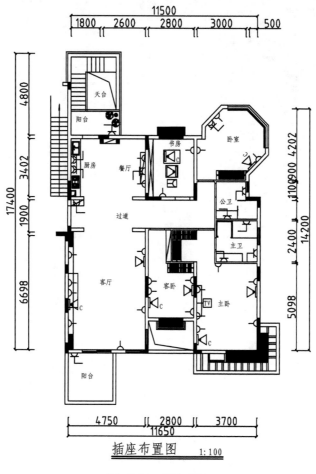

插座布置图 1:100

图 17-74 图名标注

17.6 绘制照明平面图

照明平面图可以表达居室开关与灯具之间的连线关系。在绘制平面图之前，首先应复制一份顶面图，然后将顶面图上多余的填充图案、造型图案删除，保留灯具图形。接着再将各类开关图例移动复制到平面图中，并绘制开关与灯具之间的连线。

01 整理图形。调用 CO(复制)命令，移动复制一份绘制完成的室内顶面布置图至一旁；调用 E(删除)命令，删除多余的图形，结果如图 17-75 所示。

02 绘制客厅照明图。调用 CO(复制)命令，移动复制前面绘制的双控单极开关至客厅平面图中，如图 17-76 所示。

03 调用 A(圆弧)命令，绘制射灯连线以及射灯与开关之间的连线，如图 17-77 所示。

04 按 Enter 键，重复调用 A(圆弧)命令，绘制吊灯与开关之间的连线，结果如图 17-78 所示。

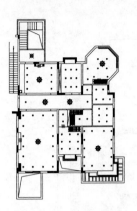

图 17-75　整理图形

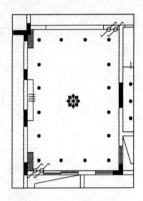

图 17-76　复制图例

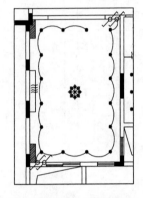

图 17-77　绘制圆弧

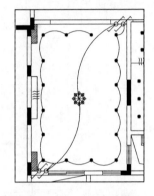

图 17-78　绘制连线

05 重复执行 CO(复制)命令，将开关图形移动复制到顶面图中；调用 A(圆弧)命令，绘制开关与灯具之间的连线，绘制的住宅照明图如图 17-79 所示。

06 绘制图例表。调用 REC(矩形)命令，绘制矩形；调用 X(分解)命令，分解矩形；调用 O(偏移)命令，偏移矩形边，结果如图 17-80 所示。

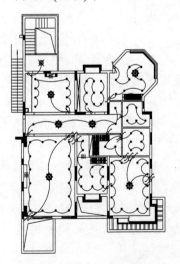

图 17-79　住宅照明图

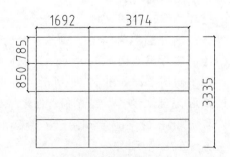

图 17-80　偏移矩形边

07 调用 CO(复制)命令，将开关图例移动复制至表格中；调用 MT(多行文字)命令，绘制图例标注，结果如图 17-81 所示。

08 绘制设计说明。调用 MT(多行文字)命令，绘制开关安装说明，如图 17-82 所示。

图例	名称
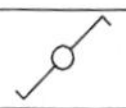 ⌒	双控单极开关
⌐	单联单控开关
⤢	双联单控开关

图 17-81 绘制标注

安装说明：

　　1.开关以施工单位与业主(甲方)以及设计单位在现场核对确定为准，原有可利用的开关可以保留；所有照明灯开关放到第一位，装饰灯开关放到其后。

　　2.中央空调或分体挂式空调的具体安装位置以本设计方案为基准，与空调设计单位的具体设计/施工方案相结合，在现场进行准确定位。

　　3.在不与承重结构冲突的前提下，布线原则应以最短距离相接为原则，线管内严禁接驳线头。

图 17-82 绘制设计说明

09 图名标注。调用 MT(多行文字)命令，绘制图名标注和比例标注；调用 L(直线)命令，分别绘制线宽为 0.30mm、0.00mm 的下划线，结果如图 17-83 所示。

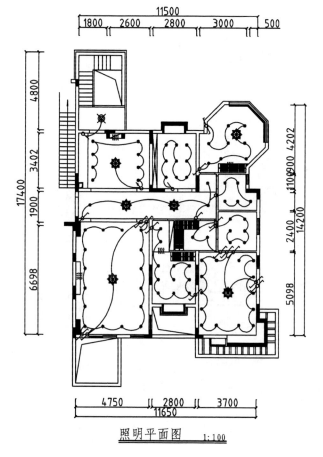

照明平面图　　1:100

图 17-83 图名标注

17.7 绘制冷热水管走向图

本节介绍居室冷热水管走向图的绘制方法，包括图形的绘制、连线以及图例表的绘制。

17.7.1 绘制水管走向平面图

在绘制水管走向图之前，首先应移动复制一份平面布置图至一旁，并将上面多余的图形删除，然后调用相应的绘图、编辑命令，绘制水管图例，再绘制各图例之间的连线。

01 整理图形。调用 CO(复制)命令，移动复制一份绘制完成的室内平面布置图至一旁；调用 E(删除)命令，删除多余的图形，结果如图 17-84 所示。

02 绘制主卫水龙头。调用 C(圆)命令，绘制半径为 76 的圆形；调用 L(直线)命令，绘制长度为 128 的直线，结果如图 17-85 所示。

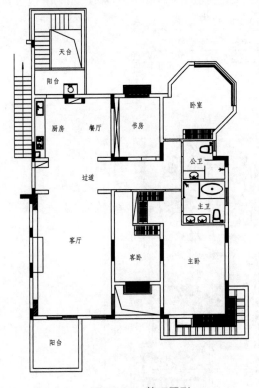

图 17-84 整理图形

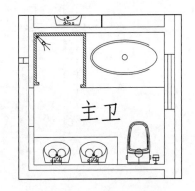

图 17-85 绘制圆形和直线

03 调用 MT(多行文字)命令，在圆形内绘制文字标注，以区别各种类型的水龙头，结果如图 17-86 所示。

04 调用 L(直线)命令，在表示热水龙头的圆形内绘制斜线，结果如图 17-87 所示。

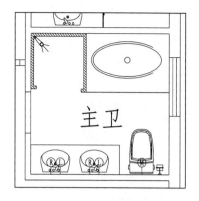

图 17-86　绘制文字标注

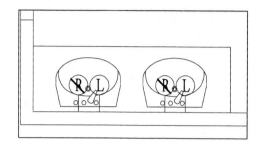

图 17-87　绘制斜线

05 绘制淋浴、浴缸水龙头。调用 C(圆)命令及 L(直线)命令，绘制水龙头图形；调用 MT(多行文字)命令，绘制文字标注，结果如图 17-88 所示。

06 重复操作，继续绘制公卫、厨房水龙头的布置，结果如图 17-89 所示。

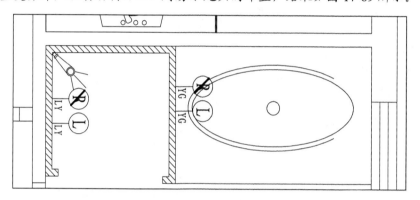

图 17-88　绘制水龙头和文字标注

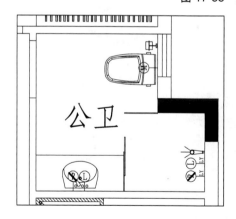

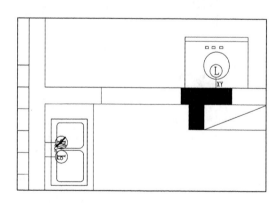

图 17-89　公卫、厨房水龙头的布置

07 居室水龙头的布置结果如图 17-90 所示。

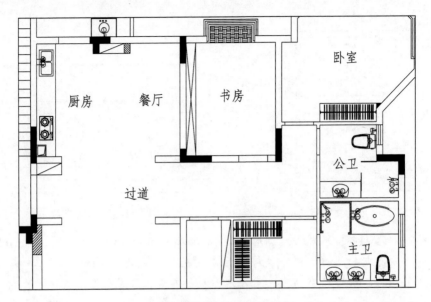

图 17-90 居室水龙头的布置

08 绘制冷水水管走向。调用 L(直线)命令，在冷水水龙头之间绘制连接直线，结果
如图 17-91 所示。

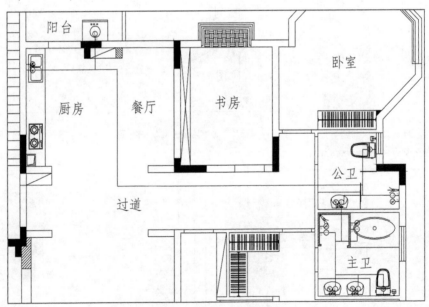

图 17-91 绘制冷水水管走向

09 绘制热水水管走向。调用 L(直线)命令，在热水水龙头之间绘制连接直线，并将
直线的线型设置为虚线，结果如图 17-92 所示。

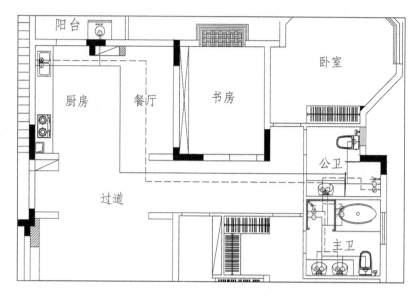

图 17-92 绘制热水水管走向

17.7.2 绘制图例表

图例表包含各种类型的水管图例及图例说明，图例表有助于更好地表达图形内容。

01 绘制图例表。调用 REC(矩形)命令，绘制矩形；调用 X(分解)命令，分解矩形；调用 O(偏移)命令，偏移矩形边，结果如图 17-93 所示。

02 调用 CO(复制)命令，将水龙头图例移动复制到表格中；调用 MT(多行文字)命令，绘制图例标注，结果如图 17-94 所示。

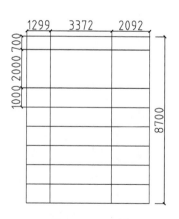

图 17-93 图例表

图例	名称	高度(m)
®(R)	热水龙头	0.6
Ⓛ(L)	冷水龙头	0.6
ⓜ(M)	马桶单冷水出口	0.3
®(R) LY	淋浴龙头（热）	1.0
Ⓛ(L) LY	淋浴龙头（冷）	1.0
Ⓛ(L) XY	洗衣机单冷龙头	1.1
®(R) YG	浴缸龙头（冷）	0.3
Ⓛ(L) YG	浴缸龙头（热）	0.3

图 17-94 完成图例表

03 绘制安装说明。调用 MT(多行文字)命令，绘制水龙头安装说明，结果如图 17-95 所示。

04 图名标注。调用 MT(多行文字)命令，绘制图名标注和比例标注；调用 L(直线)命令，分别绘制线宽为 0.30mm、0.00mm 的下划线，结果如图 17-96 所示。

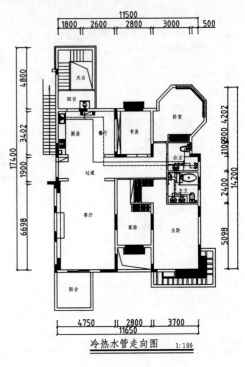

图 17-96 图名标注

安装说明:

　　1.图内所有龙头及上水阀的准确位置以相应立面
施工图所标详细尺寸为准,本平面定位图仅做参考。若
本图所标位置/尺寸与现场实际施工所需有矛盾之处,
请立即与设计师联络并确认如何进行下一步工作,切勿
自行修改图内方案,否则,一切损失与本设计单位无关。

　　2.图内所有水管管径大小可以参照实际原有水管管
径进行驳接施工,现场现有的水管能应用的尽量采用。
如有矛盾之处,请立即通知设计师解决。

图 17-95 绘制安装说明

17.8 上机操作

1. 沿用本章介绍的方法,绘制如图 17-97 所示的别墅一层插座布置图。

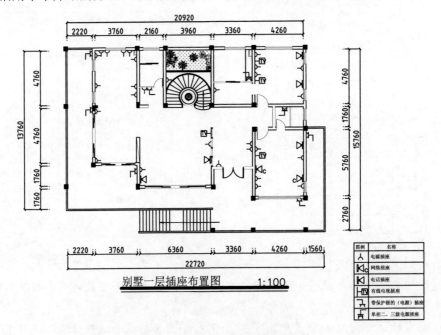

图 17-97 别墅一层插座布置图

2. 沿用本章介绍的方法，绘制如图 17-98 所示的别墅一层开关布置图。

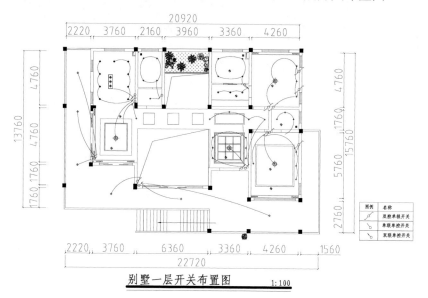

别墅一层开关布置图　　　　1:100

图 17-98　别墅一层开关布置图

第 18 章

施工图的打印方法与技巧

本章导读

　　室内装潢设计施工图纸绘制完成之后，需要将其打印输出，在 AutoCAD 中有两种打印图纸的方式，分别是模型空间打印和布局空间打印。两种不同的打印方式需要设置不同的参数，本章就来介绍施工图的打印方法和技巧。

学习目标

➢　了解模型空间和图纸打印的特点。
➢　掌握模型空间打印的方法。
➢　掌握布局空间打印的方法。

18.1　模型空间打印

AutoCAD 有两个空间：一个是模型空间，一个是布局空间。模型空间是我们常用的绘图空间，在其中对打印参数进行一定的设置后，可以对图纸执行打印输出操作。

18.1.1　调用图签

为待打印的施工图添加绘制好的图签，可以更加明确地以文字的方式表明该图纸的出处、用处以及其他的制图信息、设计单位信息等。

01　执行"插入"|"块"命令，系统弹出"插入"对话框，在其中选择名称为"A3图签"的图块，结果如图 18-1 所示。

02　此时，命令行操作如下。

```
命令: INSERT↙
指定插入点或 [基点(B)/ 比例(S)/旋转(R)]: S        //输入 S，选择"比例(S)"选项
指定 XYZ 轴的比例因子 <1>: 100                     //定义比例因子
指定插入点或 [基点(B)/比例(S)/旋转(R)]:            //指定插入点，添加图签，结果如图 18-2 所示
```

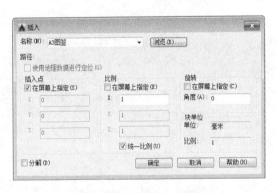

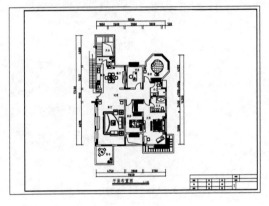

图 18-1　"插入"对话框 　　　　　　　　图 18-2　添加图签

18.1.2　页面设置

在对图纸执行打印输出操作前，应先进行页面设置。页面设置主要是指各打印参数的设置，包括打印机、图纸的尺寸、打印的方向等。页面设置定义完成后，还可以保存，以便下次打印图纸时使用。

01　执行"文件"|"页面设置管理器"命令，系统弹出如图 18-3 所示的"页面设置管理器"对话框。

02　单击"新建"按钮，系统弹出"新建页面设置"对话框，在其中设置新页面设置的名称，结果如图 18-4 所示。

图 18-3　"页面设置管理器"对话框

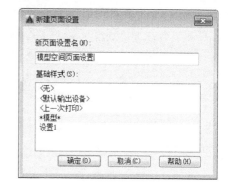

图 18-4　"新建页面设置"对话框

03 单击"确定"按钮，系统弹出"页面设置—模型"对话框。在其中设置打印机等各项参数，结果如图 18-5 所示。

04 单击"确定"按钮，返回"页面设置管理器"对话框，将刚才定义的新页面设置设置为当前正在使用的样式，结果如图 18-6 所示。

05 单击"关闭"按钮关闭对话框，完成页面设置的操作。

图 18-5　"页面设置—模型"对话框

图 18-6　置为当前

18.1.3　打印

打印的各项参数设置完成后，即可对图纸执行打印输出操作。

01 执行"文件"|"打印"命令，系统弹出如图 18-7 所示的"打印—模型"对话框。

02 单击"打印区域"选项组下的"窗口"按钮，返回绘图区中单击图框的左上角点，如图 18-8 所示。

03 单击图框的右下角点，如图 18-9 所示。

04 返回"打印—模型"对话框。单击"预览"按钮，打开图纸的预览窗口，在其中可以提前查看图纸的打印效果，如图 18-10 所示。

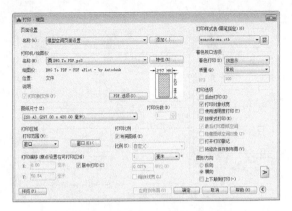

图 18-7 "打印—模型"对话框

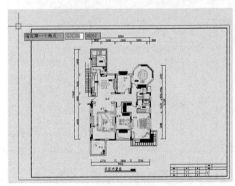

图 18-8 单击图框的左上角点

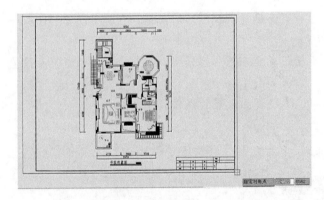

图 18-9 单击图框的右下角点

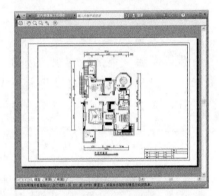

图 18-10 打印预览

05 单击窗口左上角的"打印"按钮 🖶，系统弹出"浏览打印文件"对话框，提醒用户定义打印图纸的名称和存储路径。单击"保存"按钮，系统弹出如图 18-11 所示的"打印作业进度"对话框，显示图纸打印的进度。

图 18-11 "打印作业进度"对话框

18.2 布局空间打印

在布局空间可以通过创建不同的视口来打印比例不同的图形，且可以在视口内调整图形的显示范围。本节介绍布局空间打印的方法。

18.2.1　进入布局空间

要在布局空间执行打印图纸操作，首先需要进入该空间。

01 单击绘图区左下角的布局标签，如图 18-12 所示。

02 进入布局空间的结果如图 18-13 所示。

03 系统默认会在布局空间生成一个视口，该视口不符合打印要求。调用 E(删除)命令，将其删除，结果如图 18-14 所示。

图 18-12　单击图框的左下角点

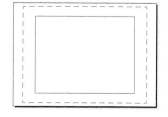

图 18-13　布局空间

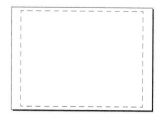

图 18-14　删除视口

18.2.2　页面设置

在布局空间中打印输出图纸同样可以进行页面设置，以使打印输出的图纸符合使用要求。

01 在布局标签上单击右键，在弹出的快捷菜单中选择"页面设置管理器"命令，如图 18-15 所示。

02 系统弹出"页面设置管理器"对话框，单击"新建"按钮，弹出"新建页面设置"对话框，在其中定义新页面设置的名称，如图 18-16 所示。

图 18-15　选择"页面设置管理器"命令

图 18-16　"新建页面设置"对话框

03 单击"确定"按钮，在弹出的"页面设置—布局 1"对话框中定义打印的各项参数，如图 18-17 所示。

04 单击"确定"按钮关闭该对话框，在"页面设置管理器"对话框中将新页面设置设置为当前正在使用的样式，如图 18-18 所示。

05 单击"关闭"按钮，关闭该对话框，完成页面设置的操作。

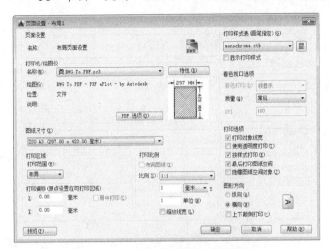

图 18-17 "页面设置—布局 1"对话框

图 18-18 "页面设置管理器"对话框

18.2.3 创建视口

执行创建视口操作，可以在视口中编辑待打印输出的图形，以便使其符合打印需求。

01 单击"图层"工具栏上的"图层特性管理器"按钮，弹出"图层特性管理器"对话框。新建一个名称为 VPOSTS 的图层，并将其置为当前图层，如图 18-19 所示。

02 执行"视图"|"视口"|"新建视口"命令，系统弹出"视口"对话框，在其中选择新建视口的类型，如图 18-20 所示。

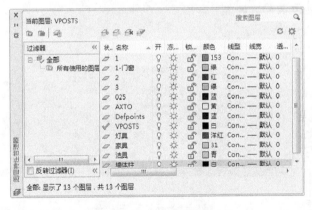

图 18-19 新建图层

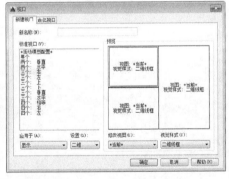

图 18-20 "视口"对话框

03 单击"确定"按钮，根据命令行的提示，在布局中单击视口的第一个角点，如图 18-21 所示。

04 单击第一个角点的对角点，如图 18-22 所示。

05 新建视口的结果如图 18-23 所示。

06 在视口边框内双击鼠标，待视口边框变粗时可进入视口中编辑图形。图 18-24

所示为调整图形在视口内显示的结果。

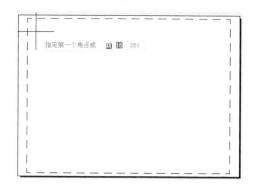

图 18-21 单击视口的第一个角点

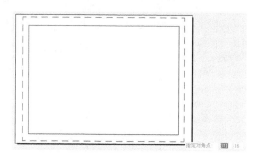

图 18-22 单击对角点

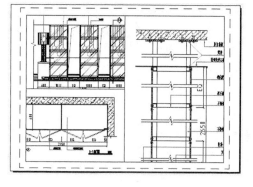

图 18-23 新建视口

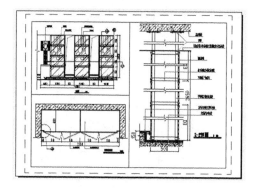

图 18-24 调整视口

18.2.4 加入图签

图形需加入图签才能打印输出，执行"插入"|"块"命令，在弹出的"插入"对话框中选择"A3 图签"图块，单击"确定"按钮，即可将图签加入布局中。

可以调用 SC(缩放)命令，调整图签的大小。值得注意的是，图形必须位于布局虚线边框内，才可被打印输出。

图 18-25 所示为图签大小的调整结果，可以看到其全部位于虚线框内。

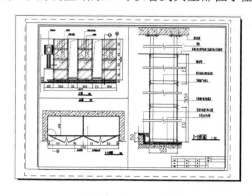

图 18-25 加入图签

18.2.5 打印

待上述一系列操作完成后，即可对图形执行打印输出操作。

01 单击"图层"工具栏上的"图层特性管理器"按钮，弹出"图层特性管理器"对话框，将 VPOSTS 图层设置为不可打印模式，如图 18-26 所示。

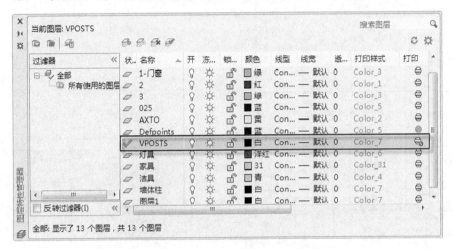

图 18-26　"图层特性管理器"对话框

02 执行"文件"｜"打印"命令，系统弹出"页面设置-布局 1"对话框，其中显示了"布局页面设置"的内容，如图 18-27 所示。单击"预览"按钮，即可预览打印效果，如图 18-28 所示。

03 单击"打印"按钮，根据系统的提示指定打印文件的名称和存储路径，即可完成打印图纸的操作。

图 18-27　"页面设置-布局 1"对话框

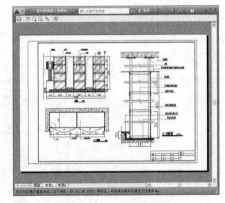

图 18-28　预览打印效果

18.3　上　机　操　作

1. 沿用本章讲述的方法，在模型空间中打印如图 18-29 所示的平面图。
2. 沿用本章讲述的方法，在图纸空间中打印如图 18-30 所示的立面图。

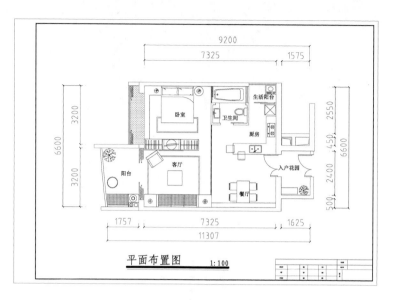

图 18-29　平面图

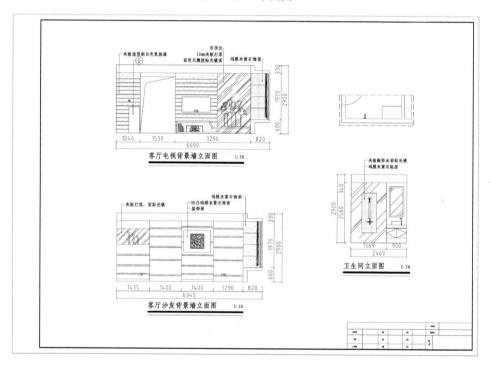

图 18-30　立面图